U0275318

Quarter Deck of a Man of War on discovery
or interesting Scenes on an interesting Voyage

目 录

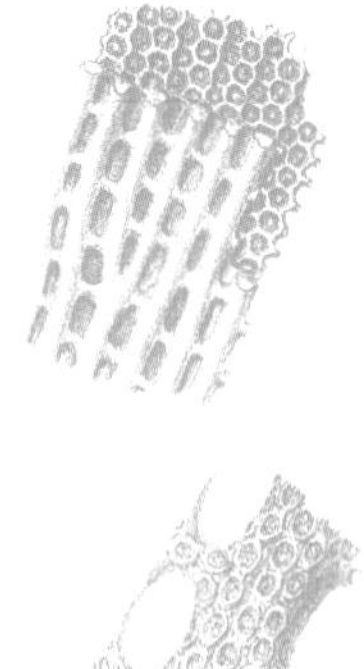

达尔文的化石

——构成进化论的诸发现

〔英〕阿德里安·李斯特　著

陈永国　译

创于1897　商务印书馆
The Commercial Press

This Edition is published by Commercial press/Hanfenlou Culture Co., Ltd by arrangement with the Natural History Museum, London.

中译本译自英国伦敦自然历史博物馆 2018 年版

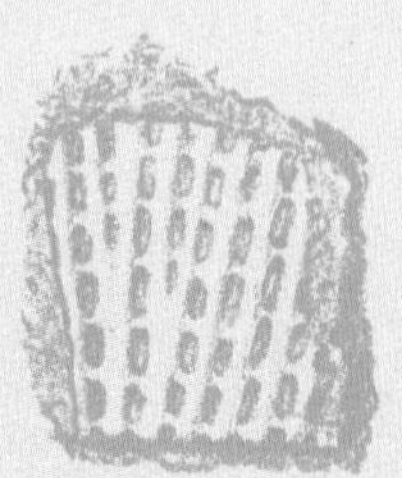

涵芬楼文化 出品

序 言

“小猎犬号”之旅期间，达尔文的主要任务是采集化石，他的发现是引导他热爱进化现实的主要证据。既如此，他的化石标本就在科学史中具有重要意义。我们的确很幸运，他发现的大多数化石都藏于博物馆，其中许多在伦敦自然历史博物馆。然而，除了对个别群落的专门研究外，人们极少从整体来考虑这些收藏，而自19世纪以来，其重要部分几乎未被研究。

本书以达尔文的“小猎犬号”之旅为核心，所展示的标本几乎都是这趟旅行期间达尔文自己采集的，少量是海员代他采集的。我写作此书的最大快乐之一就是在负责这些珍品的馆员的帮助下，对一些久被遗忘的达尔文标本进行了挖掘。有些物种或大生物群落是首次从达尔文的收藏中发现的。

对这些标本的信息构成补充的是达尔文自己的笔记、日记和航海信件。由于近年来这些文献的数字化，许多案例都可以将现存标本追溯到达尔文发现它们时的初始描述，有些就是在现场记下的。这些原始文献被广泛引用，新颖地传达了达尔文刚发现这些标本时的兴奋和直观思考。在后来的著述中，我们看到的都是他融入更大体系之中的成熟观点。

《达尔文的化石》中每一章每一节都有时下关于这些化石的观点和阐释。我主要依赖的是专业研究者的工作，包括他们发表的著作或热心分享给我的知识和洞见。我在全书中使用了“进化”（evolution）一词，尽管在达尔文研究生涯伊始，该词并非是现代意义上的进化，彼时“演化”（transmutation）一词指物种的逐渐变形。我在书中所说的“进化论”仅指把进化作为一种历史现实来接受，而不是达尔文后来提出以便解释进化过程的关于进化机制和自然选择的理论。

本书的出版得益于两群人的襄助，在此致以诚挚的谢意。一群人是我在自然博物馆的同事，他们在各自专业领域的化石知识比我渊博得多，他们帮助我接触那些标本、鉴定和提供详尽信息。我在此非常荣幸地感谢保罗·巴雷特（Paul Barrett）、艾玛·伯纳德（Emma Bernard）、吉尔·达雷尔（Jill Darrell）、格雷格·埃奇库姆（Greg Edgecombe）、蒂姆·埃文（Tim Ewin）、佩塔·海斯（Peta Hayes）、佐伊·休斯（Zoë Hughes）、泽丽娜·约翰松（Zerina Johanson）、保罗·肯里克（Paul Kenrick）、克莱尔·梅利什（Claire Mellish）、诺埃尔·莫里斯（Noel Morris）、玛尔塔·里克特（Martha Richter）、布莱恩·罗森（Brian Rosen）、康苏罗·森迪诺（Consuelo Sendino）、克里斯·斯特林格（Chris Stringer）、保罗·泰勒（Paul Taylor）和琼·托德（Jon Todd），特别感谢皮普·布鲁尔（Pip Brewer），他也是探索哺乳动物化石和未解文献的同行，我在整个撰写过程中曾受到他的多方面帮助。

另一群人我个人并不非常熟悉，但我希望把对这些不知疲倦的学者的感激之情记录下来，在几十年里，他们勇敢地承担了誊写、注解和电子化达尔文的笔记、日记、信件和其他手稿的工作。我和其他许多人一样极大地得益于他们的卓越工作和开放精神，对这些无法穷尽的丰富资料提供便利和渊博的评论。他们让这些无法穷尽的丰富资料易得易用，还提供了对资料的精深评论。

还有一些同事以不同方式提供了重要帮助，如获取标本和文献、帮助鉴定、回答问题、阅读草稿、提供图片等。我非常感谢玛丽娜·阿吉雷（Marina Aguirre）、帕特里克·阿姆斯特朗（Patrick Armstrong）、保罗·巴恩（Paul Bahn）、马塞洛·贝卡切奇（Marcelo Beccaceci）、法埃马·贝根（Fahema Begum）、玛丽安娜·布雷亚（Mariana Brea）、阿德里安娜·坎德拉（Adriana Candela）、弗雷迪·卡利尼（Fredy Carlini）、杰西卡·坎迪夫（Jessica Cundiff）、黛安娜·爱德华兹（Dianne Edwards）、马科斯·埃尔科利（Marcos Ercoli）、霍华德·福尔肯-兰（Howard Falcon-Lang）、马尔科·费雷蒂（Marco Ferretti）、福尔克马·豪夫（Folkmar Hauff）、卡洛琳·兰姆（Caroline Lam）、瓦尼莎·利特瓦克（Vanesa Litvak）、罗伯特·麦卡菲（Robert McAfee）、迪米拉·莫提（Dimila Mothé）、杰拉尔丁·奥德里斯克（Geraldine O'Driscoll）、劳拉·帕帕（Roula Pappa）、弗朗西斯·帕顿（Frances Parton）、保罗·皮尔逊（Paul Pearson）、丹·彭伯顿（Dan Pemberton）、罗比·菲利普斯（Robbie Phillips）、罗伯托·波特拉-米格斯（Roberto Portela-Miguez）、迈特·赖利（Matt Riley）、阿德里安·拉什顿（Adrian Rushton）、卡洛琳·欣德勒（Karolyn Shindler）、布鲁斯·辛普森（Bruce Simpson）、皮特·斯凯尔顿（Peter Skelton）、托尼·斯图尔特（Tony Stuart）、安娜·托莱达诺（Anna Toledano）、查尔斯·安德伍德（Charles Underwood）、迭戈·韦尔齐（Diego Verzi）、科林·伍德洛夫（Colin Woodroffe）、弗兰克·扎克斯（Frank Zachos）、马塞洛·扎拉特（Marcelo Zárate）、阿尔弗雷多·苏里塔（Alfredo Zurita）。特别感谢毛里齐奥·安顿（Mauricio Antón）提供的插图，凯文·韦布（Kevin Webb）、露西·古达尔（Lucie Goodayle）和哈里·泰勒（Harry Taylor）提供的化石照片，以及自然历史博物馆出版社全体人员的全程支持。

阿德里安·李斯特

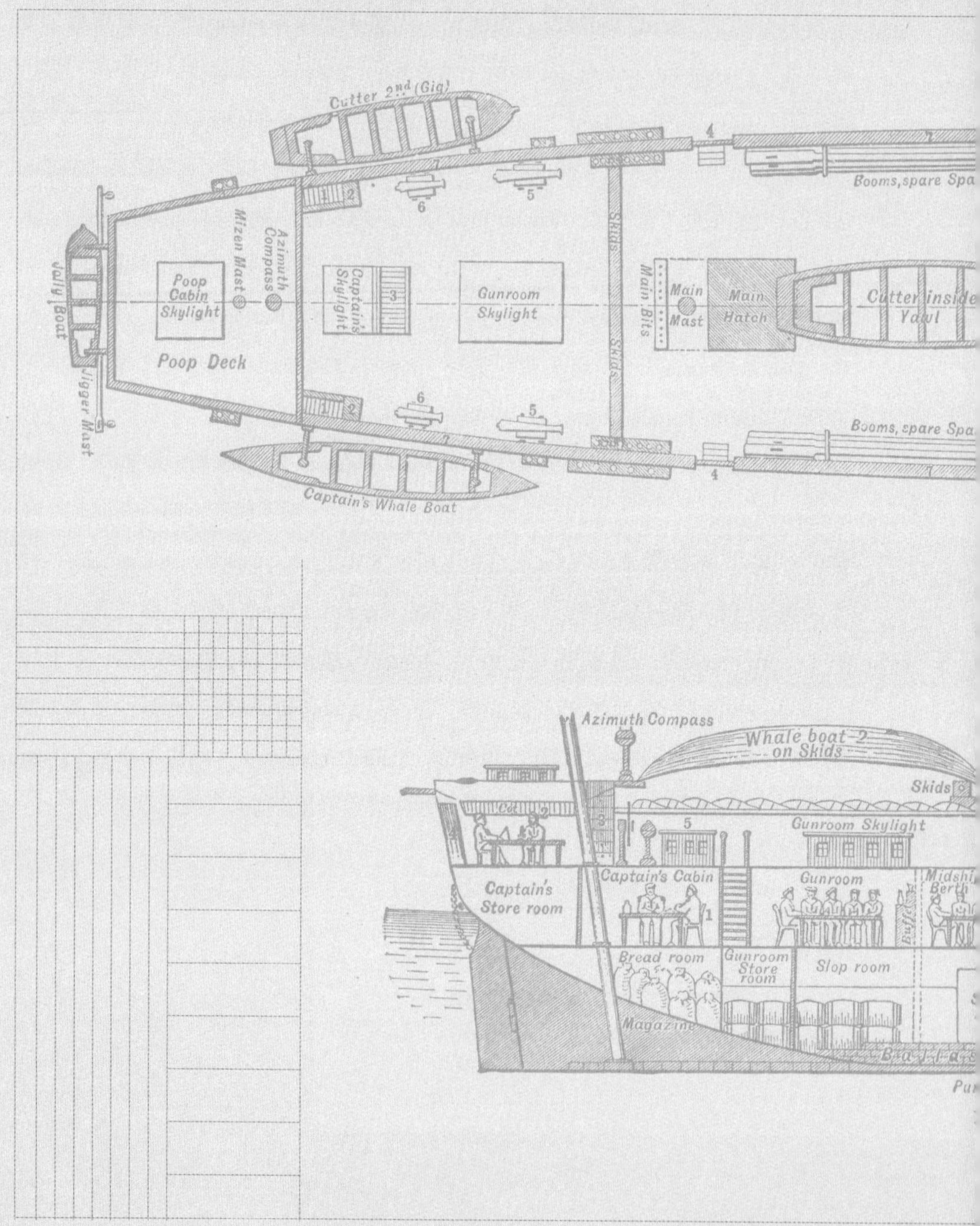
Cutter 2nd (Gig)
Booms, spare Spa
Jolly Boat
Jigger Mast
Poop Cabin Skylight
Mizen Mast
Azimuth Compass
Poop Deck
Captain's Skylight
Gunroom Skylight
Skids
Main Bits
Main Mast
Main Hatch
Cutter inside Yawl
Booms, spare Spa
Captain's Whale Boat
Azimuth Compass
Whale boat 2 on Skids
Skids
Cot
Gunroom Skylight
Captain's Store room
Captain's Cabin
Gunroom
Midshi Berth
Buffet
Bread room
Gunroom Store room
Slop room
Magazine
B a l l a s

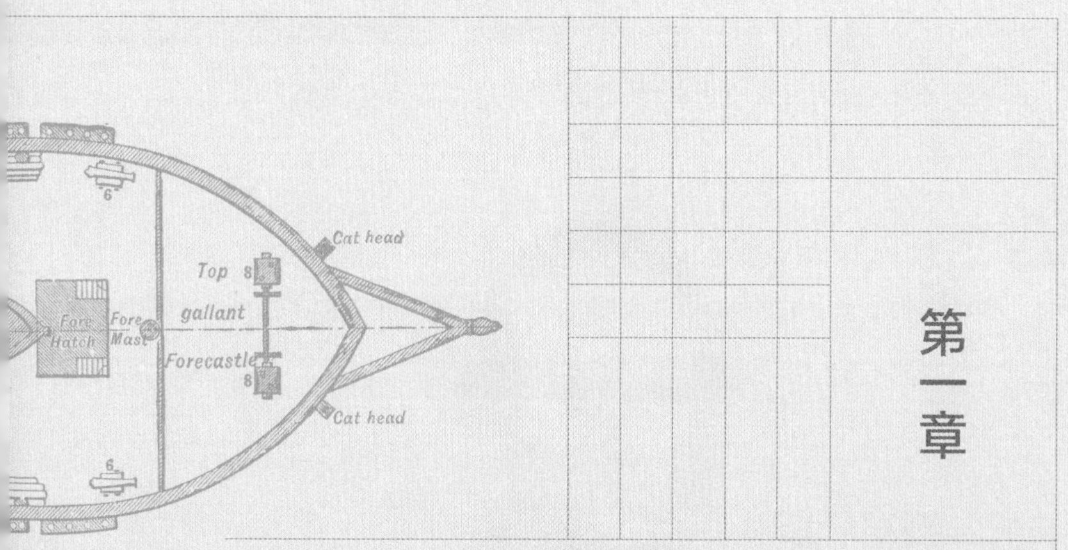

第一章

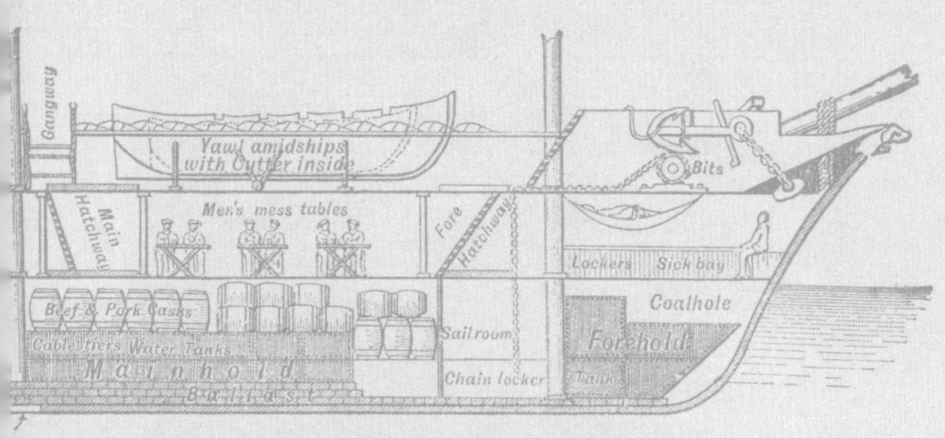

RAMS OF THE "BEAGLE." [To face p. 1.

第一章
一个博物学家的养成

1831年10月25日，一个年轻人登上了一艘准备周游世界的船。他的名字叫查尔斯·达尔文，而这将是改变人类对自身的看法及其与生存世界之关系的一次旅行。在旅行归来的数月之内，达尔文已经动笔写下第一批关于进化的热情洋溢的笔记，二十多年后，这些笔记促成了《物种起源》的发表，这是迄今最有影响的著作之一。后来他说："'小猎犬号'之旅是我生命中最重要的事件，决定了我的整个职业生涯。"他在五年航旅生活中的所见所闻引导他深入思考自然界，质疑关于自然起源的既定观念。他还采集了标本，数千个标本，并在野外和归国途中研究了这些标本，为他的观点，尤其是进化论提供了至关重要的依据。

达尔文在"小猎犬号"之旅中表现出的自然史兴趣是全方位的。他筛选海里的微生物，采集植物、昆虫、鸟和哺乳动物的标本，而不那么广为人知的则是他的地质学爱好。他在南美等地的大部分时间显然都用于观察和记录岩石，理解他所走过的大地的构成。与岩石一起的是化石，从无数的贝壳到石化

左页图 "小猎犬号"归国四年后，31岁的查尔斯·达尔文。

树，以及巨型哺乳动物的遗骸。《物种起源》开篇，达尔文就总结说，多亏了“小猎犬号”之旅才使他接受了进化论的两个关键因素。一个是动物和植物属种的分布，尤其是在岛上的分布；另一个是化石证据，尤其是现存物种与绝迹物种之间的关系。前者，尤其是加拉帕戈斯群岛的生物区，已经得到充分注意，后者则鲜为人知，而这就是本书的主题。

一个极其热爱地质学的有为青年

1831—1836年H. M. S.[1]“小猎犬号”的环球旅行由于达尔文的发现之旅而闻名，但那并不是此次航行的初衷。英国海军部委派H. M. S.“小猎犬号”完成一项勘察南美海域的任务，这是1826—1830年的航行就已在进行的任务。这个地区在贸易和军事两方面都对英国政府很重要，而关键的则是准确的航海图和港口位置。在对南美海岸进行勘察之后，“小猎犬号”将向西进发，勘察太平洋和印度洋的珊瑚礁，就此完成环绕全球的一系列准确的经度测量。为完成后一项任务，“小猎犬号”携带了22个不同的高精度计时器，代表着当时航海测量的最高水准。

“小猎犬号”的船长罗伯特·菲茨罗伊（1805—1865），在前一次的南美勘察中就随船前往，开始时是副官，后来成为船长。他不仅是专家，精通勘测、气象学和海洋学，而且自认为是科学家。在前一次航海中，他就遗憾“几乎完全错失了查明这些地区的岩石和陆地的绝好机会”，所以，对于这次新的考察，他建议海军水道测量专家弗朗西斯·博福特，“要在航海期间收集有用的信息……得找一个受过高等教育的科学家随行”。就个人层面而言，他也希望身边有个聪明人一起讨论科学问题。博福特在寻找合适的人选时写信给剑桥大学的一个联系人，

1 H. M. S.是His/Her Majesty’s Ship的缩写，意为国王/女王陛下的舰船。——译者

数学家乔治·皮科克，皮科克又写信给植物学教授约翰·史蒂文斯·亨斯洛牧师（1796—1861）。亨斯洛首先考虑自己是否合适，但被妻子劝阻，然后他把这个想法告诉了剑桥的博物学家莱纳德·杰宁斯牧师。杰宁斯认真考虑了一整天，还是决定不能离开他的教区。然后两人同时想到了达尔文，当时在剑桥大学主修神职事务的学生，就他们所知，他还是一位热情的博物学家。后来菲茨罗伊回忆说："他［亨斯洛］提到了查尔斯·达尔文先生，诗人达尔文的孙子，一个很有前途的年轻人，特别喜欢地质学，实际上喜欢自然史的所有分支。"亨斯洛写信给达尔文，把这个消息告诉了他："我认为你是最合适的人选，就我所知，你完全可以胜任这个工作……这趟航行将持续两年，如果你多带些书，什么事都可以做成。"1831年8月29日，达尔文在什鲁斯伯里的家里接到了这封决定他一生的信。他的父亲罗伯特·达尔文医生起初不许他参加这次航海旅行，后来他的舅舅乔赛亚·韦奇伍德二世说服了他，说这次航行将有利于达尔文的性格培养，不会影响他未来的牧师职业。

罗伯特·菲茨罗伊，"小猎犬号"船长，气象学的开拓者。他要为这次旅行找一个科学同伴。

查尔斯·达尔文为"小猎犬号"航行做了充分准备，如任何像他这样的年轻博物学家所能做的那样。1809年2月12日，达尔文出生于什鲁斯伯里，英格兰西部什罗普郡的首府。八岁时母亲去世，父亲是富裕的乡村医生和业主，查尔斯兄弟姐妹六人都留给他来照顾。查尔斯后来回忆说，他当时已经养成"对自然史的兴趣，尤其喜欢采集”，堆积和排列卵石、矿石和贝壳，以及硬币和其他东西。哥哥伊拉斯谟在一间外屋里建立了一个实验室，两个男孩子在那里研究矿石，“臭气熏天，叮当作响”，使得查尔斯在学校赢得了“毒气人”的绰号。

达尔文遵守家庭传统，1825年刚满16岁就上爱丁堡大学学习医学。医学并不是他的爱好，但他利用这个机会修习自然史、矿物学和其他课程。达尔文公开说有些讲座“枯燥得难以置信”，但是让他接触到现行的地质学争论，他还去爱丁堡博物馆研究矿石。在爱丁堡时，对达尔文产生重要影响的是医学院讲师罗伯特·格兰特（1793—1874），他曾带达尔文去福斯湾采集海洋无脊椎动物，然后进行详细检验，由此达尔文学会了解剖技术和如何使用显微镜。格兰特尤其对原始生物感兴趣，当时原始生物被认为是植物界与动物界之间的纽带，而达尔文则研究海藻和苔藓虫（苔藓动物）。

1827年，达尔文放弃医学，次年转到剑桥大学基督学院，专修圣职，从所谓的“普通学位”开始。在那里，他大大扩展了对自然史的兴趣。与志同道合的朋友们一起，他走遍了剑桥乡村寻找甲虫。他修习亨斯洛的植物学课程，成了这位教授的圈内人，帮助他采集、准备和固定标本。

1830年，达尔文发现了德国著名探险家亚历山大·冯·洪堡的《个人叙事》。洪堡对热带景观的描述栩栩如生，达尔文被迷住了，便萌生了去加纳利群岛的特纳利夫岛远足的想法，洪堡曾经活灵活现地描述了那里的自然美。激励达尔文产生这一想法的还有另一个事实，即洪堡在旅行期间有重大的科学发现。达尔文说服亨斯洛和大学里的朋友们，包括马默杜克·拉姆齐和他一起远足。1831年夏，在准备旅行期间，达尔文修习了亨斯洛和地质学教授亚当·塞奇威克（1785—1873）的“填鸭式”地质学课程（亨斯洛在转向植物学之前始终是矿物学教授）。他继续学习植物学，甚至修了西班牙语。他写信给姐姐卡洛琳说：“我的头脑里装满了热带——早上我去暖房凝视着棕榈树，晚上回到宿舍读洪堡的书——我的热情如此之大，以至于几乎难以安静地坐下来。”

约翰·史蒂文斯·亨斯洛，达尔文在剑桥的老师，他推荐达尔文参加“小猎犬号”之旅，并在达尔文回国之前照管他的标本。

罗伯特·埃德蒙·格兰特，爱丁堡大学动物学家，曾带着17岁的达尔文采集海岸生物，教他如何研究它们。

亚当·塞奇威克，剑桥大学地质学教授，其地质学速成课程让达尔文为南美之行做好了准备。

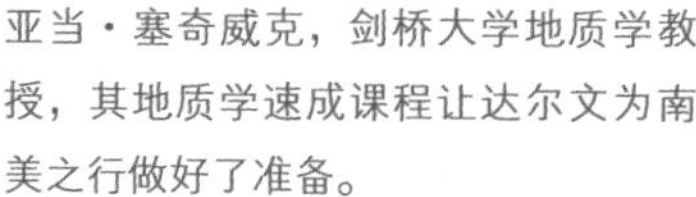

1831年6月中旬回到什鲁斯伯里，达尔文获得了田野地质学家所应有的基本工具之一，一件把罗盘和测斜仪结合在一起的工具，供测量岩石斜面角度之用。为了学会如何使用，他“把寝室里的所有桌子按各种能想到的角度和方向摆设”，走遍了什罗普郡的乡村测绘岩石。“现在我疯狂地迷上了地质学。”他写信给一个朋友说。

然而，特纳利夫岛之行未能成真。亨斯洛借口工作压力太大；达尔文发现从英格兰出发到加纳利群岛的船只限于2月到6月；而最糟糕的是，他的朋友拉姆齐1831年7月31日去世了。然而，达尔文没过几天就在打点行装准备出门了，因为塞奇威克主动要带他去北威尔士的古崖区进行为期两周的地质考察，作为填鸭式地质学课程的一部分。塞奇威克先去了达尔文的家，8月5日，他们出发，跨过斯诺登尼亚山脉，到达威尔士西北的安格尔西岛，行程约120千米[1]。旅行期间，达尔文由学习地质理论知识变为进行专业的田野训练。他学会了如何观察、测量和记笔记，以及如何识别和绘制各种岩石的图表。他们沿途参观了一些洞穴，发现了冰期动物的遗骨，包括一只披毛犀的一颗牙齿：这是史前世界的稀有证据。

地质培训结束后，达尔文去威尔士海岸的巴茅斯拜访了几位朋友，然后去斯塔福德郡马尔镇的外祖父家，打了几天猎，于8月29日回到什鲁斯伯里，发现等着他的是亨斯洛和皮科克的信件。特纳利夫岛之行作废了，但所有的准备却并非徒劳，因为这些准备恰恰为他赢得了未来更多更大的机会。达尔文没有回剑桥继续学习神学，而去了伦敦接受菲茨罗伊的面试。菲茨罗伊感到——后来证明是非常正确的感觉——达尔文对自然史的热情、他的幽默和他的绅士风度，以及乡间骑马射击的技术，都特别适合这次航行。1831年10月24日，达尔文抵达德文港，开始繁忙的准备，“小猎犬号”已在此准备好起航。

1　原书所用均为英制单位并括注国际制单位，中译本均只保留国际制单位。——译者

扬帆起航

经过几度耽搁，“小猎犬号”终于在1831年12月27日起航。第一站就是加纳利群岛的特纳利夫岛，达尔文渴望已久的地方，但抵达之后，菲茨罗伊却被告知，由于担心带来疾病，“小猎犬号”必须隔离12天才能上岸。船长决定继续前行，达尔文为此抓狂：“噢，痛苦啊，痛苦……我们也许离开了世界上最有趣的一个地方……。”然而，10天内，“小猎犬号”跨过北回归线，抵达佛得角群岛的圣亚戈。在这里，达尔文“第一次看到热带植物的壮丽”，为树木、花草和昆虫的美及其丰裕和多样性而倾倒。他还记下了第一批地质笔记，采集了第一批化石。

一个月后，他们跨越赤道线，于1832年2月28日抵达巴西的巴伊亚，达尔文再次为热带景观所迷。在里约热内卢停留一段时间之后，“小猎犬号”于1832年7月抵达拉普拉塔大河流域的蒙得维的亚，此次航海的正经任务便从这里开始了。为了方便，“小猎犬号”之旅可以分为三个阶段：第一个阶段历时27个月（1832—1834），在南美大西洋海岸；第二个阶段历时15个月（1834—1835），在太平洋海岸；最后阶段历时12个月（1835—1836），完成环球旅行回英国。

“小猎犬号”上的生活是拥挤的。27米长的船要容纳75名船员，外加火地岛的3名当地人，这是菲茨罗伊带到英国接受“教育”的，现在要回归祖国。达尔文的住所是船尾甲板下的一个尾舱房。房间里有一张大桌，是船上专门用来制图的。桌子的一端空了一小块，旁边有一把椅子，那就是达尔文工作的地方。他也在这个房间里穿衣睡觉，吊床就在桌子上方，有几个小抽屉用来放衣服。此外，他还与助理勘察员约翰·洛特·斯托克斯和14岁的海军学校学员菲利普·吉德利共享这个空间。在出发前写给亨斯洛的信中，他说：“船舱的角落是我的私人财产，小得令人悲哀至极。只有转身的空当，仅此而已。”然而，方便之处在于“小猎犬号”的图书和他自己的书都在这个房间里，船另一头的一个小舱室也专门拨给他放标本用。1833年6月，条件有所改善，菲茨罗伊买了第二只船——“探险号”，

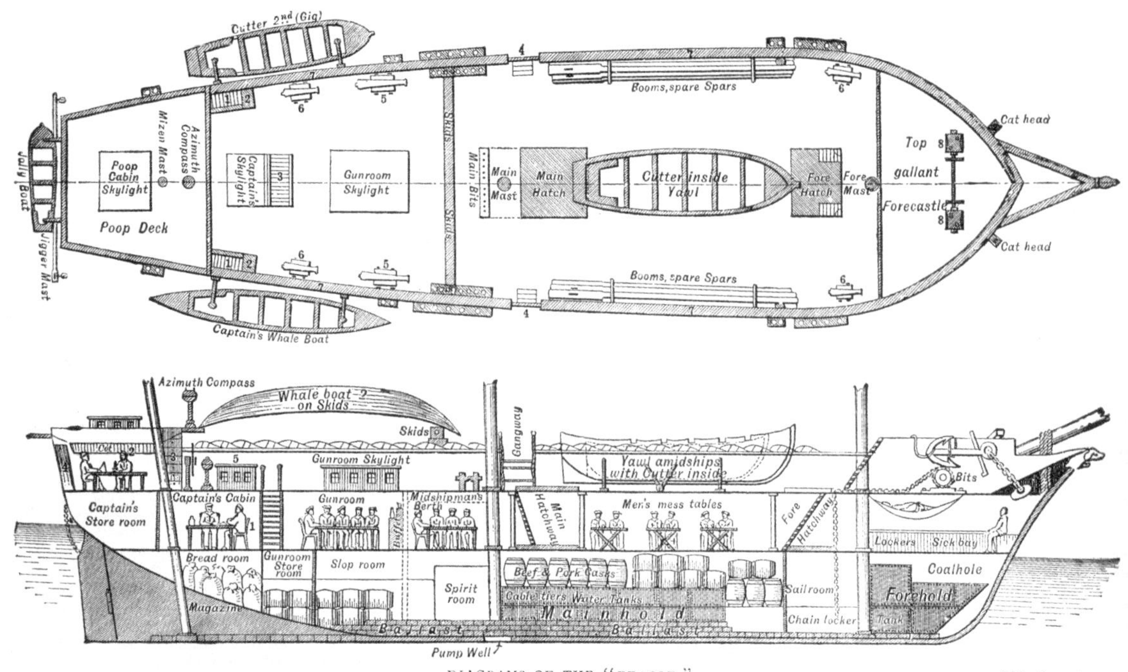

H. M. S. "小猎犬号"，达尔文航海时用的十炮横帆双桅船。达尔文的住处在船尾的一个尾舱。截面图左上方可见：（1）船长室内达尔文的座位；（2）尾舱里达尔文的座位，他身后是吊床；（3）达尔文的抽屉柜。

以增强勘察的潜力，还派去一些军官管理新买的船，包括斯托克斯。所以，在"探险号"出售之前的18个月里，达尔文有了自己的船舱（只是还继续用作制图室）。晚上，他习惯与船长一起在船长室用餐。

在菲茨罗伊的船员中，达尔文在船员名单上被标为"博物学家"，尽管在船上人皆称他为"哲学家"。博物学家的角色传统上是由船上的外科医生担任的，而那个位置的原任罗伯特·麦考密克感到自己被达尔文篡位了，只航行四个月就离开了，"非常失望没有如我期待的那样去追求我的自然史研究"。然而，总体来说，达尔文与船员的关系非常友好。他和菲茨罗伊相互尊敬，航行期间不在一起时相互交换的信件表明二人关系友好。然而，达尔文很快就了解到菲茨罗伊是个暴脾气，不能激怒他。开始时，二人曾就奴隶制问题争论过（菲茨罗伊支持，达尔文反对），达尔文甚至曾经想过要弃船而去。但当风暴过后，达尔文后来写信给菲茨罗伊说：“我认为我一生中最幸运的就是你给了我作为博物学家的机会。”航海中，他们是科学同伴，这正是菲茨罗伊所期待的。他们之间几乎或根本没有冲突，因为菲茨罗伊当时还不是后来的宗教原教旨主义者，达尔文也没有告诉别人自己在航行中所产生的任何进化思想（见第六章）。船上的其他军官都有科学兴趣，当达尔文去别处而不在场的情况下，他们会帮助达尔文采集和记录。与他结下最牢固友谊并持续余生的是中尉（后来的海军少校）巴塞洛缪·沙利文（1810—1890），不仅在“小猎犬号”上同达尔文一起工作，而且在后来他自己的航行中也给达尔文寄去大量地质学笔记和一些标本。

重现达尔文在“小猎犬号”上自己的后舱中的情景。他的吊床就在制图桌上方。他晕船时就躺在吊床上。

西姆斯·科温顿15岁时就加入“小猎犬号”，“在后舱做杂工”，但实际上是达尔文的仆人，帮助他采集和记录标本，包括许多化石。

然而，辅助达尔文最久的助手是西姆斯·科温顿。他15岁时加入“小猎犬号”，“在后舱做杂工”，而实际上他是达尔文的仆人，1833年5月菲茨罗伊使这一职位变得正式。达尔文在航海日记中偶尔才提到他，但科温顿显然在许多场合帮助他寻找化石，比如必须从棘手的岩石中抽取标本。即使回到英国后，科温顿依然是达尔文的仆人，直到1839年他移居澳大利亚。

达尔文偶尔给船员带来的唯一不便就是他要定期把标本带到已经拥挤不堪的船上。尤其是大副约翰·威克姆“总是向我吼叫，说我带到船上的泥土比十个人带的还多”。菲茨罗伊半开玩笑地说：“我们对他常常搬上甲板的那些明显是垃圾的东西都报以微笑。”好在达尔文也定期把标本寄回英国。

航旅开始

“小猎犬号”的船员们在两年里往返于大西洋沿岸，完成了对大西洋海岸的勘察，即现在的乌拉圭和阿根廷，从北部的拉普拉塔到南部的火地岛。船入港后，无论何时，达尔文都步行或骑马到海岸或内陆探索，记录地质状貌，采集化石和其他自然史标本。1832年9月22日，他第一次看到并采集了石化哺乳动物的遗骸。在布兰卡湾，达尔文在船长菲茨罗伊和中尉沙利文的陪同下，划船至一个叫蓬塔阿尔塔的地方上岸，在一座低崖上发现了“无数贝壳和大型动物的骨骼”。理查

唯一一幅描画达尔文在“小猎犬号”上生活的画。这幅幽默的水彩画据说出自船上艺术家奥古斯塔斯·厄尔之手，画的是达尔文（戴高帽者）在向一个船员解释标本，而脚下就是头骨和其他骨骼，其中一个还标有“象鼻4003BC”字样。

德·达尔文·凯恩斯，达尔文的曾孙，将其描述为“生物学的黄道吉日”，标志着一系列证据的开端，这些证据最终将使他质疑物种是否从创造伊始就始终不变。在海岸的许多地方，他都发现了丰富的海洋无脊椎动物的化石，这为往日环境的改变和陆地的逐渐隆起提供了关键证据。

达尔文也做过几次横跨陆地考察，在一个港口离开“小猎犬号”，计划好几周之后在海岸的下一个港口见面。这些陆地勘察他都雇了马匹和当地向导，但路途却并非没有危险。“小猎犬号”抵达南美时恰逢一个史无前例的政治动荡时期，刚刚独立的前西班牙殖民地为争夺边界频发战争，内部又为争夺权力而自相残杀。比如，1833年5月从乌拉圭的马尔多纳多出发，达尔文雇用了两个配备手枪和军刀的人，因为就在前一天一个旅行者被杀了。

同年8月，“小猎犬号”在内格罗河靠岸，达尔文开始一系列跨陆地勘察，骑马旅行大约1900千米。第一段就向北走了270千米，于8月17日抵达布兰卡湾，他沿着海湾来到蓬塔阿尔塔，发现了更多重要的哺乳动物化石。接下来是最长的一段路程，向北走了640千米到达布宜诺斯艾利斯。这也是最危险的一段，他需要得到罗萨斯将军的许可。这位阿根廷未来的独裁者控制了那个地区，向当地土著采取了残酷的军事行动。罗萨斯命令一队士兵护送达尔文，每走50—80千米就在罗萨斯的国民卫队设置的关卡停下来。9月20日，达尔文到达布宜诺斯艾利斯，一周后，他再度启程，向内陆前进480千米，顺着拉普拉塔盆地抵达圣菲城。在那里，他着迷于青葱的植被，“美丽的花朵，周围鸟儿鸣唱飞翔”，但心里始终记挂着寻找化石。达尔文了解到，五六十年前，这里曾经发现巨型骨骼，包括一个巨型犰狳状动物的外壳，以及当时已经人尽皆知的巨大树懒的骨架。他不会失望的。他发现了重要化石，包括证明在人类到来之前马曾是美洲的野生动物的第一批证据（见第二章）。

达尔文乘小船顺巴拉那河回到布宜诺斯艾利斯，但此时一场“暴力革命”爆发了，整座城市都被封锁。“令我极度惊愕的是，我差不多成了囚徒。”只有向某位叛乱的将军提到罗萨斯的名字，他才被允许在士兵们的陪护下进城。他焦急地要与“小猎犬号”会合，南下巴塔哥尼亚，但一到船上才发现军官们没有完成绘图，出发时间推迟了。于是，他独自进行最后一次约480千米的远足，跨越乌拉圭（彼时还叫东方班达，即乌拉圭河东岸的地区）。在一位当地业主的家里，他购买了也许是这次航旅中最了不起的发现，一组怪异的、当时不为人知的哺乳动物的

船上第二位艺术家康拉德·马滕斯所画的水彩画，描绘了在火地岛的“小猎犬号”。马滕斯的一些画是受达尔文委托所作，挂在达尔文在英国的家唐屋里。

巨型头骨（见第二章）。

“小猎犬号”的航程让达尔文有了一些重大发现，但是，没有他的努力和不错过任何机会的决心，这些就不会发生。化石和地质学显然是这些勘察中最重要的，如他在布宜诺斯艾利斯休息时写信给表兄威廉·达尔文·福克斯所说：“我如此奔波，都是为了了解这些岩层的地质构造，这里埋藏着大量绝迹大四足动物的骨骸。”他显然也陶醉于这次探险，写信给姐姐卡洛琳说：“我成了地道的南美牛仔，喝着马蒂酒，抽着雪茄烟，以天为被，以地为床，就像躺在羽毛床上一样舒服。”

在南美大西洋海岸旅居期间，“小猎犬号”去了两次位于南端的火地岛，然后向东行驶约640千米到达福克兰群岛，分别于1833年和1834年的南半球夏季在这里各住一个月。在此，达尔文采集了极其重要的化石，是当时所知欧洲之外最古老的化石。

当然也要冒一些自然风险。1832年10月2日，一行人在布兰卡湾的蒙特埃莫索上岸，达尔文也在其中。一场狂风暴雨袭来，“小猎犬号”无法靠岸。这一行人在海滩上住了两夜，被营救前几乎水米未进。达尔文记录说，他们用船帆做了“帐篷状的东西”，“下雨前还应付得很好，雨一来就苦不堪言了”。菲茨罗伊评论说：“达尔文先生也在岸上，一直在找化石，他发现这次饥饿考验长得甚至满足了他对探险的热爱。”1833年1月，在合恩角离岸后，一场可怕的暴风雨毁坏了许多船只，也差点儿突然终结了“小猎犬号”之旅和全体船员的性命。“小猎犬号”顶住了这场暴风雨，但菲茨罗伊记录说：“达尔文先生在尾舱和甲板艏楼上的标本都受到严重损害。”两星期后，菲茨罗伊记录道：“我们来到一片开阔的海域，我以我同餐之友的名字将其命名为达尔文海峡，他心甘情愿地承受旅途之苦，在一只重载的小船上甘冒如此长的航行之险。”

安第斯山脉探险

1834年6月10日，这次航旅的第二个重要阶段开始了。“小猎犬号”驶经麦哲伦海峡，进入太平洋。在以后的15个月中，他们勘察了智利海岸（结束时在秘鲁短暂停留）。达尔文再次尽可能多地把时间用在岸上勘察。在总共约3个月的时间里，他们首先勘察了奇洛埃群岛和乔诺斯群岛。在这里，达尔文研究了贝壳层，看见了巨大的石化树干，发现了南美大陆东西两侧新近隆起的证据。

1834年8月和9月，达尔文的第一次智利跨陆地考察是骑马进行的，带着两个向导，从瓦尔帕莱索到圣地亚哥，往返六个星期，途中采集海洋化石。安第斯山脉的壮观景象始终都在眼前，在整个航旅中主导着他的地质学和古生物学研究。他和“小猎犬号”船员也有幸目睹了火山的爆发和一次大地震：这些戏剧性的亲身经历促进了他对山体的形成以及陆地和海洋下沉的思考（见第四章）。

1835年3月，达尔文开始了这次航旅最具雄心的旅程：跨越安第斯山脉。陪同他的有一位智利向导马里亚诺·冈萨雷斯和一个赶骡人，共有十头骡子（四头为坐骑，六头驮食品），还有一匹母马，脖子上系着铃铛引领骡子们。从圣地亚哥，一行人便登上4000米高的皮乌肯尼斯山口，即太平洋和大西洋之间的分水岭。在这里，达尔文喜出望外地发现了曾在海底生活过的动物的化石（见第四章）。之后，他们下山抵达另一侧的门多萨城，回程取道乌斯帕亚塔山口。这引发了也许是达尔文所有发现中最偶然的发现，他直接撞见了独一无二的直立的石化树林（见第三章）。之后不久，他和另一个向导踏上了此次航旅中的最后一次重要征途，从瓦尔帕莱索骑马向北走了约675千米，右侧是山脉，边走边探索经过的一连串山谷。按计划，“小猎犬号”在两个月后，即1835年7月，在科皮亚波与达尔文会合。

从智利的圣地亚哥看到的科迪勒拉山系（包括安第斯山脉）。达尔文从这里开始跨越这条山脉。他登上4000米的高地，古海洋生物的化石就在那里等着他。

英国人脉

在南美的全部旅行中，达尔文都得到了由英国外交官、土地业主和商人构成的广泛人际网的协助。正是在布宜诺斯艾利斯的这些临时代办的帮助下，达尔文才得以与罗萨斯将军对话，进而相对安全地完成了陆地旅行。另一个重要联系人是爱德华·卢姆，一个富有的英国商人。他和妻子让达尔文住进了他们在布宜诺斯艾利斯的家，使他“像住在英国乡村一样舒适”。他们还帮助他拟写环陆旅行计划，把他介绍给牧羊人乔治·基恩先生，住在乌拉圭的“一位非常好客的英国人”，基恩先生带着他发现了一些最重要的化石。在智利，达尔文大部分时间是在理查德·科菲尔德家度过的，这是一个在瓦尔帕莱索的英国商人，达尔文在什

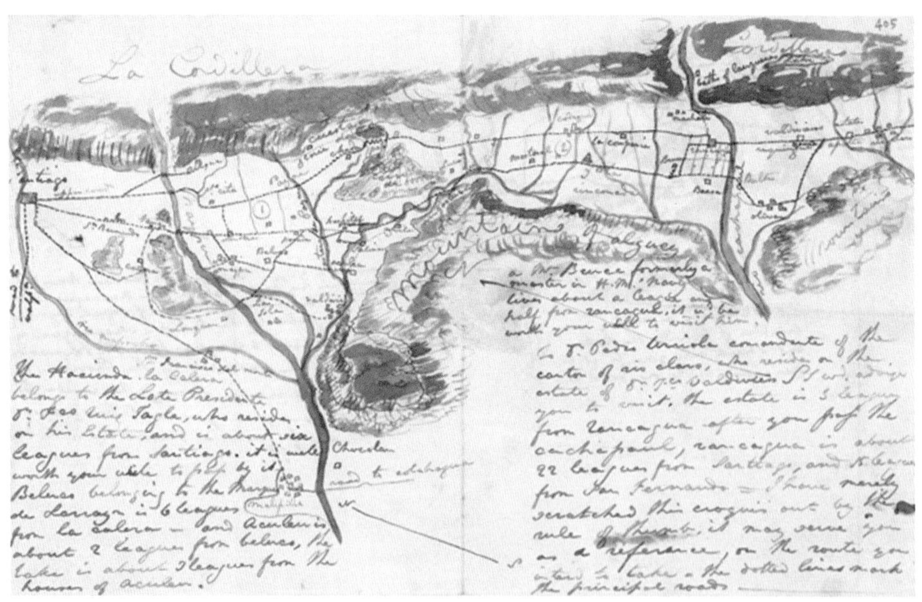

亚历山大·考尔德克拉夫为达尔文准备的安第斯山脉山脚路线图。
他是在达尔文航旅期间帮助过他的英国侨民之一。

鲁斯伯里公学时就认识他。后来，亚历山大·考尔德克拉夫又给他重要帮助，这是在圣地亚哥的一位英国生意人和植物采集者，“友好地帮助我为跨越科迪勒拉山做好了一切细心的准备”，并为达尔文画了详尽的路线图。

环绕世界

1835年9月，“小猎犬号”离开南美海岸，航旅的第三阶段开始了。扬帆驶过三大洋的时间让达尔文可以思考所见过的一切，而科温顿则帮助他整理笔记，包括标本目录的编撰。海洋的单调被一系列在火山和珊瑚岛的停靠冲淡了，包括太平洋的塔希提岛和印度洋的科科斯（基灵）群岛、毛里求斯岛。达尔文在这里的观察引发出他关于珊瑚礁之本质和形成的主要洞见（见第五章）。重要的化石也在澳大利亚悉尼附近等着他去发现，尤其是在塔斯马尼亚岛。虽然越来越想家，但每一次靠岸都是解决一个新问题的机会，如在大西洋的圣赫勒拿岛，对现生和化石贝壳的观察引导他推断该岛的年龄和动物的历史（见第四章）。曾被父亲担心会无所事事的这个年轻人现在用实践证明了自己的宣言：“敢于浪费一个小时的人不会发现生命的价值。”踏上巴西海岸，他再次经历了热带的茂盛丰裕，五年前他就为此所迷。两个月后，他们回到了家。

保持联系

达尔文航旅期间并非不想家。接到的家信都是关于他的那些标本的闲谈和报道，但那是生命线。然而，通信往来慢得令人难以忍受。随着“小猎犬号”一个港口一个港口地迁移，达尔文也不断发信给朋友们和家人，告诉他们在未来几个月里把信寄到哪里。比如，1835年3月10日，他在瓦尔帕莱索写信给姐姐卡洛琳说："接到这封信后，你得在11月中旬寄信到悉尼，6月中旬到好望角。"他定好了未来一年多的寄信安排。但是，如果"小猎犬号"错失了邮件，信件就会跟在船后绕着地球追。达尔文的姐妹们每月轮番写信，但要七个月后才能抵达目的地；表兄威廉·达尔文·福克斯的一封信足足走了一年。

他寄回家的标本包裹的命运更为坎坷。航旅开始前，达尔文的老师约翰·史蒂文斯·亨斯洛同意接收并将其存放在剑桥。从他在航旅期间给亨斯洛的信中得知，大约九个不同的标本箱是在1832年8月到1835年4月之间寄到的，其中仅两箱没有化石。这些箱子、木桶可能都是船上的木匠乔纳森·梅和箍桶匠詹姆斯·莱斯特制作的。它们大部分是从布宜诺斯艾利斯或蒙得维的亚寄出的，最后一批标本寄自智利的瓦尔帕莱索和科金博。后续在澳大利亚和回程途经的各岛屿采集的标本相对不多，因此都留在了"小猎犬号"上。

把采集标本运回家是件复杂的事情，以达尔文眼中的最有价值的标本——一个绝迹的巨型哺乳动物的怪异头骨（达尔文认定是大地懒〔*Megatherium*〕，但后来被命名为箭齿兽〔*Toxodon*〕）为例。1833年11月，他在乌拉圭西部边远地区的一个农场买下这个头骨（见第二章）。农场在一条小溪边上，小溪最终流入乌拉圭河和拉普拉塔入海口。当达尔文出发回240千米外的蒙得维的亚时，他把宝贵的头骨留给了房东基恩先生照管，基恩将其包装好后通过水路寄给布宜诺斯艾利斯的朋友爱德华·卢姆，卢姆再将其寄回英格兰。次年3月，达尔文从福克兰群岛写信给卢姆说："我很担心那颗大地懒头骨，那是基恩先生为我购买的，希望没有弄丢。"5月，卢姆写信让他放心，说他已经收到了那颗头骨，已经发到一艘商船上，也就是驶向利物浦的"巴森斯韦特号"。同时，他写信给亨斯洛，提醒他包裹到达的日期。亨斯洛通知达尔文的父亲支付来自利物浦的包裹的运输费用，要求直接将包裹寄到伦敦的皇家外科医学院的亨特博物馆，馆长威廉·克利夫特（1775—1849）将在那里接收。卢姆的一个朋友也在同一条船上，照看包裹过了英国海关。1834年8月，包裹按期抵达学院，但达尔文并不知道它已经安全到达，直到12月姐姐卡洛琳写信告诉他说：他们家在伦敦的联系人、哥哥伊拉斯谟“说8月一箱骨头经利物浦运达英格兰，他想那应该是从布宜诺斯艾利斯寄来的”。1835年8月达尔文在利马接到这个消息，那已经是把头骨托付给基恩先生21个月之后了。

后世观点

“小猎犬号”航旅期间，达尔文是个多产作者。他始终随身携带一个袖珍笔记本，记录田野现场的观察：5年航旅期间记满了15本。闲暇时、在船上或在考察期间，他把更详细的思考和观察写下来，主要是1383页的地质学（包括化石）相关内容，现以《地质学日记》著称，以及368页的动物学札记。他还有记述亲身经历的个人日记，最终达779页。所有这些写作，以及给亨斯洛与家人的信件，都包含着与化石采集密切相关的重要信息。

把哺乳动物化石送交威廉·克利夫特是亨斯洛在达尔文回国之前做出的决定，这是个例外；采集的其他部分依旧在剑桥。那些骨骼都展示给专家们看了，引起了相当大的轰动，而克利夫特则着手清洗骨骼上的沉积物，并进行必要的修补。当达尔文接到亨斯洛的消息时，他“特别担心，恐怕克利夫特先生去掉了（标本的）序号”，因此写信给亨斯洛和姐姐卡洛琳，让她请伊拉斯谟去拜访克利夫特，强调下这一点。伊拉斯谟照做了，克利夫特则让达尔文的家人放心，说他“已经看到许多（标本）都固定着序号，特别注意不去移动它们”。

与此同时，按达尔文的指令，要向克利夫特交代清楚，将骨骼寄送给学院修补和研究并不意味着把它们永久放在那里。甚至在航旅开始之前，达尔文就反复考虑过他将要采集的标本的最终命运。他假设会“有幸把大部分送给大英博物馆”，因为他搭乘的是英国海军的船只，但他认为此前景并不乐观，显然是由于博物馆管理不善的记录，以及对近代沉积层采集物描述不善。最终，由于他在

带有达尔文最初彩色标签的木化石标本。绿色标签上的705意味着第2705号，1835年采集于门多萨的安第斯山脉。黄色椭圆标签是自然历史博物馆现用的登记号码。

对达尔文来说，他的标本才是最重要的。甚至在航旅开始之前，他就知道需要把发现标本的地点准确记录下来，而岩石和化石则要准确记录其所在的岩层，这对于科学地解释其所采样品非常重要。因此，在“小猎犬号”起航之前，达尔文就准备了序号标签，准备贴在每一个标本（或其容器）上，其出处与笔记本所记的相同，如《地质学日记》中的化石。每一个标签都有一个序号，从1到999，但分成四组，由不同颜色表示，每一个颜色代表一个数字前缀：白色=无前缀（1—999）；红色=1（1000—1999）；绿色=2（2000—2999）；黄色=3（3000—3999）。这背后的理念，达尔文解释说，在于“打开包裹时，一眼就能知道大约的序号”。这些标签都很重要，1832年11月给亨斯洛寄出第一批化石遗骨时，他强调在打开箱子时“千万要注意……不要弄混了那些数字”，后来又说：“我个人对这些化石的全部兴趣就在于它们与南美大草原地层的关系，而这完全取决于这些数字的安然无误。”

威廉·克利夫特，皇家外科医学院策展人，甚至在“小猎犬号”航行期间就收到了达尔文的哺乳动物化石，并准备展出。

理查德·欧文，皇家外科医学院亨特讲座教授，描述了达尔文的哺乳动物化石并为其命名，对于科学而言，几乎所有这些化石都是新物种。

“小猎犬号”上的全部花费均由父亲支付，达尔文采集的东西便被认为属于他自己，而不属于国王，所以他可以随意处置。回国时，他把全部化石骨骼捐给了皇家外科医学院的亨特博物馆，条件是他们要制作成套的模型捐赠给大英博物馆、地质学协会、牛津大学和剑桥大学以及他本人。理查德·欧文（1804—1892），克利夫特以前的助手，新近被任命为亨特讲座教授，宣布说这些化石“具有很高收藏价值”，而学院董事会建议接受达尔文提出的条件。1837—1840年间，欧文公布了达尔文的哺乳动物化石的名字和描述（见第二章），但当他1856年转到大英博物馆时，这些化石依旧放在皇家外科医学院。1941年5月10日夜，医学院遭轰炸严重受损，许多采集藏品也遭破坏，但达尔文的化石却幸存下来。1946年，学院把他的藏品捐赠给了大英博物馆（自然历史分馆），即现在的伦敦自然历史博物馆，就达尔文的最初担忧而言，这个结局还真有点讽刺意味。

其他种类的化石被达尔文分送给了一大批专家，期待他们每一位都会发表相关发现的论述，这是一种非常现代的做法。许多专家做到了，有些没有，这也是一种非常现代的结果。达尔文在选择专家时非常小心，并在必要时听取建议。仅就那些化石而言，软体动物比其他任何类别都多，分给了三位专家：第一位是乔治·布雷廷厄姆·索尔比一世，是四代索尔比软体动物学业余专家中的一个；第二位是爱德华·福布斯，伦敦地质学协会负责人，一位卓越的博物学家；第三位是阿尔西德·道尔比尼，法国博物学家，曾于1826—1933年间亲临南美考察，因此其航旅与“小猎犬号”有过重叠。尽管他们从未谋面，但达尔文在航行几个月后就知道了道尔比尼也在考察，并写信给亨斯洛说：“倒霉的是，法国政府派了一名采集者到内格罗，已经在这里工作了六个月，现在去了合恩角。所以我非常自私地担心他已经拿走了所有好东西里最好的那些。”

法国博物学家阿尔西德·道尔比尼，其南美采集的旅行轨迹与达尔文的部分重合。他是贝壳化石专家，后来曾鉴定过达尔文的许多标本。

然而，达尔文回国后，和道尔比尼建立了友好关系，达尔文寄给他大量的软体动物化石以求识别，道尔比尼将其中许多与他自己采集的化石同等看待。达尔文后来写道：“考虑到我并没有要求道尔比尼花时间检验我的化石，所以我不能过分强烈地表达对他那种极度友好的感觉。”然而，达尔文还是时不时地把相同的样本寄给几个不同的专家征求不同的意见，显然，他们当中存有某种程度的分歧。在1845年2月的一封信中，道尔比尼写道："……如我所期望的，你那些了不起的化石收藏与我在南美看见的那些并不矛盾。明显的差异完全出自索尔比先生的错误判断。"索尔比反过来批评道尔比尼的一些判断，而达尔文则需要时时做出审慎的选择。其他种类化石——植物、腕足类动物、海胆、苔藓虫类——也寄给了相关专家（见第三章和第四章），而这些标本大多最终归于伦敦自然历史博物馆。更重要的标本作为达尔文广泛岩石收藏的组成部分献给了剑桥大学塞奇威克地质学博物馆，还有少数散落于世界各地的其他博物馆。

达尔文与"小猎犬号"之前的进化思想

阿尔弗雷德·拉塞尔·华莱士（1823—1913）去亚马孙和东南亚考察，部分是出于"对物种起源之理论的探讨"（他在达尔文之外独立发现了自然选择的原则），而达尔文在"小猎犬号"航行期间思考的最重要问题并不是进化。

然而，毫无疑问，达尔文完全了解他周围发生的关于"生物演化"的争论。他的祖父，伊拉斯谟·达尔文（1731—1802）就曾在诗歌和散文中阐释过进化思想。最广为人知的是让·巴普蒂斯特·拉马克（1744—1829）的思想，这位法国博物学家提出生物有从简单向复杂发展的自然倾向，而这是由于身体各部位适应或不适应环境造成的。

在爱丁堡，罗伯特·詹姆森1827年匿名发表了一篇文章，提出用现生物种代替绝迹物种，达尔文曾经听过他的讲座。罗伯特·格兰特也是一位狂热的进化论者。达尔文后来记述说，在他们的一次考察中，格兰特突然"迸发出对拉马克的高度尊崇"。达尔文后来郑重说道，无论是聆听格兰特，还是阅读拉马克或伊拉斯谟·达尔文，都没有对他的观点产生什么影响，其传记作者珍妮特·布朗认为这个说法有欠真诚，因为他至少吸收了进化的概念以及当时关于这个概念的争论。

地质时间

地质时间的现代划分在1831年“小猎犬号”开始勘察时尚未完成，但在19世纪30年代和40年代则取得了长足进步。达尔文采集的化石地质时间跨度很大，从四亿年前到仅仅几千年前，而他用以标识其可能年代的术语反映了他写作的时代特征。自18世纪中叶，地层已经被分为原生地层、次生地层和第三系地层。原生地层最古老，其定义缺乏可观察的化石，尽管并不清楚这指的是一种岩石，还是岩石得以形成的那段时期。1833年在查尔斯·赖尔的建议下，这个术语被废弃了，但是，“次生”和“第三系”的划分依旧流行，达尔文在考察期间进行的地质学研究中也用了这些术语。他也常常用“过渡”一词，用来标识“原生”与“次生”之间的岩石，其中包括已知最古老的化石。

1841年，当达尔文准备发表他的地质学考察巨著时，约翰·菲利普斯以前命名的古生代、中生代和新生代，大致与“原生（过渡）”“次生”“第三系”相对应。达尔文在1846年发表的《南美地质勘察》中用的是“古生代”，尽管对于后两个时代保留了“次生”和“第三系”，我们在描述达尔文的考察时还是使用了后一个术语（正规使用持续到2004年）。

古生代现已追溯到5.41亿—2.52亿年前，其典型的化石包括：三叶虫、腕足动物和古鱼类。中生代（次生代）约2.52亿—6600万年前，以恐龙和菊石著称。而新生代则从6600万年前至今，往往以“哺乳动物时代”闻名于世。新生代包含旧的第三系，约至260万年前，和第四系（最近的冰期）至今。最后一个术语是1829年出现的，但达尔文没有使用，直到晚近才通用。

年代		时期或时代	年龄（百万年）
新生代	第三系	全新世	0.012
		更新世	2.6
	第四系	上新世	5.3
		中新世	23
		渐新世	34
		始新世	56
		古新世	66
中生代	次生代	白垩纪	145
		侏罗纪	201
		三叠纪	252
古生代	原生代/过渡	二叠纪	299
		石炭纪	359
		泥盆纪	419
		志留纪	443
		奥陶纪	485
		寒武纪	541

1.除第四系外，垂直显示的时代名称在达尔文时代得到承认，但目前已不再使用。

2.垂直时间轴不再上升。

3.前寒武纪没有显示。年龄只显示各个时期的开始时间。

4.新生代细化的是时代而不是时期。

迄今为止，“小猎犬号”航旅期间对达尔文影响最深的是彼时新近发表的查尔斯·赖尔（1797—1875）的《地质学原理》。出发之前，菲茨罗伊将其三卷的第一卷送给了达尔文，在航旅期间他收到了另外两卷。赖尔的地层层序律首先说的是，岩石中记录的任何证据都可以用今天正在发生的、能够看得到的过程来解释（均变论〔uniformitarianism〕）；其次，重要的变化（诸如山脉的隆起）可能是由无数小增量累积而成。这些观点与“灾变论”（catastrophist view）构成明显对立，后者是法国著名解剖学家乔治·居维叶（1769—1832）提出的，根据这个理论，重要的地球变化都是偶然灾难的结果。达尔文的老师们，亨斯洛牧师和塞奇威克牧师都认同这个理论，并赞同较表面的地质沉积都是诺亚洪水造成的，这是最近的“灾难”，尽管塞奇威克于1830年、亨斯洛于1836年相继抛弃了这个观点。在他们的影响之下，达尔文在航旅之初仍然是灾变论者。但不久他就为赖尔的观点所折服，与其他任何作者相比，他更感兴趣的是“赖尔处理地质学问题的美妙的高超手法”。赖尔的关于自然过程中增量变化的哲学不仅成为达尔文地质学研究的基础，而且最终转化到生物领域，为他的进化论提供了知识框架。

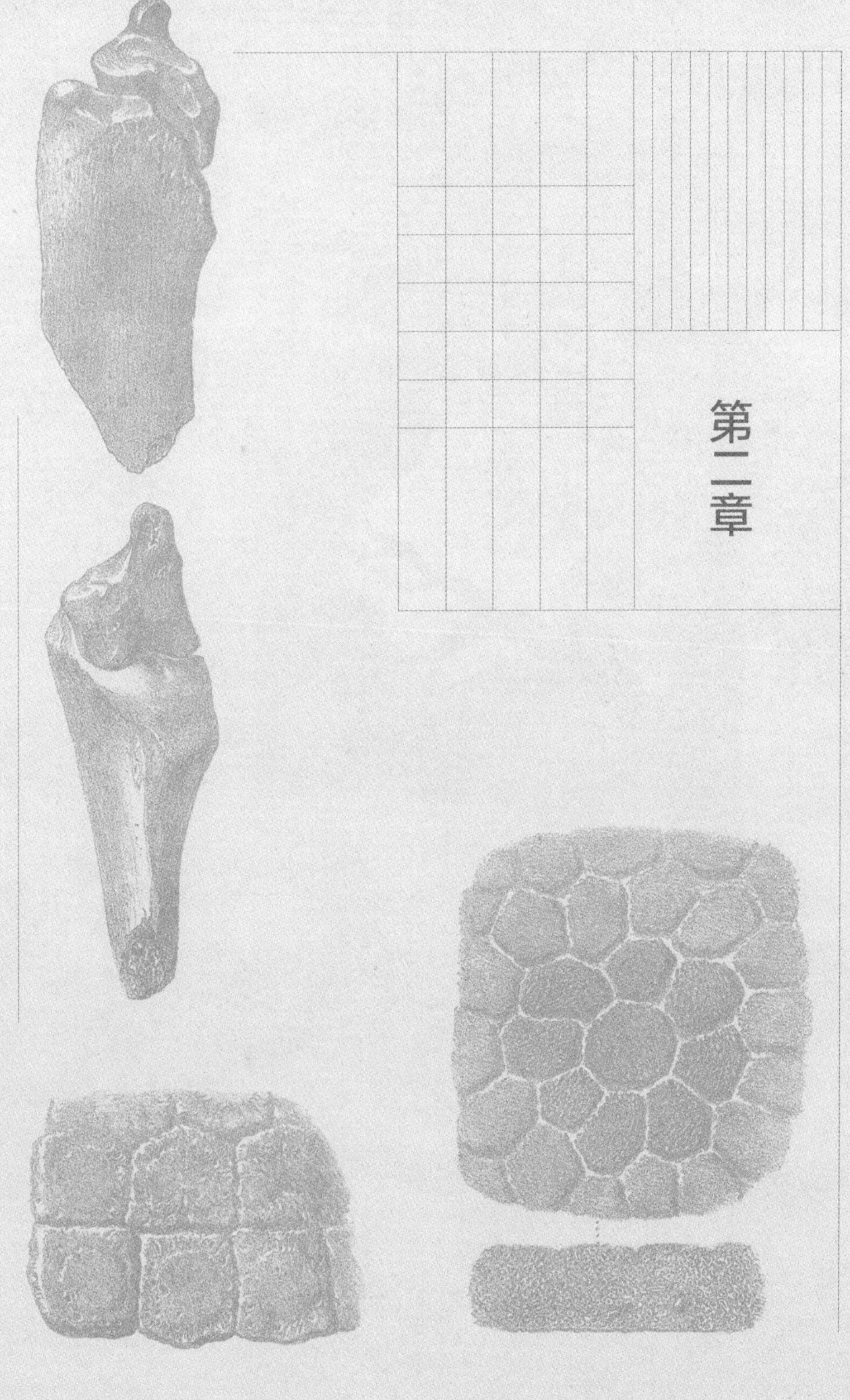

第二章

第二章
巨型哺乳动物

绝迹哺乳动物的头骨和骨骸是达尔文在南美所采化石的巅峰之作，这不仅是对他而言，对他寄回国的货物的热切接收者们而言，也是如此。这些发现使他名扬圈外，当第一批化石骨骸1833年抵达皇家外科医学院时，困惑的馆长威廉·克利夫特记录说它们显然“来自拉普拉塔河流域的一位达尔文先生”。然而，仅仅几个月后，当这些标本在剑桥展出后，达尔文的朋友弗雷德里克·威廉·霍普就写信告诉他：他的“名字现已有口皆碑。”更为重要的是，达尔文后来把这些哺乳动物化石认作引导他接受进化现实的两个重要因素之一。

抵达阿根廷海岸不久就发现和挖掘了明显已灭绝的巨型哺乳动物的头骨和骨骸，这对这位年轻博物学家的影响之大，怎么形容都不夸张。他写信给姐姐卡洛琳说起他以前的休闲变得多么无足轻重：“第一天抵达后就打山鹑或第一天就狩猎的快乐，是无法与发现一组美妙的化石骨骸相比的，这些骨骸就像长了嘴一样讲述着它们以前的故事。”甚至在“小猎犬号”环绕南美太平洋海岸航行时，达尔文在更古老的岩石间寻找海洋

左页图 巨型树懒（美洲大地懒），在高大的树上进食，两条后腿和尾巴一起支撑它保持直立姿势。

生物的化石时，他也激动地写信给亨斯洛说：“我刚刚闻到了一只猛犸象的一些化石骨骸的味道，它们是什么，我不知道，但是如果用金子或骑马飞奔能够得到它们，它们就一定是我的。”

其主要化石“猎场”是蓬塔阿尔塔，在一个约150米×150米的区域里，达尔文采集的相对少量的化石已经表明不少于7种不同种（属）的哺乳动物，这真是了不起。在别的地方采集的还有6种哺乳动物。在这13种当中，只有2种为时人所知，有6种是基于达尔文标本命名的。达尔文发现的标本中有许多以末次冰期的南美化石动物著称，约在10万—1.2万年前。

巨　兽

仅仅在南美寻找化石的第二天，达尔文就发现了整个航旅中最大、最重的单件化石，属于迄今在南美生活过的最大、最重的陆地哺乳动物。1832年9月23日，当船员们出去捕鱼时，达尔文步行来到蓬塔阿尔塔，“我意外惊喜地发现了一块软岩中内嵌着某种巨型动物的头骨”。他说几乎用了三个小时才把头骨从悬崖上剥离出来，天黑后又用了几个小时才将它搬到船上。

这块化石的总体结构即刻清晰了：达尔文将其描述为“某种非常巨大的动物的上颌和头，有四个方形的空心臼齿，头朝前凸出”。修补完的头骨约1米长，达尔文推测它属于大地懒，著名的法国解剖学家乔治·居维叶将之命名为“巨兽”。这是当时科学界所知的唯一一种巨型南美化石动物。

达尔文认为在自己后来发现的化石中也有几个是大地懒，但其后发现大部分都属于不同的属。他对第一颗头骨的推测是正确的。颇具讽刺意味的是，他在同一沉积层寻找到的巨型骨板碎片反倒增强了他的错误推测，如以后将要讨论的，在当时被认为是大地懒盔甲的这些骨板，不久后就被发现完全属于另一

达尔文发现的大地懒头骨的一部分，约50厘米长。19世纪30年代，理查德·欧文将头骨垂直切下一片，显示出臼齿的结构。这块切片（左）是2017年在达尔文家唐屋发现的。

头骨碎片底部。达尔文最初在蓬塔阿尔塔看到的悬崖上露出的头骨部分，也许就是这个被侵蚀的表层和空的臼齿髓腔。

种不同的动物。

巨大的头骨不是达尔文在蓬塔阿尔塔发现的唯一一个大地懒的标本。他还复原了另一块头骨的左侧和第三块头骨的后部。当时他并未记录这些是何时发现的，但至少最后一块标本极可能是在蓬塔阿尔塔的最后一季，即1832年9月到10月找到的，而不是几乎一年后的第二季，因为到1833年夏，这些标本显然已经在英国了，并引起了轰动。

最早的大致完整的大地懒骨架是1788年在布宜诺斯艾利斯以西的卢汉河河畔发现的。发现者是多米尼加修士曼努埃尔・托雷斯，骨架被送往马德里，成为被组装并上架公开展示的第一个哺乳动物化石。居维叶收到了一幅准确描画的骨架图，尽管他从未亲眼见过这副骨架，但他却详细描述过，并在1796年将其命名为美洲大地懒。这副骨架约4米长，臀部巨大，前肢健壮，趾尖长着巨大的曲爪。居维叶将其归为哺乳动物的“贫齿目”，现生物种中尚有树懒、食蚁兽、犰狳等属于此类，并颇有预见性地建议说它是一种巨型树懒。

现生树懒是树生、食叶哺乳动物，只见于南美洲和中美洲的森林中。它们动作缓慢，大部分时间倒挂在树枝上。它们是相对较小的哺乳动物，体重罕有超过5千克的。大地懒——现在估计比树懒重千倍以上——被认为与树懒属于同一群落，这一发现是比较解剖学的一次成功，这一巨型陆居动物与其现生亲族之间的对比令科学家和公众大为震惊。

在“小猎犬号”上达尔文随身携带着居维叶论著的英文版，因此他熟悉大地懒。然而，一个更近出现的情况使送到剑桥的达尔文发现的化石显得来得特别及时。达尔文抵达南美之前不久，在布宜诺斯艾利斯南部的萨拉多河发现了巨型骨骸。

右页图 一只现生三趾树懒，褐喉树懒（*Bradypus variegatus*），居于南美洲和中美洲森林。对达尔文来说，现生与化石树懒之间的区别是他的物种更替法则的惊人例证。

它们引起了英国代办伍德拜恩·帕里什的注意，他对科学感兴趣，尤其是地质学。他派他雇用的木匠奥克利先生去现场寻找更多的骨骸。最终得到了一具几乎完整的美洲大地懒的骨架，1832年帕里什回国时将它带回了英国，并在伦敦地质学协会展出。然后他把那些骨骸捐赠给了皇家外科医学院，其比较解剖学方面的收藏在当时是英国最好的。馆长威廉·克利夫特在这具宝贵的骨架上花费了大量时间和耐心，准备将它放在学院的亨特博物馆陈列展出，毕竟这是继马德里标本之后的第二个。然而，有些部分缺失了。

达尔文邮寄的第一批骨骸于1832年11月末从蒙得维的亚发出，次年1月抵达英格兰。6月，英国科学发展协会在剑桥召开了一次会议，英国古生物学元老威廉·巴克兰在会上展示了达尔文的化石发现。刚刚结束帕里什骨架研究的克利夫特检验了头骨，识别出达尔文修复的枕骨部分恰恰是帕里什标本缺失的部分。正如达尔文的朋友弗雷德里克·威廉·霍普写信对他说："从你把稀缺的大地懒骨骸寄到家里起，你的名字将永垂千古。在剑桥博物学家的会议上，你的名字有口皆碑，而巴克兰称赞你也是你应得的。"他的家人也肯定了这次航旅的价值，姐姐卡洛琳高兴地说："我为你高兴，亲爱的查尔斯，发现了这些骨骸，让有学问的人那么高兴。"甚至菲茨罗伊也为之感动，他在1833年8月达尔文进行陆地勘察时写信给达尔文说："你（在水上）的家将在大地懒山停泊，等你归来。"异想天开地用大地懒山指达尔文发现大地懒遗骸的蓬塔阿尔塔。

达尔文早在1832年11月就在报纸上看到了帕里什发现的骨架。他在布宜诺斯艾利斯找到了奥克利先生，满意地确认这具大地懒骨架是在他（达尔文）发现遗骸的同一个岩层中找到的。他自己宣称："大地懒如此残破的碎片"竟然引起如此大的注意，"真是令人惊愕不已"。但是，当后来了解到他的发现竟然完成了这个著名生物的拼图，他又"非常高兴"。

公众以及科学界对大地懒遗骸如此密切的关注可以放在其历史语境中来理解。在发现恐龙及其引起公众意识之前的几十年里，诸如爱尔兰大角鹿、猛犸象和乳

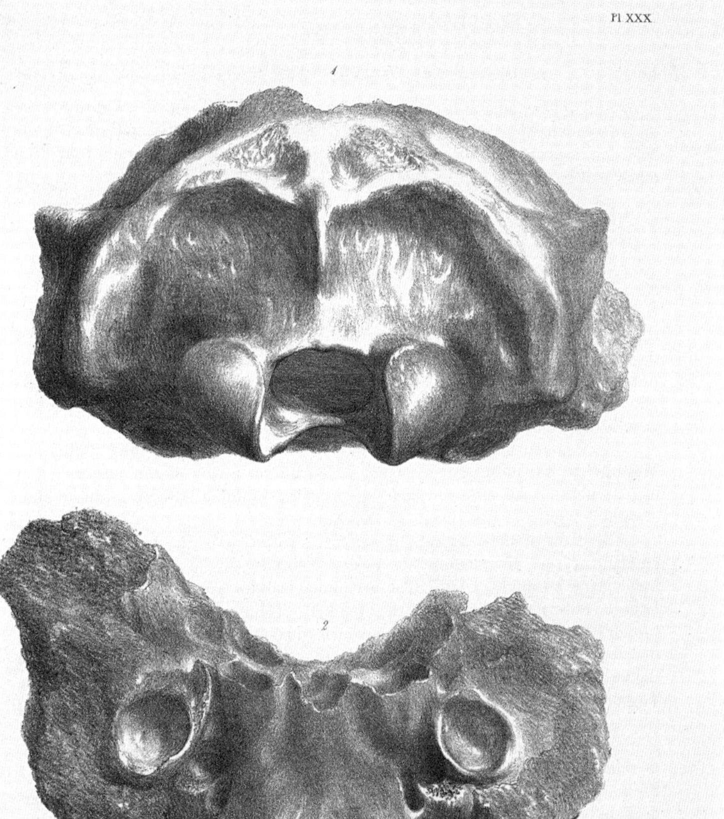

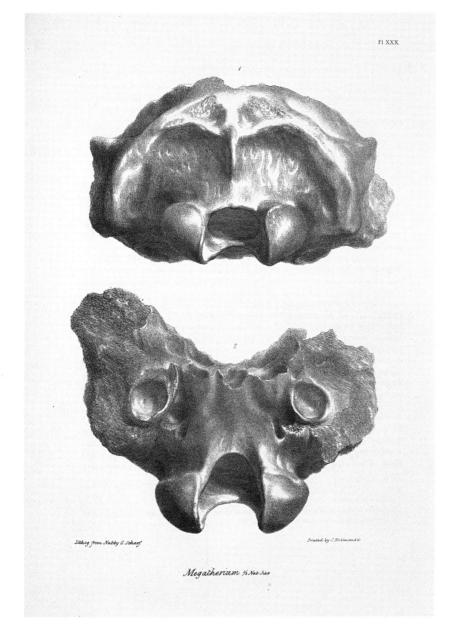

一个大地懒头骨的后部，20厘米宽，使达尔文的名字“有口皆碑”。
此画摘自欧文1840年的专著，展示的是头骨后部和底部。

齿象等巨型冰期哺乳动物都是史前怪物的典型代表，大地懒也不例外。这些发现成了报纸文章、广告画和公开演讲的主题，而在当代文学中，大地懒成了懒惰、笨重或功能失调的人或物的隐喻。如达尔文在日记中所写，甚至在南美，这些发现也成了传奇的源头。当地人告诉他以前有一种比公牛大的动物，长着巨爪和长鼻子，被称作“巨兽”。达尔文猜想这个传奇可能源自大地懒遗骸的发现。

在科学群体内，帕里什发现的骨架令克利夫特和巴克兰撰写了论大地懒的文章，而先是详细报告达尔文标本、后来又以130页专著详尽论述有关大地懒的所有

欧文1851年专著中显示的大地懒：正确地显示其行走时着力于脚的外部边缘，但脚仍然是水平姿势。

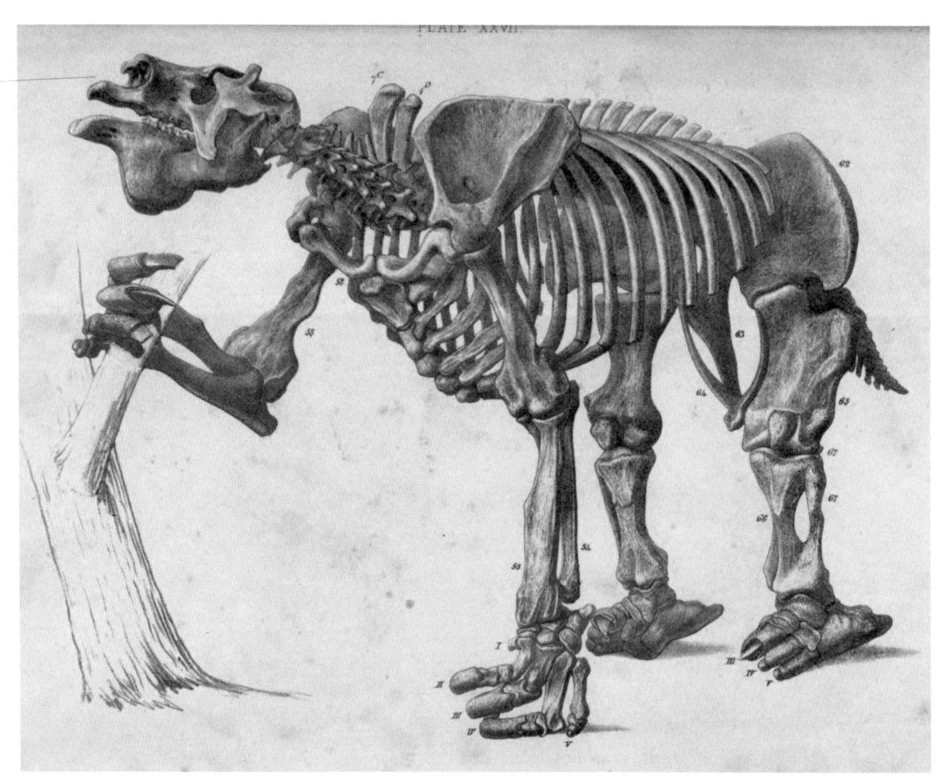

阿根廷佩温科海岸保存的大地懒脚印，每个脚印的直径约90厘米。这个地方与达尔文采集物种化石的地方很近，但直到20世纪80年代才被发现。

已知内容的，是理查德·欧文。居维叶以对马德里骨架的描述开场，论述其比例不均衡的身体和不协调的肢体，这对于以执信每一个物种都是和谐整体之设计而著称的人来说，是一个非常不寻常的结论。巴克兰出于对造物主的维护，提出有力的带爪的肢体是用来拔除植物的，而沉重的后肢则使它能依三足站立，以便用前肢抓取树上的食物。欧文先是接受了这个观点，但后来看到巨大的尾巴和后肢构成了三肢体，使得这种动物可以几乎完全直立，高达4米，凌空抓取树枝。这个形象此后便成了大多数绘画、模型的基础，展出的骨架也以此为模式搭设（见第

34页）。1854年在伦敦南部水晶宫举办了著名的史前动物户外展，动物皆是不朽的石像。雕塑家接受了欧文的建议，大地懒便成为该展的明星之一。

自欧文时代起，我们对这个传奇般动物的理解越来越多。现估计美洲大地懒重量为4—6吨，与雄象重量相等。关于其移动能力的精彩证据于1986年在阿根廷的佩温科发现，当时的潮汐活动掀开了硬化黏土的表层，黏土上面的动物脚印可追溯到约1.4万年以前。许多物种都留下了脚印，但最令人吃惊的是一行35个大脚印，大小和形状只符合美洲大地懒。可以看出它们的行动速度为每秒约1—2米，大体上是双足行走，身体重量有规律地转向四足。与其他巨型树懒一样，其脚的转动显示大部分身体重量都由脚的外边缘承担。巧的是，脚印就在布兰卡湾，仅在150年前达尔文采集大地懒化石的蓬塔阿尔塔以东40千米处。

至于食物，新近一项对头骨和牙齿的详细研究表明，它有一个狭窄的鼻子和能抓东西的嘴唇，这是选择树叶、果实或枝条为食的动物的特征。由于牙齿的尖利意味着切割而非碾磨动作，所以有些研究者认为大地懒可能也吃肉。然而，这种磨损形态也可能与食用软叶相关，新近对化石骨骸中的碳和氮同位素的研究确定了它只以植物为食。

美洲大地懒在达尔文的采集中并不是唯一的巨型树懒物种。欧文还鉴别出另外三种，对科学界而言都是新发现。第一个是欧文以发现者的名字命名的达尔文磨齿兽（*Mylodon darwinii*）。达尔文在发现时并没有记录，尽管后来他表示它来自蓬塔阿尔塔，也许就是在1832年10月给亨斯洛的信中提到的标本，信中他曾说发现了“一只奇怪动物的下颌，从其臼齿看，我认为属于贫齿目”。一年后，他又提到“我寄出的带四颗小牙的颌胃的那个动物”，并附有一幅素描，毫无疑问他指的就是那个下颌骨，现在是达尔文采集品中幸存的宝物之一。

对第二块下颌的发现描述得较为详细。达尔文在1832年10月8日的日记中写到，早饭后，他步行到蓬塔阿尔塔，“喜获带一颗牙齿的一个颌骨”。他马上想到这是大地懒，但后来他较为谨慎地以为那仅仅是贫齿目动物的一种。1840年，欧绝迹的1.5吨地懒，达尔文磨齿兽，理查德·欧文从达尔文的南美化石采集中选出并命名。

文开始描述这个颌骨时，将其归为唯一一种在达尔文发现之前就被命名的绝迹的巨型树懒，这就是巨爪地懒（*Megalonyx*），当时与大地懒几乎同样名声显赫，尤其是在美国。其遗骸首次于1796年出土，出土地在现在的西弗吉尼亚，受到博物学家（后来的总统）托马斯·杰斐逊的关注。从其巨爪看，杰斐逊认为它是与狮子相关的一种食肉动物，建议将其命名为“大爪或巨爪地懒”。此后，这种动物就被认定为一种巨型树懒，有一段时间，它与大地懒之间几乎无从区别，后来居维叶证明它们是不同种属。巨爪地懒现在被认为只出现在北美，但欧文猜想其遗骸也可能在南美发现有合理性。他注意到这块下颌及上面仅剩的一颗损坏的牙齿，都深嵌于达尔文挖掘出来的一块胶结砾石中，因此只有顶部是可见的，此外，其骨骸已开始崩裂。这个标本现已遗失，其最后一次被记录是在1845年的一个目录中，但是，幸运的是，欧文的插图画家乔治·沙夫把它准确地画了下来，现在它被认为是第二块达尔文磨齿兽的颌骨。

被欧文鉴定为达尔文磨齿兽的其他化石包括另一块颌骨的一半、一个前肢骨骸（肱骨）的零散部分和大腿骨（股骨），他还将颌骨上的牙齿切开以观察其内部结构。欧文在对“小猎犬号”化石的描述中均未提到这些骨骸，但它们却被列

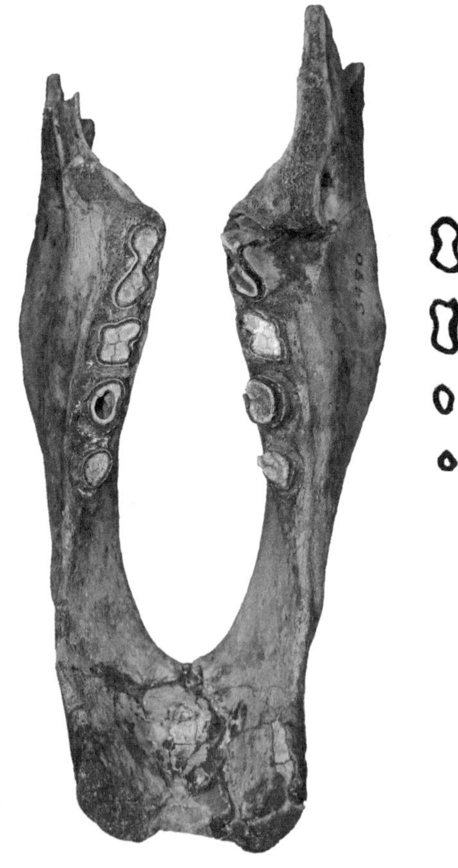

采自蓬塔阿尔塔的达尔文磨齿兽的下颌，35厘米长。旁边是达尔文画的牙齿，画在一封家信中。这些细节具有相当大的价值，把现存标本与达尔文的原记述关联起来了。

入1845年赠予皇家外科医学院的目录中，也许因为彼时他已经接到可敬的伍德拜恩·帕里什从布宜诺斯艾利斯寄来的完整的磨齿兽骨架，并用它来识别达尔文的标本。

基于这副骨架和后续发现，我们现在了解到达尔文磨齿兽是巨大的地懒，估计体重在1.5—2吨，与现生犀牛差不多。它显然适应冷气候，因为其生存范围延续到了美洲大陆的最南端。在那里，在智利的乌尔蒂马埃斯佩兰萨洞穴（意思是“最后的希望”），19世纪90年代曾发现其皮毛和粪便。其发现场地现已是著名的磨齿兽岩洞，遗骸可追溯到14 000—12 000年前。它们表明这种动物长着厚厚的毛皮，皮肤里含有卵石一样的骨结，也许是为了防止被捕食。对粪便中花粉的分析证明其食物主要由禾本类、莎草类以及香草类构成，大致生存在一种无树的环境，

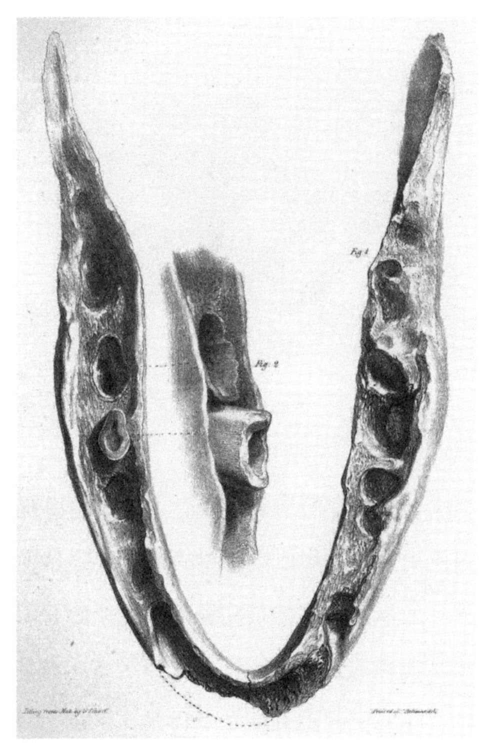

现已遗失的树懒下颌，欧文将其归于北美巨爪地懒，但后来被确认属于磨齿兽。剩下的唯一一颗牙见于左侧以及嵌入的小图中。

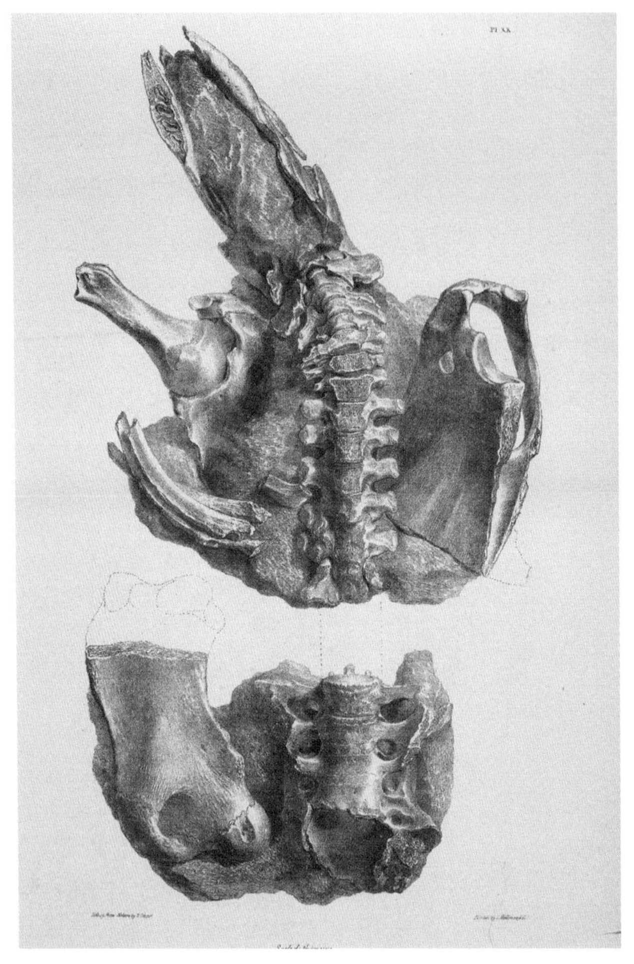

达尔文发现的最完整的石化哺乳动物：伏地懒（*Scelidotherium*）的骨架。上面的图是头骨的底部视角。这个标本画的时候约1.3米长，有些骨头已经移除。

至少在其生存的南部是如此。这些动物遗骸的发现，加上有若干人自称是目击者，引发出这些动物依然存在的推测，但寻找工作早已取消。

达尔文发现的最完整的哺乳动物化石是一副几乎完整的骨架，后来欧文认定那是地懒的另一个新种。它似乎是在海滩上被发现的，部分掩埋于松散的沙土之中，达尔文判定其整个身体是从悬崖上掉下来的。骨架含有头骨、脊椎、肋骨和直到爪的肢体，它们“几乎都在其该在的位置上”，甚至包括膝盖骨。这一了不起的发现达尔文在1833年9月1日的日记中有记载，可能是一个星期前在蓬塔阿尔塔采集的第二阶段的某一天。他很快就认识到发现这具基本骨架的重要意义，偶然发现的少量骨骸可能是从以前的沉积层中被冲刷出来，或从上面掉下来的，沙土中的完整骨架则只能表明这种现生动物在包裹该骨骸的沉积层的时代就已出现。“巨兽，全是胡扯”，他在笔记中写到，因为显而易见，那些遗骸是古代的，不是仍然在南美大草原闲逛的那些神秘动物的。他给姐姐卡洛琳写信说他发现了一种动物的骨架：“我认为现在地球上并不存在任何与其相关的动物。”后来，他怀疑它与他曾经画过的有四齿下颌的动物属于同一个种，即后来被命名为达尔文磨齿兽的那种。然而，仔细比较之后，欧文肯定它属于一个不同的属，体形较小且有较长头骨的那种，并将之命名为狭长头伏地懒（*Scelidotherium leptocephalum*）。

达尔文发现的体重最轻的树懒物种狭长头伏地懒也近1吨，与一头大水牛重量相同。它的身体相对而言长且矮，狭窄的鼻子意味着它很挑食。它也是熟练的挖

伏地懒，身体长而矮，有一只长鼻。
新近证据表明它可能是挖洞动物。

洞者，这一重要证据我们将在下文讨论（见第51页）。

达尔文发现的第四种地懒是于1833年11月在跨越今乌拉圭的为期两周的勘察过程中发现的。那是头骨后部的一部分，后来被欧文命名为舌懒兽（*Glossotherium*）。这是在萨兰迪溪边发现的，也就是著名的哺乳动物箭齿兽的较大、较完整的头骨被发现的地方（见第76页）。尚不清楚是达尔文本人发现的舌懒兽标本，还是他从发现者那里与箭齿兽一起买下的，尽管前者可能性更大。

无论如何，这是被达尔文描述为“比马大得多的一种动物”的标本，以其绝好的保存状态著称。他写到，它似乎“如此新鲜以至很难相信它已经在地下掩埋许久了”。骨骸不仅外表比他发现的其他化石新鲜，而且还保存着那些精细的部

舌懒兽的头骨的后部，20厘米长，达尔文在现在的乌拉圭采集的。

上图 颊骨侧面（上有标本序号），右边是圆髁，头骨与脊椎连接处。

下图 头骨内景，包括脑腔，精细的骨结构保存完好。

分，这些部分在古遗骸中通常都破碎了，包括细小的耳骨之一——鼓骨，它被保存在头骨中相应的位置，这令欧文称赞“这些标本的天才发现者给予其标本的细心和照顾”。达尔文想要了解更多。他把一块骨骸放在酒精灯上烤，发现它不仅燃起了小小的火苗，而且“散发出一股强烈的动物气味”。他把一块骨骸寄给伦敦经济地质学博物馆的特伦海姆·里克斯，后者对他的几个岩石样本进行了化学分析。达尔文问他这个骨骸含有多大比例的动物物质。他指的是除骨矿物质外的有机物，答案是7%。我们现在知道大约有四分之一的原蛋白质含量保存了下来。这个头骨完好的保存状态和它与达尔文其他标本不同的外表都表明，与在附近发现的箭齿兽和巨型雕齿兽的遗骸相比，它完全可能是从河岸的较高和较晚层落下来的。

由于手头只有一块头骨碎片，欧文特别谨慎，认其为贫齿类，而没有明确细分属于哪个群落。支撑舌头的骨头有一个大的附着面，还有一个宽大的孔洞给舌头的神经，这使欧文重构了一个非常大的舌头，于是发明了新名称——舌懒兽。他后来抛弃了这个名称，认为头骨与他曾经命名为达尔文磨齿兽的颌骨属于同一个种的动物。然而，现在人们认为二者并不相同，所以欧文起的名字恢复使用，该种成为壮舌懒兽（*Glossotherium robustum*）。欧文认为这个动物可能是食虫的，像食蚁兽一样打破白蚁穴，但现在它通常被认为是食草动物。其宽宽的口鼻说明它毫不挑剔地大量食用禾本草和低矮的香草。2017年，从达尔文发现的舌懒兽头骨抽取出来的胶原蛋白中获取了大约12 660年前的碳同位素。这是这个属已知的最新记录，接近其绝迹的时间。

壮舌懒兽的体重约1.5吨。此外，近来的一个引人注目的说法是，舌懒兽和/或伏地懒可能挖建大洞以逃避捕食者或糟糕的天气。有几种证据支持这个观点：第一，几个大“化石地洞”已被发现，尤其是在布宜诺斯艾利斯周围的地区，其直径约1—1.5米，与这些种的身体宽度相符；第二，这些动物的前肢骨骼似乎由于挖掘这样耗力的活动而有所变化；第三，在洞内发现爪印，构成成对的沟槽，与

达尔文发现的地懒，据推测，它有一只长舌头，
欧文因此而将它命名为“舌懒兽”。

这些种的第二和第三大趾的爪极为相符。这些树懒是迄今为止以这种方式挖洞的最大的动物，一个化石洞的长度甚至大于40米。

达尔文对四种大型地懒的发现确实了不起，同时也是意外收获，因为他采集的地区碰巧是可以集齐这四种的唯一地区。磨齿兽分布在南美的南半部分；舌懒兽在北半部分；伏地懒在中部；大地懒分布广泛，但美洲大地懒却主要在阿根廷。它们的活动范围只有在南美大草原和拉普拉塔盆地才重叠。上文介绍的这几种懒兽的头骨、牙齿和肢体的不同，解释了它们何以能够共居于更新世晚期，并利用不同的食物和栖居资源。

达尔文受诸多例证引导，提出“物种更替法则”，绝迹大型树懒与现生种属之间的关系便是这些例证之一，据此，某一特定地区（这里以南美为例）过去与现在的栖居者之间存在一种亲缘关系。这种普遍形态是最终令他确信进化现实的关键因素之一（见第六章）。我们现在知道这些树懒都有化石记录，可以追溯到大约3500万年前，所描述过的化石就有50种左右。大部分都是居于地面，从中等到大型，所以这6种现生物种在许多方面都是非同寻常的。达尔文及其后继者发现的种主要分两大群落：一个包括磨齿兽、伏地懒和舌懒兽；另一个包括大地懒，也可能包括北美的巨爪地懒。现生树懒包括两个群落：两趾的和三趾的树懒，其命名反映其前脚可见的脚趾数量。但现生与石化树懒之间的关系依然没有解决。然而，身体大小和环境适应能力等主要方面的变化显然都发生在了这组了不起的动物的进化过程之中。

现生物种

1832年9月22日，达尔文在南美采集哺乳动物化石的第一天，就在日记中写到，他发现了牙齿和一根股骨（从这贫乏的描述来看，仍不确定它们来自哪种动物），然后只有一个词："犰狳"。几乎可以确定这是一个巨型雕齿兽的骨质外壳的一部分，巨型雕齿兽科是绝迹的南美科，而且是有史以来最怪异的哺乳动物群落之一。达尔文将还有至少四次机会发现相似的遗骸，而其与现生犰狳的明显关系为他的"物种更替法则"提供了另一例证。但是，理解这个奇怪的皮甲之身份，也不是一帆风顺的。

达尔文已经做好充分准备，去亲自验证他第一天发现的化石，因为就在一周前，在骑马勘察一整天之后，他接受当地高乔人的邀请，吃了带壳的烤犰狳。共有21种现生犰狳，它们都有一个在现生哺乳动物中独一无二的特点：在其外部鳞状甲胄之下，掩藏在皮肤中的是一个内壳，这个内壳由数百个小的、连锁的骨板构成。巨型雕齿兽的骨壳无疑与此相似，只不过要大得多。几个星期之后，当达尔文在蓬塔阿尔塔第二次发现巨型雕齿兽甲胄时，他就恰当地将其描述为一个"大号的犰狳"。他的发现包含两块"厚厚的、骨质的多角板，构成了一件镶嵌

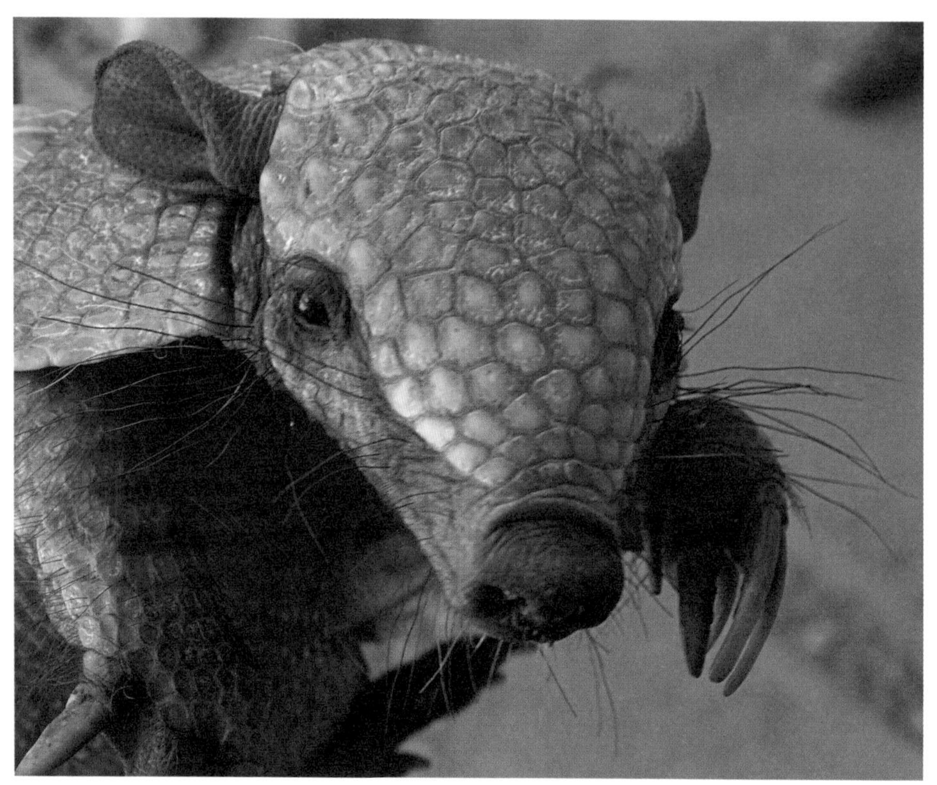

一只现生犰狳，其爪用于挖洞。在一个与巨型雕齿兽甲胄相似的骨盾之下，是角蛋白鳞片。

花纹作品”，但达尔文识别出这两块只是一个半圆形外壳的组成部分，掩埋后被沉积层的重量挤压成扁平状。揳入这两部分中间的是一小块脚骨。这两块多角板每一块约90厘米×60厘米大小，他设法恢复了，并把大约15厘米长的几个碎片寄回国。

一年后，达尔文又遇到一只巨型雕齿兽，那是在武装士兵的陪护下从布兰卡湾到布宜诺斯艾利斯的漫长旅行期间。1833年9月19日，他们穿过瓜尔迪亚山下的小镇，在附近的一个湖边，达尔文发现了一大块“镶嵌花纹的甲胄”。几个星期之后，他走访了萨兰迪溪（位于现在的乌拉圭），就是发现舌懒兽头骨的地方，在那里他又从河床上拾起一块块典型的骨壳。在同一地区的另一个地方，外壳碎片都与一块胫骨相关，后来欧文认为其与巨型雕齿兽的胫骨相符。

然而，最壮观的发现是在1833年10月10日，在圣菲平原附近的塔帕斯溪，找到了一块几乎完整的巨型雕齿兽的甲胄。埋在土里的是一个骨壳，直径1.5米，“把土洗净后，里面像是一口大锅”。这可能不是偶然的相遇，而是有人故意把达尔文带到现场，因为他报告说这个动物几年前就被发现了，全部骨骸都被移走了，只留下了空壳。甲胄的骨骸现已相当松软，但达尔文却注意到其内里平滑的表面。

对达尔文产生影响的化石中，有一些不是在田野里被发现的，而是在他所遇到的人们的收藏里。在蒙得维的亚附近一个牧师的家里，他看到尾巴的一部

达尔文在蓬塔阿尔塔发现的巨型雕齿兽——新覆甲兽（*Neosclerocalyptus*）外壳的两个部分，每个4.5厘米宽。图中可以看到单个的骨质嵌块，在它们之间是该动物爪骨的两幅不同视角图。

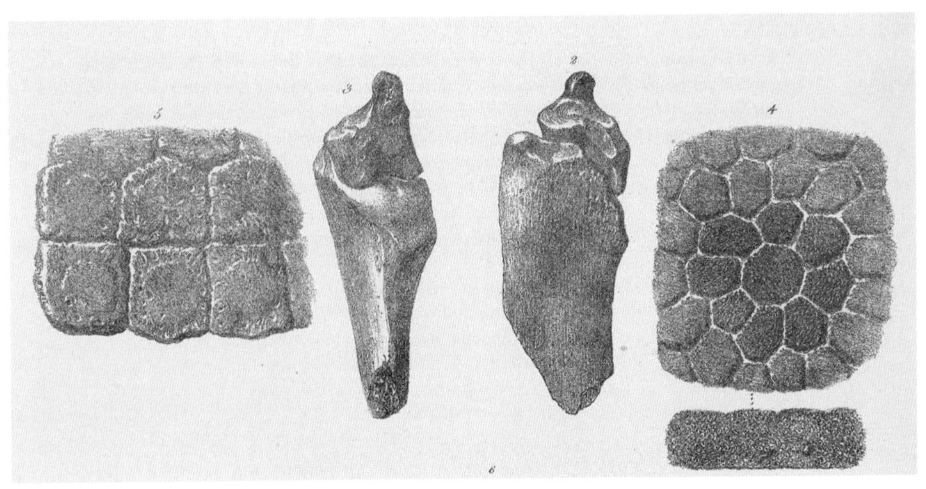

分，约46厘米长。他觉得这根尾巴很奇异，因为椎骨被包裹在骨板拼成的管道里，显得极为坚固和沉重。他后来记述道："除了尺寸巨大之外，太像普通犰狳的尾巴了。"

达尔文起初对自己的发现没有怀疑。1832年10月在给约翰·史蒂文斯·亨斯洛的信中，他通报了在蓬塔阿尔塔发现的碎片："我一看到它们就想它们一定属于一个巨大的犰狳，其现生物种在这里数量很多。"他读到的耶稣会旅行者托马斯·福克纳的著作似乎证实了这个观点，其旅行游记就在"小猎犬号"的图书馆里。60年前，福克纳成了描述巨型雕齿兽骨壳的第一人，那是他在巴塔哥尼亚出土的一个3米长的圆拱形骨块，他也将其与巨型犰狳相联系。然而，达尔文很快就感到困惑了，他了解到现行的观点，即尊敬的居维叶先生等人提出的观点，认为这些骨块实际上是一种非常不同的生物的甲胄，即名叫大地懒的巨型树懒。

这种误解基于不足凭信的证据。居维叶在1823年的《化石骨骼》中首次提出这个观点，引用了蒙得维的亚一个牧师的一封信，信中说发现了一具不完整的骨架，其特点是有骨质甲胄。牧师将其命名为犰狳（*Dasypus*），然后又加上括弧，写了"大地懒"。当威廉·克利夫特，欧文从前在皇家外科医学院的上级，于1832年接到伍德拜恩·帕里什从布宜诺斯艾利斯寄来的三副骨架时，其中两副都含有一部分的骨质甲胄，他便步居维叶的后尘视其为大地懒。当达尔文第一次了解到这个说法时，他写信给亨斯洛，问其证据是什么：显然他有困惑。从那时起，笔记、日记和信件都表明他在摇摆：是相信自己的直觉，还是服从权威之言？最重要的是他在圣菲平原看到的锅状甲胄，他将其描述为"帕鲁达的盖子"，帕鲁达是西班牙语，指的就是一种较大的现生犰狳，正是达尔文在笔记本中描述和画过的那种。然而，在1833年的《地质学日记》中，他思考过这个问题，说服自己居维叶的观点是站得住脚的，因为发现大地懒骨骸的沉积层与包含骨质甲胄的沉积层属于同一个年代。最终，1833年11月，他找到了折中方案，既准确地描述甲胄，又指出了假定的亲缘关系：它是"大地懒的犰狳状的盖子"。

1841年，理查德·欧文最终解决了这个问题。经过对帕里什标本的仔细观察，欧文得出结论：与外壳相关的骨骼极像犰狳的骨骼，而不像大地懒的。此外，迄今为止，他至少可以列出科学界承认的不少于12副大地懒的部分骨架，没有一副与骨质外壳相关。欧文并不是注意到与骨质甲胄相关的骨骼与犰狳的骨骼相似的第一人，但他却是第一个得出结论排除大地懒理论的人，并表明犰狳状的巨兽是一个独立物种，他将其命名为“雕齿兽”。

最大的巨型雕齿兽的骨架，3米长的结足雕齿兽（*Glyptodon clavipes*）。
这个动物由其僵硬的骨质外壳、头骨和灵活的骨质尾巴所保护。

也许由于它们如此怪异，绝迹巨型雕齿兽与现生犰狳的共同特征成了物种更替法则的典型例子，给达尔文留下了深刻的印象（见第六章）。因此，颇具讽刺意味的是，他迟迟才认识到外壳问题的解决对他是有利的。在1844年关于论进化的文章中，也即《物种起源》的先驱，达尔文仍然提到一些巨懒物种具有与犰狳壳相似的骨质甲胄。如历史学家桑德拉·赫伯特所发现的，达尔文笔记中一处未标注日期的便条上写着："欧文论雕齿兽的文章必须钻研。"1846年，他终于把他在蓬塔阿尔塔的发现描述为"大型犰狳类四足动物的骨质甲胄"（"犰狳类"一词表明它就是一种犰狳，而不仅仅是带有类似犰狳壳的甲胄的动物），来自瓜尔迪亚山的则是"一大块镶嵌花纹的甲胄，如同雕齿兽的甲胄"。雕齿兽与犰狳之间的联系一旦清楚地确立，这个例子就成了物种更替法则之证据的重要部分，最终也是进化论的重要证据。

现代研究充分肯定了巨型雕齿兽与犰狳之间的密切关系，但也阐明了二者间的区别，大小是最明显的一个：最大的现生犰狳约75厘米长，不包括尾巴，体重约30千克，但大多数巨型雕齿兽则重几百千克，最大的2吨重，3米长，有一辆小汽车那么大。由于它们最近的犰狳亲族似乎包括一些最小的现生种，因此据估计，其共同祖先的重量只有6千克：这凸显了巨型雕齿兽在进化过程中体形的增大。进一步的差异与甲胄相关：犰狳的外壳是关节式的，当受到威胁时，它能灵活应变，卷成球状；巨型雕齿兽的外壳则像一个僵硬的盒子。当达尔文看到巨型雕齿兽尾巴的一部分时，他将其描述为"最可怕的武器"，这个假设已被后续研究清楚地证明了。有些种不仅尾巴上有尖刺或棍状凸起，而且计算表明其击打力度足以打破另一只巨型雕齿兽的外壳。在饮食方面，巨型雕齿兽据说是严格的食草动物，而现生犰狳也会食用一些植物，但主要是吃昆虫和其他无脊椎动物。

仍有问题没解决：达尔文发现的巨型雕齿兽属于哪一种？新近对保存完好的化石骨骸进行的DNA［脱氧核糖核酸］研究表明，巨型雕齿兽系在大约3500万年前由犰狳群落派生出来。从那时起，几十种巨型雕齿兽演化出来，其中约8种出现在达尔文发现其宝藏的更新世晚期的沉积层。达尔文本人意识到他的发现中至少有两种甲胄：与一年前在蓬塔阿尔塔挖出的骨块相比，1833年在萨兰迪发现的碎片较厚，纹路也不同。达尔文的巨型雕齿兽标本无一幸存，但从欧文的插图可以看出，在蓬塔阿尔塔发现的（见第55页）可视为新覆甲兽属。这种中等大小的巨型雕齿兽约2.5米长，身体形状像一个被压平的圆柱，估计其体重在300—600千克。它具有整个群落中独一无二的特征：鼻部呈球根状隆起，内有骨质鼻窦网络，动物活着的时候，这些鼻窦会产生一些膜状组织来减少热量的散失，同时当动物呼吸时也可保持水分。这些特征与中亚的高鼻羚羊等哺乳动物身上的特征相似，都能使它们适应寒冷干燥的环境，与新覆甲兽属只在南美南部分布相对应，并且在末次冰期最冷的地方发现了特别丰富的新覆甲兽化石。因此，这些头骨显示这种动物口鼻宽阔，适于在开阔的草原上大量进食，主食禾本草和香草。

达尔文的其他标本的身份就没这么确定了，因为没有被画下来过。欧文关于

新覆甲兽属，从达尔文化石碎片中确认的一种巨型雕齿兽。
扁平拉长的甲壳和宽阔的口鼻让它适应在广阔的草原上进食。

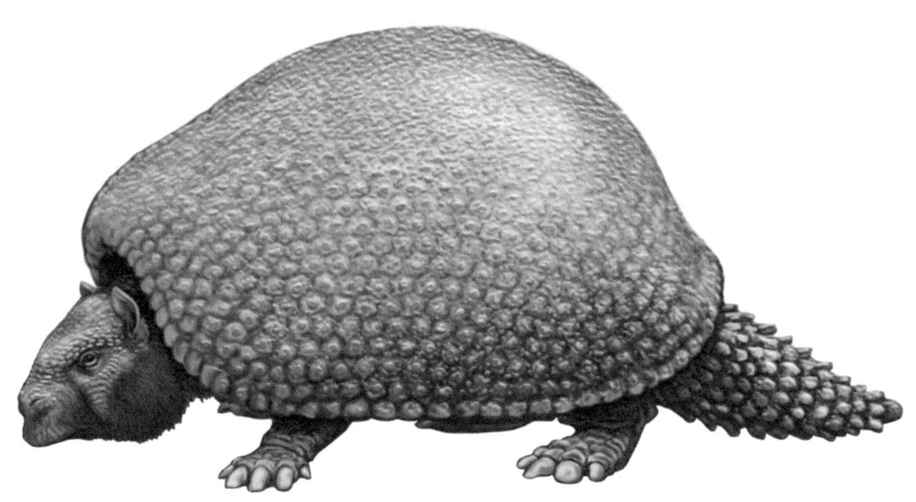

萨兰迪碎片的描述，包括其近4厘米的厚度，使其像是雕齿兽的一种（按照属名为其群落命名），即细纹巨型雕齿兽（*G.reticulatus*）或结足巨型雕齿兽（*G.clavipes*），其体重达2吨。与新覆甲兽属相比，雕齿兽的鼻子较窄，表明它进食挑剔，以食用高营养植物为主。雕齿兽的外壳大体上是半圆的，尖状尾甲是以关节相连的，而不是像其他巨型雕齿兽那样的僵直的管子。近来发现雕齿兽还有一道防御线：外壳边缘的一排排尖状骨。至于达尔文在塔帕斯溪看到的较完整的“锅”的身份，我们甚至不能推断，因为它可能与任何一种巨型雕齿兽相对应。

野　马

虽然达尔文为自己发现绝迹哺乳动物的巨骨和头骨而惊喜万分，但最令他兴奋的还是发现了一个不起眼的马齿。能唤起他最大兴趣的始终是某一发现的科学意义，而不是其宏大或新奇。1833年10月在圣菲平原，在塔帕斯溪发现巨型雕齿兽外壳的红黏土沉积层中，达尔文发现许多其他骨骸暴露出来，其中就有一颗马的臼齿。与许多其他发现不同的是，对这一发现他即刻就予以肯定的确认。它似乎与绝迹动物的遗骸嵌于同一个地层，但是，由于当时马的化石在南美尚不为人知，所以达尔文怀疑他眼见的证据。这是不是从现代地表附近，甚至它上面被冲刷来、后来逐渐硬化的泥层呢？然后泥泞的沉积物在它周围逐渐硬化？换言之，这是在被西班牙征服的土地上的一匹家养马的毫无价值的牙齿吗？在细查之后，达尔文自信地认为这颗牙的确与绝迹野兽在同一个古代地层之内。回到伦敦，他和欧文一致认为马牙的保存状态与在附近发现的绝迹哺乳动物箭齿兽的状态相同：二者都被腐蚀，都有红斑。为进一步支撑他的论点，达尔文提出其周围的乡村无人居住，没有淡水，所以现代家养动物不可能在那里出现。他不必担心，因为后来一颗相似的马牙又在同一个沉积区被发现了，尽管保存得不那么完好，而两个

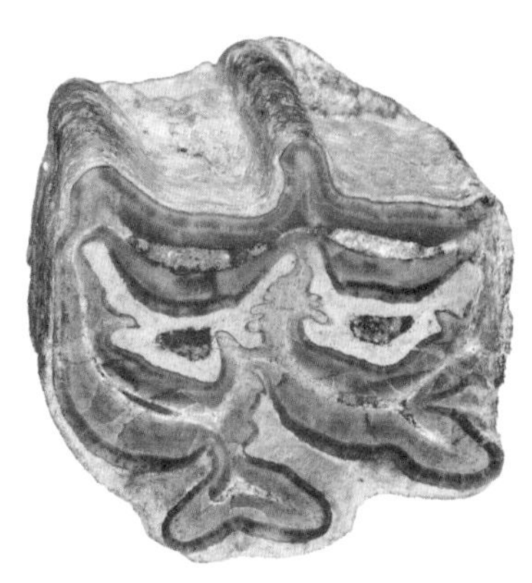

月前，他就在蓬塔阿尔塔的这个沉积区采集巨懒和箭齿兽的骨骸。

达尔文为这些发现深感惊叹，在他的笔记本中，在1839年的《研究日记》中，甚至在发现这些化石的四分之一世纪之后发表的《物种起源》中，他都详尽地讨论了这些发现。理查德·欧文以其典型、低调的英国风格把这些马牙的发现描述为"并非是达尔文的古生物学发现中最无趣的一个结果"，而著名的美国古生物学家乔治·辛普森后来则誉之为"'小猎犬号'航旅期间达尔文采集哺乳动物化石的唯一最重要的结果"。达尔文惊诧不已的原因并不仅仅在于绝迹物种与现生物种的并存，因为欧洲骨骸洞穴早已经展示了这一点，还在于这一发现揭示出南美曾有野马存在，而其绝迹的原因却仍然是个谜。众所周知，西班牙人在16世纪初来到南美时没有发现马，然而，如达尔文所强调的，一旦被引进并逃到野外，马就大量繁殖，显然它们非常适应大草原的环境。那么，如果它们

达尔文采集的一匹马的臼齿化石，7厘米长，据说是采自圣菲平原的标本，达尔文第一次用文献记载南美的土生马。

曾经作为土生动物在那里生存过，又为什么绝迹了呢？回到伦敦，理查德·欧文研究了这些遗骸之后，问题迎刃而解了。

1838年，欧文首次发表了他对达尔文化石的描述，认为这颗马牙与现生马的牙齿相似，但保留了自己的判断，只称这些化石是“马的一种”。然而，到1845年，他判定它是以前不知道的一个物种，并基于从侧面看齿冠明显呈弯曲状而将其命名为“弯齿马”（*Equus curvidens*）。这改变了达尔文关于这一发现的视角，在回想以前的反应时，他甚至在《物种起源》中惊呼：“我的惊诧竟然毫无根据！”他现在据理推断，即便我们总体上对它们还是一无所知，但如果它是不同于现生马的另一个物种，那么，其居所和食物也应该是不同的。因此，很容易想象是生存条件发生了不利于这个物种的变化，致使其灭绝。而一旦现代物种在历史时期被引入，新的条件可能有利于这个现代物种延续。

自达尔文之后，人们在南美发现了大量的马化石。达尔文的标本现在被命名为新大陆马（*Equus neogeus*），在19世纪30年代末，丹麦博物学家彼得·威廉·隆德在巴西一个洞穴里挖掘出土了一匹马的腿骨，他将这种马命名为新大陆马。人们认为这匹马也属于这个物种。根据动物学命名的规则，隆德1840年的命名早于欧文1845年的命名。这个物种也曾被称为美洲马亚属（*Amerhippus*），常常以新大陆马这一综合概念出现，其意思是“新大陆美洲马”，其地理源出显而易见。

对其遗骸的研究表明，新大陆马体重约300—375千克，肩高约1.5米，约是一匹轻骑的大小，但对于野生物种来说则是相当壮硕了。对化石骨骸的化学分析显示这些马主要食草，但食物中包含各种不同的草属，依地点不同而不同。

马是在连接北美和南美的巴拿马地峡形成时进入南美的，这已是约300万年前的事了。新大陆马是在那里生长的几种马之一，每一种都占据了该大陆的一个不同的地区，尽管地域上有所重叠。新大陆马居于南美大陆的东海岸，从南部的阿根廷大草原（达尔文发现其遗骸的地方），到北部巴西东北角，南北总共约5000千米。基于从化石骨骸中抽取的DNA进行的近代遗传研究显示，这个物种与现生

绝迹的南美野马，新大陆马（美洲马亚属），欧文基于达尔文的发现将其命名为“弯齿马”。

的蒙古普氏野马（Przewalski’s horse）关系密切，代表了欧亚原生种群，即使它们可能是早期家畜的后代。因此，其奇异之处在于，末次冰期的马也许构成了一个几乎连续的种群，从欧洲延伸到亚洲，再到北美和南美。反过来，这一发现又引出了另一个问题，即南美的原生野马是否非常不同于取代了它们的家养马，并且重新提出了达尔文最初的疑问：它们为什么绝迹了？我们将在第六章中重谈这个问题。

达尔文的“小猎犬号”之旅中有许多巧合，其中一个巧合发生在1833年9月7日，即他发现马齿的一个月之前，他看到一个士兵用一块燧石生火，并被告知在里奥内格罗的一个交叉口还有很多燧石。达尔文断定那是一个史前箭镞，有倒钩，完全不同于他走访时当地人使用的任何东西。他即刻推测出捕捉动物的方法随着马的引进而发生了变化，从步行用弓和箭打猎，到他所看到的那样在马背上以高超的技巧使用套索和弹丸打猎。在巴加达发现马齿化石之后，达尔文曾经考虑过这些事实，现在他又开始怀疑南美是否真的有土生马，直到在蓬塔阿尔塔南部800千米的沉积层中发现了第二颗牙，这个问题才算是解决了。

巨型骨骸

从布宜诺斯艾利斯到圣菲途中，达尔文及其同伴在罗萨里奥镇度过了一夜，那是1833年9月30日。夜里，达尔文的手枪被盗，由于感到不安全，他们连夜赶路，10月1日太阳升起时抵达卡卡拉尼亚河。达尔文曾经读过英国旅行者托马斯·福克纳18世纪70年代的游记，说在这条河的岸边发现了巨型骨骸。这是巴拉那河的一条支流，达尔文便一整天都在悬崖上寻找化石。他记得当地人曾经告诉他，“巨型骨骸”就在巴拉那河西岸的不远处，只能通过一个300米宽的开阔处才能达到，达尔文于是租了一条独木舟，被带到了现场。在那里他看到了高出水面约2米的两副巨型骨架，从悬崖表面突出来。这一定是一个惊人的场景，用达尔文的话说，因为巨型骨骸“仍然保持其正常的姿态”。换言之，它们是两个巨大动物的完整或相对完整的骨架，不是许多不同个体的碎片。当地人告诉达尔文他们早就知道这些骨架，就是不知道怎么会在那里，以为它们是一种巨型潜穴动物的遗骸！西伯利亚当地人出土冰冻猛犸象的遗骸时，也有类似的说法。

然而，达尔文看到的骨架已经高度腐坏，他将其描述为“奶酪一样柔软”，只能采集少量的小碎片。他意识到它们都在河的最高水位之下，被反复浸泡和晒干，所以保存状态如此糟糕。即使他采集的碎片现在也丢失了，但达尔文断定它们是乳齿象几乎是正确的。乳齿象是大象的远亲，是达尔文发现的两种巨型哺乳

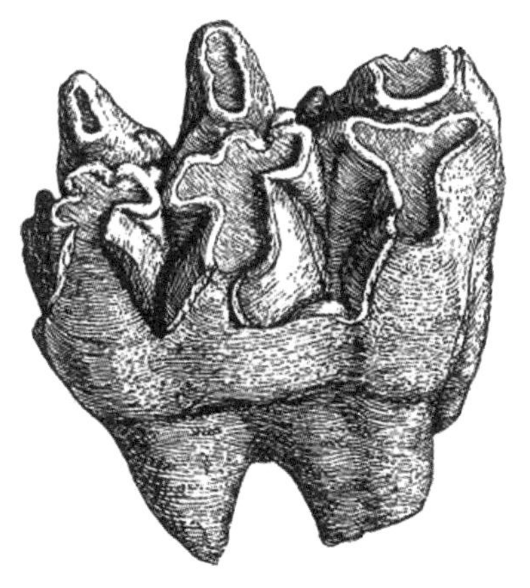
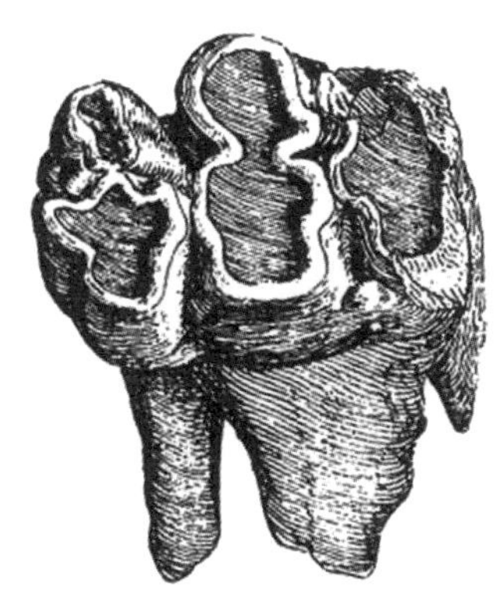

乳齿象“豕齿居维象”（*Cuvieronius hyodon*）的牙齿，亚历山大·冯·洪堡采集，乔治·居维叶1806年作图。“小猎犬号”图书馆藏书所附的这样的图画，帮助了达尔文识别他自己的发现。

动物中的一种，当时仅有这两种巨型哺乳动物的存在已经为人所知（另一种是大地懒）。他对这些骨骼的描述是“庞大”“巨大”，这是第一条线索，因为乳齿象的肢体骨骼比这一时期任何其他南美哺乳动物化石都大和坚固。此外，达尔文清楚地提到它们巨大的臼齿都在原位，尽管一到他手里就化成碎片了，但其形状是清晰的。乳齿象的臼齿约20厘米长，牙尖大而圆，珐琅质厚达1厘米，这是毋庸置疑的。达尔文还是剑桥学生的时候就可能看到过乳齿象的牙齿，他在“小猎犬号”旅途中几次提到过收藏家向他展示乳齿象的牙齿。在“小猎犬号”的图书馆里还有15页关于乳齿象化石的资料供他参考，其中所附插图的权威性不亚于居维叶的。

此外，达尔文那天发现的乳齿象骨并非只有这两副大骨架。在卡卡拉尼亚河岸边，他发现一颗孤零零的牙齿，也已经腐坏，但整体外形与巴拉那河的那颗相似。第三颗腐坏的臼齿——更像是一种印迹而非实际的化石——九天后在圣菲平原发现，就在巴拉那河的另一岸，与巨型雕齿兽的外壳、马牙和箭齿兽在同一侧。

乳齿象这个名字是1806年居维叶起的，意思是“乳状牙”（breast-tooth），臼齿上的小尖点显然让他想起人的乳头。他从著名的肯塔基的大骨盐泉收到了北美乳齿象这个最著名物种的化石，也接触到了来自欧洲和南美的遗骸，他认为它们都属于十分普通的种类，尽管在细节上有所区别，因而代表着不同的种。他从南美获得的关键标本实际上是达尔文的大英雄亚历山大·冯·洪堡于1799—1804年间采集的。尤其是在哥伦比亚的一个以“巨兽世界”著称的地方，洪堡报告说见过巨量累积的骨骸。达尔文在巴拉那发现骨骸之后不久就在《地质学日记》中写到，“我相信那是窄牙的乳齿象”，这直接引用了居维叶用来指称他研究的南美化石的名称。达尔文可能在阅读居维叶的著作时获得了这一信息，这也是在“小猎犬号”航旅期间融入其研究方法的一种洞见。

当理查德·欧文在伦敦检验达尔文乳齿象化石时，他承认依靠这种破碎的材料识别确切的物种的确很难，但他能够（正确地）声明它们与北美的乳齿象无关，后者有更尖利的牙尖。我们现在知道后一个物种，美洲猛犸象（*Mammut americanum*）属于完全不同的科，而南美的这个物种则属于一个更大的群落，即嵌齿象。“乳齿象”这个术语现在只在非正式场合用于概指所有这些不同的大象亲族。

当欧文1845年给皇家外科医学院的收藏列目录时，他把达尔文的一个碎牙标本登记为安第斯乳齿象（*Mastodon andium*），这也是居维叶给洪堡在厄瓜多尔的安第斯山脉发现的一颗牙齿所取的名字。达尔文本人评论说，如果同一个物种从南美大草原延伸到高山，那么其生态就难以界定。这个困惑此后至少部分得以解决，因为南美大草原的化石现已被认定与安第斯山脉的化石是不同物种。前者以拉普拉塔河命名，被称作扁平南方乳齿象（*Notiomastodon platensis*）；后者则以伟大的解剖学家命名，被称为豕齿居维象。由于扁平南方乳齿象是达尔文发现该化石的地区，即今日阿根廷地区唯一的长鼻象物种，那么，碎牙主人的真正身份很有可能就是拉普拉塔南方乳齿象。

自达尔文时代起，嵌齿象化石在南美各地出土。其明显的变化引发了关于过往存在物种数量的不同见解：被识别出来的一度多达七种。目前大多数研究者都认为只有豕齿居维象和扁平南方乳齿象是有据可查的，尽管人们也承认后者生活在非常广阔的区域，而且相当多变。进一步的研究可能将表明巴西和美洲大陆西北部的化石是与大草原的扁平南方乳齿象不同的一个物种。

无论呈现出多少物种，嵌齿象类来到南美的时间显然相对较晚。它们在北美的历史至少有1200万年，而它们在巴拿马地峡接通后才进入南美，距今只有300万年，随往的还有马和大猫等其他动物。居维象是在美国南部和墨西哥被发现的，最早的日期约在500万年之前，所以非常可能包含南美豕齿居维象的直系祖先。但是，在北美并没有发现南方乳齿象，而最早的已知化石距今约50万年，因此，一

嵌齿象类的扁平南方乳齿象。今日大象的远亲，
肩高约2.5米，重约4吨。

般认为它由居维象演化而来。然而，近来的研究表明它源自另一个北美的祖先，在这种情况下，就有两种嵌齿象类分别迁移进南美。

嵌齿象类与一般大象身材相像，但较矮和健壮。在这两种南美物种中，豕齿居维象似乎身材较小，象牙上部弯曲成里拉琴状，而扁平南方乳齿象的象牙则呈柔缓的曲线。后者肩高约2.5米，体重约4吨，与现生亚洲象相似。

扁平南方乳齿象的大部分化石都采自低地，即海拔1000米以下的地区，尽管研究表明少数几种偶尔也冒险到较高海拔地区。一般而言，这个物种似乎喜欢干燥、树林稀少的居所。在2012年发表的一项卓越的研究中，巴西科学家确定了扁平南方乳齿象的食物，他们用新技术检测了巴西一个洞穴里发现的牙齿。首先，他们用显微仪器检测了牙齿咀嚼面的珐琅质，发现了大量的刮痕。与各种现生哺乳动物相比较的结果表明食物中有大量的草。接着，他们从牙齿侧面刮下牙结石，用酸溶解。残留物中含有微小的植物碎末，这是在动物进食时被留在不断累积的牙结石中的。在显微镜下，科学家们识别出灌木的花粉颗粒和木屑，表明这些动物也吃叶子和枝条。这些发现当然会令达尔文喜出望外，当时知识有限，达尔文总是小心翼翼地推测绝迹物种的生态环境。

啮齿动物与掘地者

布兰卡湾蓬塔阿尔塔以东约50千米的法罗拉蒙特埃莫索的悬崖因其所处的地质时期而被命名为蒙特埃莫索组（the Montehermosan）。其重要性主要在于其丰富的动物化石，而第一位在这里采集化石的博物学家就是“小猎犬号”的查尔斯·达尔文。然而，环境的恶劣使他未能采集到足够多的化石。

仅在蓬塔阿尔塔首次成功采集化石的一周后，“小猎犬号”在蒙特埃莫索停靠，并派一干人等上岸竖立船赖以在此勘察的标识。达尔文与之同行，寻找化石，菲茨罗伊日记中记载，他们中有一人“在一些低崖上发现了许多奇异的化石”。然而，对那天的发现人们却一无所知，也没有什么东西保存下来，因为如前所述（见第20页），他们很快就更关心该如何度过没有食品、没有住处又恰值狂风骤雨的夜晚了。

两个星期以后，1832年10月19日，他们又回到这个地方（被船员们称作“饥饿之地”），达尔文陪着菲茨罗伊上岸，但只停留了半小时。在这有限的时间里，他画出了悬崖地质的素描，采集了几个化石，并注意到更多的发现。

蒙特埃莫索的化石在外观上与达尔文采集的其他哺乳动物骨骸惊人地不同。他记载说，它们沉重、非常坚硬、颜色由深红到黑、表面光滑。今天的古生物学

阿根廷的法罗拉蒙特埃莫索，被“小猎犬号”的船员们命名为“饥饿之地”。1832年，达尔文在接近海滩平面的悬崖上采集了啮齿动物和其他小哺乳动物的化石。

家会一下子就怀疑它们来自更远的地质期，尽管达尔文认为这些特征是被埋葬前长期浸泡在水中的结果。

就这些化石的年代，他犹疑不定，先是认为它们与蓬塔阿尔塔的发现相近，但后来又认为它们似乎更古老。他的依据是：首先，蒙特埃莫索海拔较高，地面也就隆起较长时间；其次，他发现蓬塔阿尔塔的一块骨骼碎片“黑如黑玉”，与蒙特埃莫索的化石相似，但“更圆滑些”，说明它是在蓬塔阿尔塔沉积层形成时被水从更老的沉积物中冲出，融入前者中，这一过程现在被称为“二次沉积”。但他还是认为其年代差别相对较小，期望来自两个地方的化石是相似的物种。他会这么想，在很大程度上是因为承载化石的沉积层看上去如此相似——在这两个地方，沉积层都由红黏土和他的“大草原地层”淤泥构成，以及被当地人称作“托斯卡”（一种“碳酸钙沉积层”）的硬化岩石区域。

我们现在知道相当均匀的“南美大草原”沉积层约有130米厚的累积沉积物，跨越了长达1200万年的地质时间。在达尔文采集化石的地方，即悬崖低处暴露出来的蒙特埃莫索组，可以追溯到600万—400万年前。从中新世末到上新世初（见第30—31页），这是蒙特埃莫索哺乳动物遗骸成形的年代。对比之下，在蓬塔阿尔塔发现的化石和达尔文的其他发现几乎都在50万岁左右，许多化石年龄还要更小些。

蒙特埃莫索的哺乳动物化石还在另一方面不同于他在别地采集的化石：它们是较小的动物的遗骸。虽然达尔文报告说在蒙特埃莫索发现了许多大型哺乳动物的骨骼，包括他所断定的巨型树懒，但他采集的所有标本却都是小动物的骨骸。达尔文曾描述过这个沉积层的一些区域有小骨聚积，包括几乎完整的骨架。他当天采集的化石中有一个动物的部分颌骨和牙齿，另一个动物的大半个后脚，一颗单独的臼齿，还有第四个动物的部分髋关节。

脚骨让他对这个动物的大小有了一个印象，稍微小于现生的巴塔哥尼亚长耳豚鼠，南美的啮齿动物，当时被命名为巴塔哥尼亚豚鼠（*Cavia patagonica*）。达神秘的脚骨，7厘米长，达尔文采集于蒙特埃莫索。很久以来人们一直以为这是啮齿动物的脚，现在则认为它属于一个全然不同的物种，即箭齿兽的一个远亲。

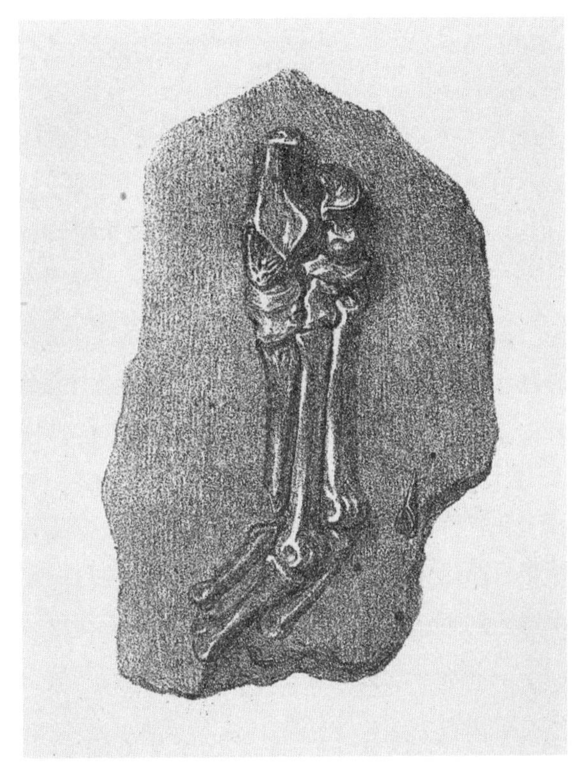

尔文认为这个化石标本与现生豚鼠密切相关，但又与之不同。如此，那就是他提出的现代物种取代绝迹物种的最佳例子，因为在其他例子（巨型雕齿兽到犰狳，巨型懒兽到现生树懒）中，这种取代关系也存在，但表现得不那么直接。古生物学家奈尔斯·埃尔德雷奇提出，达尔文的“豚鼠”化石是他转向演化论的早期关键动力，他甚至将它们描述为“进化生物学史上最重要的单一化石物种”，而蒙特埃莫索就成了“在达尔文的进化思想发展过程中与加拉帕戈斯群岛同等重要的地方”。这将在第六章中进一步讨论，但这些小骨骸对达尔文意义重大这一点是很明显的，将近一年半以后，他在给亨斯洛的信中特别提到它们，唯恐指示其来源地的标签丢失了。

巴塔哥尼亚长耳豚鼠（*Dolichotis patagonum*），兔子一样的南美啮齿动物，与几内亚猪和水豚是亲属。

最终，除了认为它属于啮齿动物，欧文不能确定这个化石脚骨究竟属于哪种动物。但他对那些颌骨较有信心，从臼齿的数量和形状上看，他认为这些来自栉鼠属（*Ctenomys*）的一个物种：较小的潜穴啮齿动物，一般叫作塔克－塔克（tuco-tuco），得名于它掘洞时发出的声音。然而，他发现了它与现生物种之间的细小差别，后来将它当作绝迹物种命名为古代栉鼠（*Ctenomys antiquus*）。在1839年的《研究日记》中，达尔文简单地变换了一下属，暗示现生物种代替了绝迹物种：颌骨不是豚鼠的，而是"栉鼠的头的一部分，这个物种不同于塔克－塔克，但大体相似"。他很熟悉啮齿鼠，旅行期间曾养了几只作为宠物。

达尔文在蒙特埃莫索采集到的骨头中剩下的部分——腰带骨和单独的臼齿——属于相当大的动物。这种动物的体形大小相当于今天的水豚，世界上最大的啮齿动物，肩高约60厘米，通常重达50千克。欧文总结说，这些骨骸"足以证明南美曾经存在一个物种（啮齿动物），与现生的水豚大小相当，但现在显然绝迹了"，这个结论达尔文再次赞同地引用了。

蒙特埃莫索丰富的哺乳动物化石从那时起得以细致研究，现已识别出十种不同的啮齿动物，其中一种与现生水豚属于同一个科，叫作灾变辅伽兽（*Phugatherium cataclisticum*），这可能就是达尔文采集的大臼齿和腰带骨的身份。

虽然相差500万年的时间，这个物种的外表和行为却被认为与现代水豚（水豚属，*Hydrochoerus*）区别不大。两者的身体形状相似，而且迅速形成的化石沉积层含有各个年纪的个体，这表明它们与今天一样是群居的。最后，这些化石始终是在由水冲击而成的沉积层中发现的，这意味着，古代水豚与现生物种一样是水陆两栖的。达尔文在看到一条“小溪（也许绝迹的水豚就曾在这里生活过）”把尸体冲到它们得以保存的地方时，他做了很多猜想。与现生物种一样，它们也可能食用水边和水里的各种植物。

至于颌骨化石，他认为这两个标本很可能不是欧文所说的上颌与下颌，而是

水豚（*H. hydrochaeris*），世界上最大的啮齿动物，背上落着一只翔食雀。

塔克-塔克，南美潜穴啮齿鼠，一生大部分时间都在地下生活。已知约有60种啮齿鼠，都是栉鼠属。

同一个下颌的两个部分。然而，他认为它们属于现生塔克－塔克的亲属，这完全可能是正确的——这个石化物种现在叫作普里斯库斯栉鼠。关于普里斯库斯栉鼠的新近解剖研究表明，其手脚与现生塔克－塔克（栉鼠）一样已经适应于挖掘，但这种适应性并不是极端的，它并不具备现生物种用于挖掘的颌和牙齿的特征。这意味着普里斯库斯栉鼠掘洞并生活在洞里，但并不是像塔克－塔克那样完全在地下生活：塔克－塔克90%的时间都在地下通道网里。南美一共有60种栉鼠，体重从100克到1千克不等，但普里斯库斯栉鼠却比任何一种栉鼠都大，约1.3千克重。

对比之下，脚骨现在可以认为不属于任何啮齿动物，而属于一个不同的哺乳动物群。这些骨骼没有保留下来，但依据欧文的素描（见第71页）可以将其确定为绝迹哺乳动物幼体兽（*Paedotherium*），具体的种或许就是正宗幼体兽

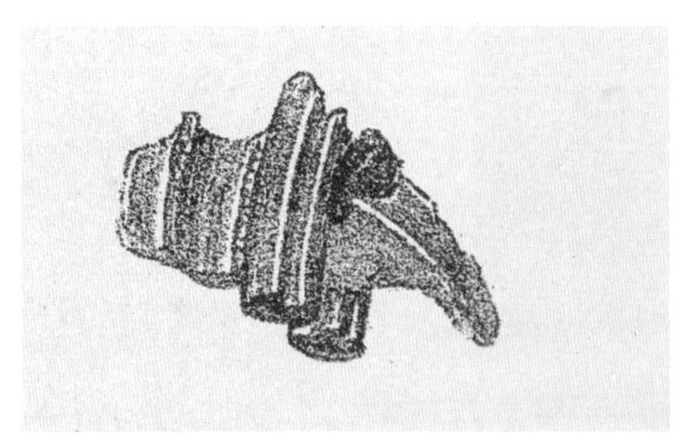

颌骨化石和啮齿动物的牙齿，达尔文采集于蒙特埃莫索。欧文确认其与塔克－塔克有关，现称普里斯库斯栉鼠（*Actenomys priscus*）。

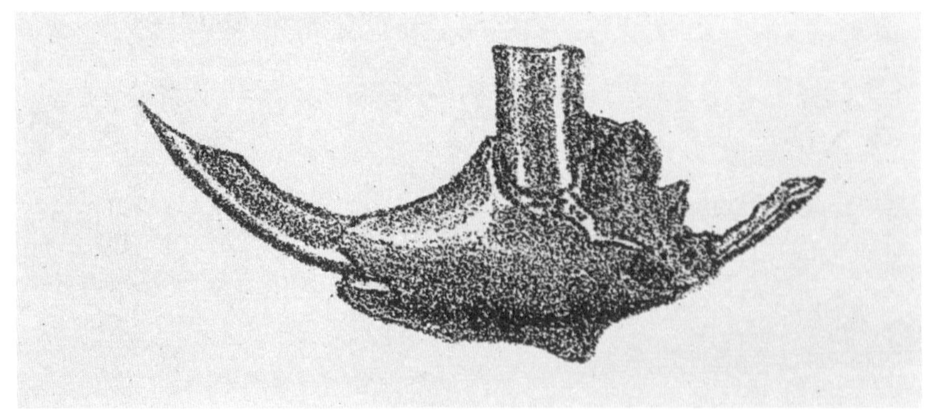

南美绝迹哺乳动物幼体兽的重构。达尔文在蒙特埃莫索发现的骨骸现在被认为属于兔子大小的箭齿兽的亲戚。

（*P. typicum*）。这种动物在蒙特埃莫索地层常见，属于一个仅存在于南美的哺乳动物的绝迹群体，叫南方有蹄类动物，其中包括犀牛大小的箭齿兽，见下文介绍。然而，正宗幼体兽体重只有2千克，像一只兔子那样大。其生存方式也应大体相同，穴居、食草。毫不奇怪，达尔文和欧文都把这脚骨视作南美大啮齿动物的遗骸，因为以其相似的生存习惯，其解剖也是可比较的，而南方有蹄类动物（除了达尔文的箭齿兽头骨外）在19世纪30年代是不为人知的。

蒙特埃莫索的哺乳动物是现代理解中支持达尔文物种更替概念的例子之一。上面讨论的所有现生和化石啮齿动物都属于一个大群落，即南美豪猪类，是南美特有的。南美豪猪类动物的进化史可溯至4000万年前，其祖先可能是乘木筏（跨越原来狭窄的大西洋）从非洲漂流到南美来的。其在南美之外的最近亲属是豪猪。认为脚骨属于南方有蹄类动物也是有道理的，虽然这类动物现已绝迹，却是南美独有的（见后文）。

1832年小哺乳动物化石的发现对达尔文来说不论是否是“灵光乍现”的时刻，都在他向演化论的转变中起到了关键作用。发现一个物种虽已绝迹却与紧密相关的现物种生活在同一个地区，这就足够让达尔文怀疑它们是直系繁衍，而不是两个碰巧相似的不同物种。

“有史以来发现的最奇怪动物之一”

1833年11月中旬，达尔文来到乌拉圭西部的内格罗河，在基恩先生和太太的庄园里住了几天。基恩先生第一天就陪同达尔文去了蒙得维的亚，因为他听说过在邻居的农庄里有一些遗骸，被认为是巨兽的骨骸。一到大庄园，他们就看到了犀牛大小的一个动物的几乎完整的化石头骨，此外还有骨架的一些骨头。主人解释说这些化石是在附近的一条河里发现的，即萨兰迪溪，一场洪水之后它们被冲到了河边。他说那个头骨刚发现的时候还很完整，但当达尔文拿到的时候，它早已被当地男孩子们放在一根杆子顶上作为目标击打，石头打掉了牙齿和骨头。下颌显然是经过修复的，但从那以后就丢失了。达尔文花了1先令6便士买下头骨，相当于今天的7.5英镑。由于其非同寻常的形状和完整性，达尔文视其为这次勘察中最有价值的发现，现在依然是伦敦自然历史博物馆的一件宝物。当时，达尔文

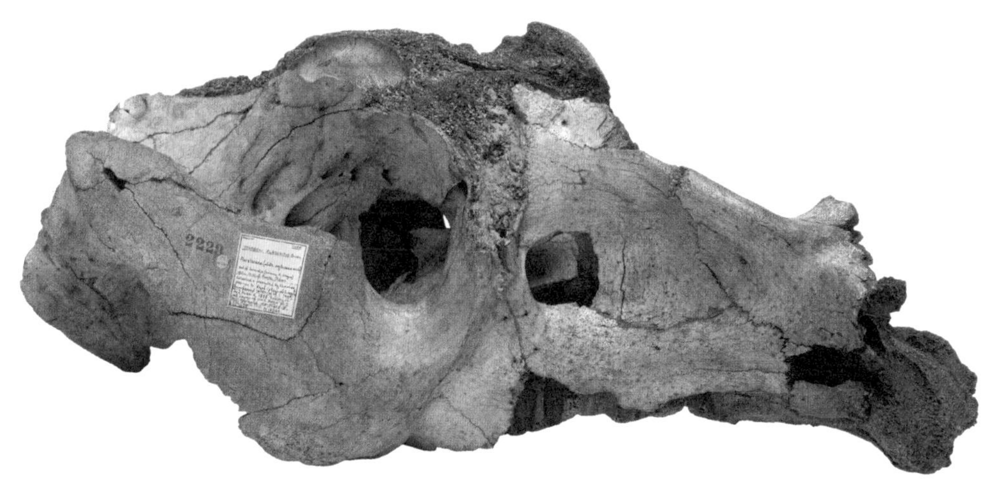

头骨，50厘米长，达尔文花18便士从乌拉圭农民手里买来的。后来理查德·欧文将其命名为拉普拉塔南方扁平箭齿兽（*Toxodon platensis*）。这是达尔文“小猎犬号”之旅中最宝贵的发现之一。

只能猜测它的身份，笼统地将其描述为一个大头骨，或偶尔冒进一下说它可能属于大地懒兽（当时已知的唯一体形相当的南美物种）。

达尔文也不知道，他已经发现的化石中有一部分引起他同样好奇的化石，实际上属于同一物种。这些就是他在几个地方挖掘出来的巨大的、类似啮齿动物的牙齿的化石。他最初是在蓬塔阿尔塔的第一季勘察期间遇到它们的，1832年9月或10月出土了“某一巨型动物的臼齿”，在给亨斯洛的信中，他推测这似乎属于某一巨型啮齿动物。如果这个猜测证明是正确的，他在日记中写到，那么南美就不仅拥有最大的现生啮齿动物（水豚），还拥有迄今为止最大的啮齿动物化石。多亏达尔文某一幸存标本上的原标签罕见地保存了下来，我们才知道蓬塔阿尔塔的发现实际上是一块下颌骨，虽然成了碎片，但含有17颗牙：两边各有6颗臼齿，另有5颗切牙。一年后，在卡卡拉尼亚河，另一件宝物现身：一颗“巨型咬齿”。这颗牙“甚至令我无从猜想”，他写信给亨斯洛说。之后又有2颗单独的牙齿陆续出土：在蓬塔阿尔塔发现的长而弯的切牙（他比作野猪的獠牙）、在塔帕斯溪发现的上颌臼齿的碎片。

当大头骨的包裹在伦敦被打开时，理查德·欧文也同样喜出望外。他选择先将其与达尔文的其他发现放在一起来研究，在讲述“小猎犬号”之旅的专著中骄

欧文画的达尔文在蓬塔阿尔塔发现的箭齿兽的下颌素描，可以看到6颗臼齿和前面（图的右侧）3颗破碎的切牙。

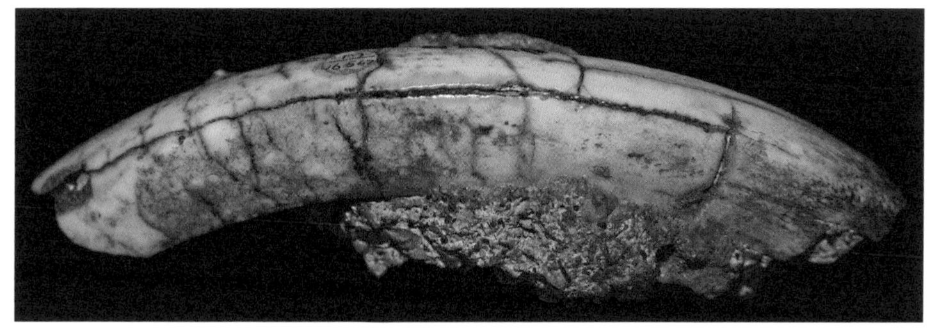

箭齿兽的12厘米长的切牙，达尔文采集于蓬塔阿尔塔。他将其与野猪的獠牙联系起来，而欧文则认为其属于与啮齿动物有亲缘关系的物种。

傲地从这具头骨谈起，用19页篇幅的、不隔行的文字加以描述。在精彩的解剖学推断中，欧文表明这具头骨、下颌和那个奇怪的啮齿动物一样的牙齿都属于同一种动物。他首先注意到来自卡卡拉尼亚的那颗“巨大的咬齿”是一颗臼齿，与头骨中的一个空槽恰好相合。臼齿和空槽都有奇怪的扇形切面，毫无疑问它们属于同一物种，尽管显然不是同一个动物的，因为它们的发现地点相隔约300千米远。

塔帕斯溪的碎牙与之相关，因为其形状与之相似，并且显然也是上颌臼齿。来自蓬塔阿尔塔的下颌更棘手，但欧文注意到其切牙、臼齿的位置和间隔与头骨上的空槽相合，而牙冠上珐琅质的分布也表明单独的上牙与下颌牙齿的位置是对应的。尽管措辞谨慎，但他显然相信他的结论，此后不久，更多的完整发现证明他的结论是正确的。

理查德·欧文关于他命名的拉普拉塔南方扁平箭齿兽（“来自拉普拉塔河的曲齿兽”）的结论在古生物学界广受推崇。如他所承认的，它与任何已知动物都没有密切相似性，但比较还是可以做的，他的著名结论是，箭齿兽“属于厚皮目哺乳动物，但与啮齿目、贫齿目和素食鲸目有亲缘关系”。用现代术语说，他将其分类为一个群落，包括其他大哺乳动物，如大象、犀牛和河马（目前还未有人认为这些动物与其相关），同时也指出与其他动物，如啮齿动物、树懒和海牛具有

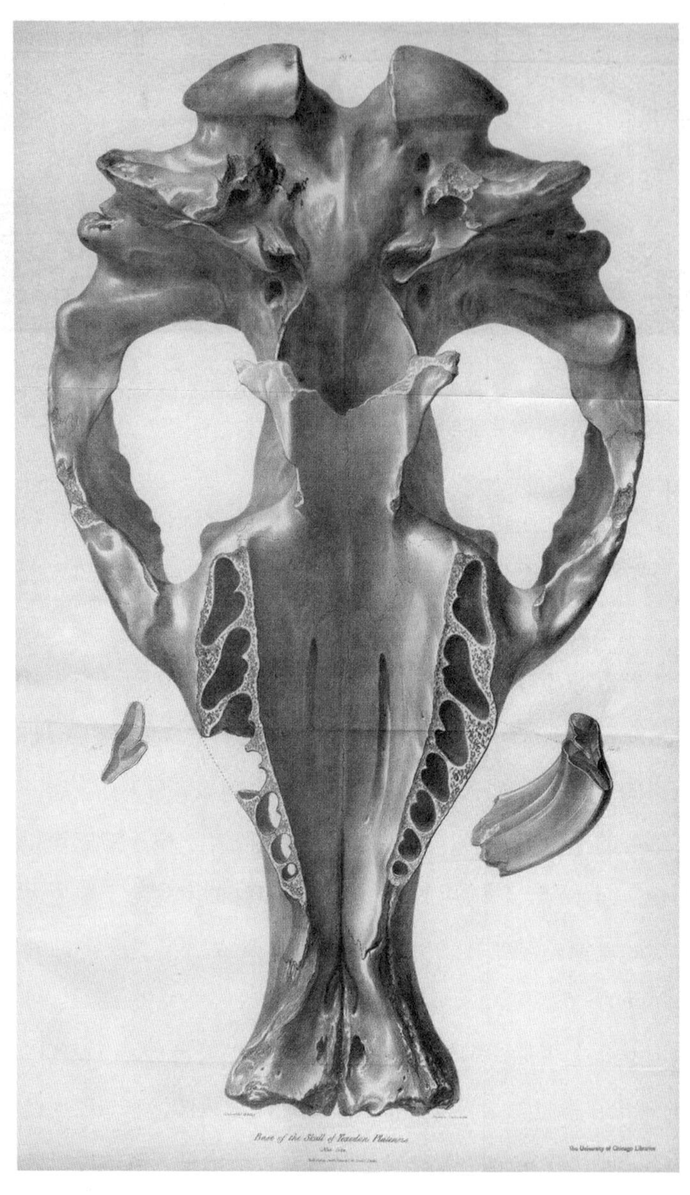

欧文在《H. M. S.“小猎犬号”的动物学之旅》中画的箭齿兽头骨的素描——尽管没有牙齿，空槽的形状和位置使得欧文将其与达尔文发现的单个儿牙齿联系起来。

“亲缘关系”。对一个现代生物学家来说，这似乎不可理解，但我们必须记住，欧文是以进化论出现前的思维方式进行研究的，他的“亲缘”概念不同于现代关于动物因为有共同的祖先而相似的观点。他指的无非是形状上的共同点。此外，造物主在创造像箭齿兽这样的生物时，没理由不从一系列动物身上汲取设计思路，在不同群落之间产生欧文所说的“亲缘关系链”；这也没有让箭齿兽身上的特征组合在欧文眼中不那么明显。

达尔文对此深深着迷。在1845年的《研究日记》第二版中，他惊呼道：“各个目在当下如此相互独立，而在箭齿兽结构的不同点上又聚合在一起，这是多么美妙啊！”此时，他已经致力于进化论的研究，尽管他在写作中小心翼翼地遮掩这个事实，现在回过头来，我们能看出他关于这一问题的暗示，甚至在那时，有学识的读者也会注意到。对他来说，打破物种或物种群落之间严格界限的任何认知都是他的进化磨坊的谷物。那我们该如何理解“在当下”这些目如此相互分离呢？这难道不是暗指在过去某个时候，各种动物可能有一个共同的祖先，现已分离的物种的各种特征在祖先那里得以融合或综合吗？

在1837年4月19日伦敦地质学协会的一次会议上，欧文第一次描述箭齿兽时，达尔文也在场。当时，他倾向于将箭齿兽归于啮齿动物；达尔文引用会议记录说：“欧文先生说……仅就牙齿特征的重要性而言，箭齿兽一定属于啮齿目。”他们两人都没有忘记这个巨兽恰恰是在正确的地方发现的——在啮齿动物中，“水豚如今是最大的，同时也是发现箭齿兽的大陆上特有的”。这个观点吸引了达尔文，虽然他和欧文都同意物种更替法则（在每个大陆上，物种以相似的形式更替），但对达尔文来说这具有更深刻的进化意义。因此，即使在欧文将箭齿兽转而归于厚皮目哺乳动物后，达尔文仍继续强调其啮齿特征，认为它“与啮齿动物密切相关”。在这方面，牙齿当然是惊人的：长、窄、弯曲的形状；没有根，所以牙齿在顶部被磨损后可以继续从牙基处生长；在切牙中，珐琅质带只在前面，产生了尖利的、凿子一样的用于啃咬的边缘。虽然这些特征其他物种也有，但在啮齿动

拉普拉塔南方扁平箭齿兽，南美哺乳动物的一个地方性群落。开始时被说成是犀牛大小的啮齿动物。现在被认为是犀牛的远亲。

物中特别突出。犀牛大小的啮齿动物这一说法也激发了达尔文的想象，在给姐姐卡洛琳的信中，他说他不知道什么样的巨型猫会在那些遥远的日子里扑向它们。

一个更加迷人的问题是：箭齿兽何以生存？就箭齿兽相对较小的大脑空间而言，欧文的第一个结论是，这是智力有限的一种动物。更有意义的是，他注意到了头骨的特征，认为这是一个半水生或水陆两栖动物。托起眼球的骨杯垂直向上延伸，越过了头骨盖，鼻孔似乎向上撅起，欧文认为这两点在行为上与河马相似，大部分时间都潜伏在水里。欧文猜想，巨大的前突切牙是用来将长在河边的植物连根拔起的。一开始不仅达尔文接受了这个观点，就连当时的许多古生物学家也接受了。

关于箭齿兽骨架和栖居地的较为全面的知识并未揭示出其与水的特殊关系。非常高的臼齿和宽大的嘴巴是旷野地区食草动物的特征，对骨质矿物的碳同位素分析说明它们以草为主食，至少在南美大草原地区是这样的，而那里正是达尔文化石得以保存的地方。这种动物体重约1—1.5吨，对膝关节的解剖分析显示出惊人的关节闭锁机制，这说明箭齿兽在进食时能站立很久。

箭齿兽现在已是南美哺乳动物的一个更大群落的成员，可溯至6000万年前，但现在完全绝迹了。拉普拉塔南方扁平箭齿兽是这个群落最后幸存的成员，也许还是最大的。欧文本人首先于1853年建议将其命名为箭齿兽，赋予它与其他有蹄哺乳动物相同的地位，并突出了它的特性。后来，其他相关的南美化石相继发现，构成了南方有蹄目（Notoungulata）这一至今依然有效的分类。从与大兔子相像的动物（绝迹哺乳动物幼体兽，见第74—76页），到较大的脸上长着骨质“角”的四足动物，再到巨大的箭齿兽本身，都是其成员。

这一群落的任何成员，事实上，都是达尔文寻找化石的对手（后来成为合作者）——阿尔西德·道尔比尼最先发现的，他曾在达尔文之前不久去往圣菲平原（即现在阿根廷的巴拉那）以北的地区采集。到他开始描述这个物种之时，欧文已经生造了“箭齿兽”这个词，所以道尔比尼将他发现的物种命名为帕兰箭齿兽（*Toxodon paranensis*），表明它原本所在的沉积层早于达尔文发现的沉积层。这些结论被后来的研究所证实：这个物种就是现在所知的帕兰巨型箭齿兽（*Dinotoxodon paranensis*），属于中新世，距今约800万年。

“一个巨大的美洲驼！”

在达尔文购买箭齿兽头骨的六个星期之内，他已经南下2500千米了，抵达南美最南端附近的巴塔哥尼亚。这里，在自然港口圣胡利安港，他出土了再平常不过的一些遗骸。在圣胡利安港的一个沙砾层之上，达尔文追踪索迹，沿海岸走了几百英里[1]，在地表发现了一个红泥沉积层。它也许是在一条河下游缓慢流动的地

1　1英里约为1.6千米。——译者

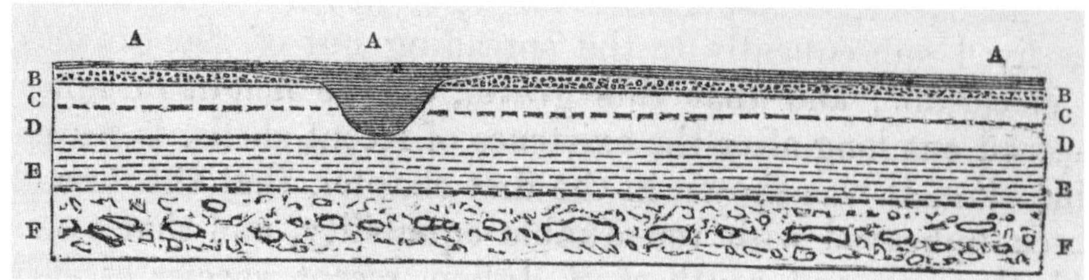

达尔文的素描，记录了巴塔哥尼亚南部圣胡利安港的地质状貌。后来被命名为后弓兽（*Macrauchenia*）的骨架就在最上层（A）的黑色空间（中左）里。

方逐渐积累而成的。红泥中有几处较深的洞道，在其中一个洞道里，达尔文发现了一组巨大的、保存完好的骨骸。显然，这原来应该是动物的整个骨架，其大部分仍在。达尔文在《地质学日记》中记载说，几块后椎骨排成一条线，与骨盆连接，同时，“一条肢体的所有骨骼，甚至是脚的最小骨骼，都深嵌于它们应该在的位置”。这即刻表明这些尸骨在埋葬的时候仍然由肌肉或韧带连接着，因此死亡的时间不会很长，不然的话，骨骸会被冲散。

达尔文把他见到的每一个骨骸都搜集起来。他在家信中推断这些骨骸可能是乳齿象或大象的，但承认他的确不知道它们究竟属于什么动物。尽管他的解剖学知识很有限，但他很有先见之明，小心翼翼地处理在圣胡利安的发现，因为后来证明这些骨骸来自另一个相当独特的绝迹哺乳动物群体，而且是当时科学界所未知的。

到1837年1月，欧文已经就达尔文的哺乳动物化石形成了一些初始见解，当月23日就圣胡利安的骨架写信给赖尔，激动地将其描述为：“一个巨大的美洲驼！”三个人开始了紧密联系，而达尔文同意这个结论。2月17日，赖尔在伦敦地质学协会会议上发表就职演讲，达尔文在场。他称赞达尔文在南美的工作，提到了“巨大的美洲驼”的发现，以及犰狳状的外壳和“犀牛一样大小的……啮齿动物”（箭齿兽）。这些发现，他解释说，意味着每一块大陆上的绝迹物种与现生物种之间有一条普遍的相似性原则，这在以前只局限于澳大利亚袋鼠化石的发现。达尔文同样对这种明显的联系感到惊奇，就他之后不久私下里记录的关于进化的最初笔记来看，他特别提到了“绝迹大羊驼（Guanaco）”与其现生亲族的关系在推测“一个物种是否的确会变化成另一个物种”（见第六章）时。

大羊驼与小羊驼（vicuñas），再加上家养的美洲驼和羊驼（alpacas），是仅生长在南美的骆驼科的小成员。在最初对圣胡利安化石的评估中，欧文曾聚焦于椎骨（见第90页），他惊奇地发现，除了长颈鹿，它比他所知的任何动物的脖颈都长。然而，并不是长度暗示了它与骆驼科的关联，而是一个解剖学细节。在几乎所有的哺乳动物中，椎骨的两边都有一个洞，一条动脉通过这个洞把血液输送到头部。唯一的例外是骆驼，它们的动脉在通过脊椎的大部分过程中，与脊髓共享一条通道。欧文发现圣胡利安化石的特征恰好符合骆驼的这一特征。这是他最初评估的基础，给赖尔和达尔文留下了深刻印象。但当他更加仔细研究这些化石后，欧文不得不改变了自己的看法。

自居维叶时代起，分类有蹄哺乳动物主要基于脚而非颈部结构。骆驼所属的这个群落，欧文后来命名为偶蹄动物，它们将身体重量均匀地放在两只张开的中趾上。大部分这种动物，包括骆驼在内，其脚趾的上骨已经融合为一个单体。达尔文所采集的趾骨，大多数来自圣胡利安动物的一只脚，当欧文将其拼凑在一起后，那只脚已不是驼脚了——也不是别的任何一种偶蹄动物的脚。它有三个脚趾，大小相似，中间的是最大的，所有脚趾都是分开的。这样一只脚像是犀牛的脚或貘的脚，其成员现在名叫奇蹄动物。

另一块骨骼——踝骨或距骨——的结构进一步肯定了这个结论。欧文对此极感兴趣，如果只能选一块骨骼作为识别的证据，任何一个解剖学者都会选择距骨的，而“最幸运的是，达尔文先生得到了这块骨头”。距骨是一小块骨头，连接后腿和脚。在包括骆驼在内的偶蹄动物中，距骨的上下两个部位就像一个滑轮，使得腿和脚骨能绕着它旋转。在其他哺乳动物中，只有距骨的顶部有一个旋转平

面。圣胡利安的距骨绝不像是偶蹄动物的，还是最接近貘和古马（*Palaeotherium*）的，古马是一种古代化石哺乳动物，今天被确定为早期的奇蹄动物。

因此，当欧文以圣胡利安动物为主题撰写论“小猎犬号”的化石哺乳动物的专著时，他便把它归为奇蹄动物，而非偶蹄动物。但他强调这个动物的重要性在于缔造了两个群体之间的关联，“专门从事动物王国之自然亲缘关系研究的动物学家，不可能不对此报以极大的兴趣”。

1837年12月欧文写信给达尔文，透露他给这个动物起的名字是巴塔哥尼亚后弓兽（*Macrauchenia patachonica*）。这个属的名字由希腊文macros（长）和auchen（脖颈）构成，但也与当时用以称呼美洲驼的学名相呼应。种的名字指的是发现地巴塔哥尼亚。达尔文回信说这个名字非常好，还说他非常遗憾地听说欧文身体欠安，希望这不是他请欧文完成论后弓兽的论文带来的压力造成的。

欧文后来又做出一个关于后弓兽的精彩推断，这个推断是迄今仍未被注意到的。在圣胡利安发现的骨架似乎不是达尔文发现的唯一一个后弓兽的化石。在1845年论牙齿的专著中，欧文描写了达尔文在蓬塔阿尔塔采集的一个未知动物的一颗臼齿。在圣胡利安骨架上没有发现头骨或牙列，所以不可能做直接比较。然而，1845年，大英博物馆从南美古文物收藏家和旅行者佩德罗·德·安杰利斯手里购买了一个未知动物的颌化石。欧文识别出其牙齿与蓬塔阿尔塔的臼齿之间的相似性，而二者又与貘、犀牛和绝迹的古马的牙齿相似。由于后弓兽的骨架与这些动物的骨架具有共同特征，又由于“南美迄今发现的同样大小的厚皮动物中没有其他动物能与其颌和牙齿相符合”，他认为这些牙齿完全可能属于同一个属。不幸的是，达尔文发现的牙齿没有存留下来，但伦敦自然历史博物馆里的下颌骨和后来的发现证明它如欧文所猜的那样属于后弓兽，而在引申意义上，蓬塔阿尔

左页图 大羊驼（即原驼〔*Lama guanicoe*〕），南美驼，与家养骆驼同宗，最初被认为是后弓兽的现生近亲。

上排 貘的趾骨（左），达尔文的后弓兽趾骨（中），大羊驼趾骨（右）。貘和后弓兽三个脚趾完全是分开的，与大羊驼的两趾和上部融合的脚骨形成了鲜明对比。后弓兽的脚30厘米长，其他的脚没有测量。

下排 貘的脚踝骨（距骨）（左），达尔文的后弓兽踝骨（中），大羊驼踝骨（右）。貘和后弓兽的踝骨相似，但大羊驼的踝骨在底部有一个额外的“滑轮”。图中后弓兽踝骨8厘米长，其他的没有测量。

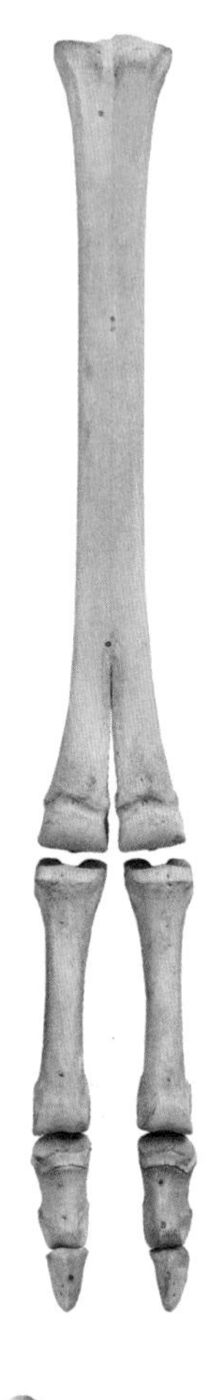

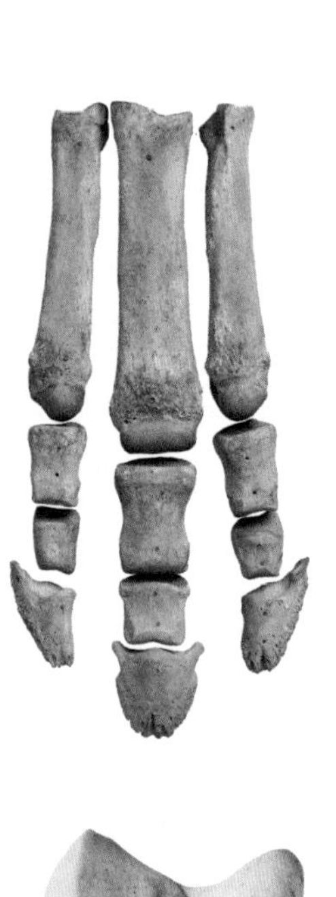

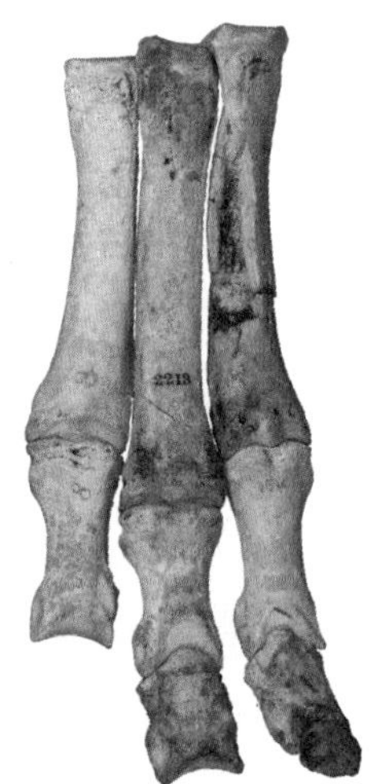

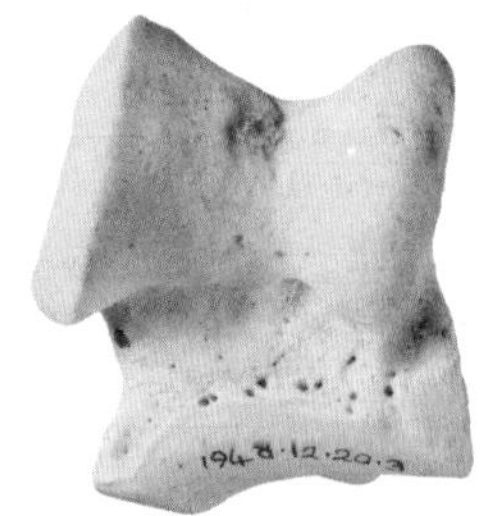

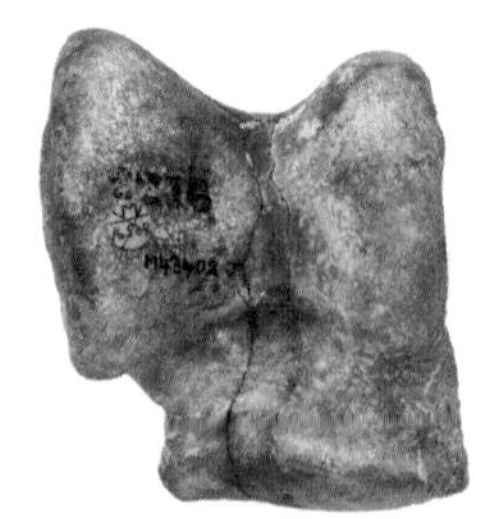

塔的臼齿亦同。

欧文对这个动物的印象，按他所处理的各个部位而言，是非常准确的：体大（现在我们知道它重约1吨），腿长，脖颈像大羊驼或美洲驼那样挺直，不像骆驼那样弯曲。当后来发现了后弓兽的头骨后，发现其大体形状与马相像，但其独特性在于头骨上部双眼中间有一个巨大的鼻孔。与现生物种如大象和热带海牛相比，这或许表明这个动物鼻子短，尽管有人认为那不过是用来容纳肌肉的，这处的肌肉可以在尘暴来临时闭紧鼻孔。就其移动能力来看，对肢体骨骼的解剖说明，后弓兽善于转弯和躲闪：这一策略使它能够避开主要捕食者，即长着刀刃一样牙齿的大猫——刃齿虎（*Smilodon*）。巴塔哥尼亚后弓兽分布地域广泛，从巴塔哥尼亚到秘鲁，其栖居地或许是林地或稀树草原，其牙齿的形状和骨骼的碳同位素分析表明它们是食叶动物，而非食草，树叶是主要食物。以其长腿和长颈，它完全可能像长颈鹿一样是高个子，但它没有长舌头，而用鼻子采摘食物，颇像大象。

仅就其关系而言，我们现在知道后弓兽与骆驼没有任何关系。后弓兽的脚明显缺乏定义偶蹄动物的那些特征，这一点经受了时间的考验，而椎骨的相似性则是趋同的结果，换言之，它们在两个群落里趋同演化而来。

正如箭齿兽，后来的发现表明后弓兽是一个较大群落的最后幸存者，1889年阿根廷古生物学家弗洛伦蒂诺·阿梅吉诺将其命名为滑距骨目。滑距骨目约生存于6000万年之前，身体大小不等，小的可达40千克或更小——相当于一只小鹿的大小。只有巨大的后弓兽及其近亲具有独特的开放鼻孔和假定的鼻子，这是约2000万年前开始在这个群落内部发展的一个特征。

滑距骨目和南方有蹄类动物（箭齿兽与其同盟）在南美还是一个小岛时就在漫长的历史时期中，如古生物学家乔治·辛普森所恰当地描述的，“在辉煌的孤立中”多样化了。它们每一种都从6500万—3500万年前散居于旧大陆和新大陆的叫作踝节类的原始有蹄动物群落中演化而来。然而，这两个群落与现生哺乳动物

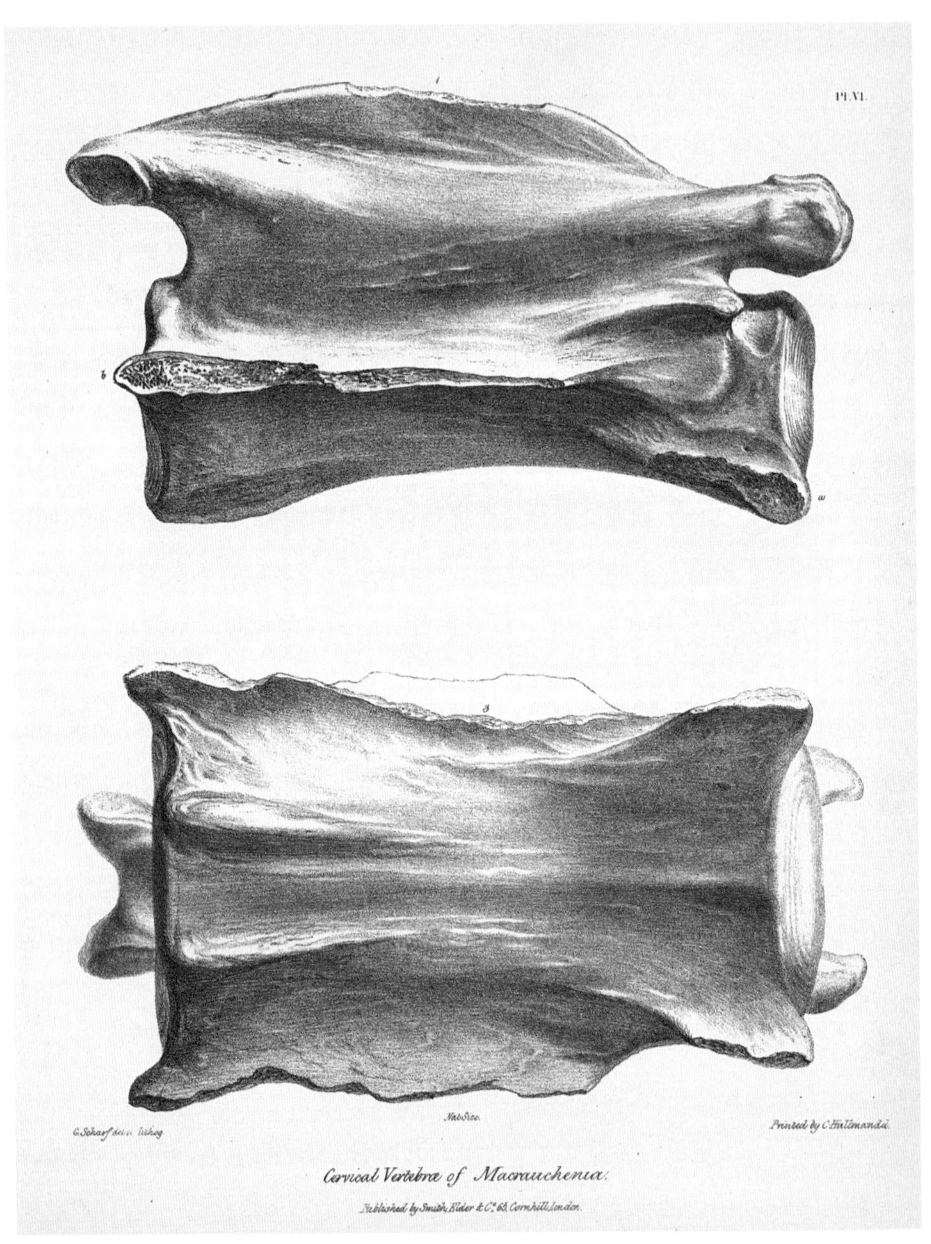

Pl. VI.
Nat. Size.
G. Scharf del. et lithog.
Printed by C. Hullmandel.
Cervical Vertebræ of Macrauchenia.
Published by Smith, Elder & Co. 65, Cornhill, London.

从侧面和底部看达尔文发现的后弓兽的颈椎。其修长的形状表明后弓兽脖颈长，但不是像欧文开始时猜想的那样与大羊驼相关。这段脊椎18厘米长。

群落的关系却始终神秘不见天日。人们提出了各种各样的建议，但这个问题直到2015年才得以解决，当时人们从保存完好的箭齿兽和后弓兽的骨骼中提取了胶原蛋白碎片。蛋白序列显示，首先，滑距骨目和南方有蹄类动物是近亲，仅就它们身体的巨大差异而言，这是一个了不起的发现。其次，二者与现生马、犀牛和貘（蹄子为奇数的奇蹄动物）享有共性。它们和奇蹄动物非常可能源自同一个或近亲的踝节目祖先。当欧文于1853年第一次定义“箭齿兽”时，他就暗示它与这个群落相关，主要是基于牙齿和头骨的相同特征。现在这个故事画了一个圆满的句号。同样，对于后弓兽，他也注意到脚骨架具有与奇蹄动物相似的特征，而阿梅吉诺在定义滑距骨目（滑距骨目的正规名称，包括后弓兽时），也认为它与奇蹄动物有关。许多解剖学家此后热衷于其他特征和不同关系，但蛋白数据却给欧文和阿梅吉诺在19世纪的观察以全新的视野。

巴塔哥尼亚后弓兽，南美特有的哺乳动物群的最后一种。长颈和鼻子让它们适合食叶。

第三章

Betula antarctica.

第三章
石化森林

个别植物化石通常仅包括部分原生物，达尔文的“小猎犬号”采集也不例外。其发现包括树木、树叶或被誉为褐煤的压缩泥炭。他的收藏相对较小，但他对石化植物的观察却是整个旅行中最为壮观的发现之一。

石化木

左页图 舌羊齿属（*Glossopteris*）植物的叶子，种子蕨类，发现于澳大利亚新南威尔士的煤层中。达尔文1836年考察该地区时发现了相同的叶子，距今约2.5万—3万年。

在走过的许多地方，达尔文都发现了石化木材，它们有的就在最初被掩埋的沉积物中，或由于被冲离源生地而散于各处。1833年9月，在阿根廷北部的巴拉那河畔，在接近他发现乳齿象和其他巨型动物的地方，达尔文遇到了大块的石化木材，并采集了标本。他认识到这些标本来自下面的一个河床，里面有哺乳动物，而且相当古老，树木中有鲨鱼齿和绝迹牡蛎的壳。这些沉积物属于现在著名的中新世中期，距现在约1000万—1500万年。

硅化木材，9厘米长，属于第三纪，可能是中新世中期，年龄为1000万—1500万岁，达尔文采集于阿根廷巴拉那河地区。

如果树木被埋，三种情况必有一种发生：它可能腐烂分解而留不下来；它可能被压缩为泥炭或煤；它可能在漫长的时间过后石化。达尔文描述说巴拉那树木硅化了：一种石化形式，其化石由硅（或石英）构成，就是作为沙子主要成分的那种矿物质。后来用显微镜对达尔文在此地采集的标本之一进行了检验，结果显示它实际上是由方解石（碳酸钙）构成的。这两种矿物质通常都有助于树木的石化。

导致石化的最常见过程称作矿化。树木包含许多长的中空导管，顺着树干或树枝传输水分和营养。它们由活细胞构成，其内容物随死亡而消失，在坚硬的细胞壁内留下了空间。如果树木被埋在沉积物中，水从沉积物中渗入，溶解在水中的微量的硅或其他物质可能会在树木内部的空间里析出结晶，最终填满这些空间。由此形成了原件的复制品，严格地说叫铸件，可以极端精细到微观的程度。这一过程所需要的时间大多取决于掩埋的条件和渗的水的成分。在理想情况下，这至少也需要5万年，尽管常常需要数百万年。有时树木的硬组织——纤维素和木质素——本身被矿物质代替，致使树木的整个原生结构被精细地保存下来，这是一个更深、更缓慢的过程。

达尔文记下他所走访地区的“坚定而普遍的”信仰，即河流能够在瞬间把任何物质转变为石头，这无疑是当地人在发现石化木材后产生的信仰。1834年12月，他在智利太平洋海岸的一个古代沙石沉积层发现了一个石化树干。树干的有些部分比另一些部分石化得更彻底，这使他意识到石化是在树被掩埋之后发生的，是富硅的海水渗透沉积物的结果。他总结道："这个观察是普遍存在石化树这个事实的最重要证明，因为这里的居民坚信这个过程正在进行。"

石化树的不同形式是以词尾为*-xylon*的拉丁语词命名的。一种特定形式往往只能被它所属的广泛的植物群所识别，但有时也可能被更为准确地识别。一般情况下这需要把木头切开，以便清晰显示其在不同断面的内在结构。把树干或树枝切断，针叶树的木质相对一致，均有许多被称作管胞的小疏导细胞。年轮纹，也即像车轮辐条一样从中心射向树干边缘的线条，相对窄小。对比之下，在大多数开花植物的木材里，水是由称作导管的较宽细胞输送的，这些木材的年轮纹比针叶植物的要宽。不同结构的大小、密度和排列的细节，有时能更准确地显示样本来自哪个群体，甚至哪个种。

尽管对其标本进行专业识别要等他回到英国之后，但达尔文显然清楚地知道这些标本的基本区别（很可能是亨斯洛植物学教育的结果），因为在旅行期间撰写的《地质学日记》和家信中，他对许多案例进行了广泛识别。比如，他称巴拉那的木材为双子叶植物，大多数开花树都属于这个范畴（棕榈树是重

达尔文采集于智利奇洛埃岛的木化石标本，2012年被英国地质调查局重新发现。罗伯特·布朗制作了这个切片用于显微镜检验。他是用此方法识别化石植物的开拓者。

要的例外)。达尔文意识到这种识别的重要性在于暗示了化石及其所属沉积层年龄的下限，针叶树及其同盟的石化史比较古老，现在已知至少可追溯到3亿年前，而开花植物则只是在白垩纪中期才开始普遍存在，即约1亿年之前。达尔文认为他所发现的石化树大多属于新生代第三纪，化石距今不到6600万年，现在看来他在这一点上是正确的。

上图 石化树，9厘米长，出自阿根廷圣克鲁斯河，新生代第三纪。许多这类标本都是达尔文从遇到的大树干和树枝上采集的。

下图 石化树，12厘米长，达尔文采集于智利伊基克，第四纪(距今260万年)。标本展示了自然压缩的木材，可能是树枝分杈的地方。

在最艰苦但收获也最大的一次旅行中，包括达尔文和菲茨罗伊在内共25人，1834年4月至5月的三周里乘三只小船沿圣克鲁斯河行进。路上，达尔文发现地表上“到处都是针叶和普通双子叶木材”。三个月后，当“小猎犬号”到达智利的太平洋海岸后，他说在圣地亚哥附近看见一条山谷，里面有“大量的石化树……足能装满一卡车”。然后，在奇洛埃岛西北部的拉奎，达尔文在一个地方采集的标本展示了树木得以保存的多种方法。沙石里的标本都是硅化的，其他标本是黑色碳质的，还有一个标本里面的石化树已经变成了硫化铁矿。

最后，他对更多的实质性发现很满意。在奇洛埃群岛的莱穆伊小岛上，达尔文发现海滩上有“许多大的硅化木碎片”，“非常高兴终于在原位上发现了硅化木，一个大树干，比我身体还粗，没有树枝，从沙石中冒出……就在硅化发生的位置”。他还说：“那个硅化木的形状和结构美丽独特，填满导管的都是透明的石英。”

但是，最好的还在后头呢。1835年3月跨越安第斯山脉的归途中，达尔文择一条小路穿过乌斯帕亚塔山脉，这是科迪勒拉山系以东的一条小山脉。注意到此处沉积层里的岩石源自火山，他便开始寻找硅化木材，他在太平洋海岸边相似的

今日巴塔哥尼亚的一块巨型石化木材，与达尔文在智利遇到的相似。

露天树干的基部，直径约40厘米，位于现今智利的阿瓜德拉索拉。达尔文在寻找石化木碎片的源头时就在此处遇到50棵石化树。

沉积层中找到了。他写道:“我感到格外高兴。”4月1日，在一个叫阿瓜德拉索拉的地方，他偶然碰到了约有50棵树的石化森林，几乎都是直立的。第二天，他在笔记本中记下了这个发现，并在《地质学日记》中扩充记叙，不久，又在给亨斯洛的信和家书中兴高采烈地描述了他的发现。由此我们才有如亲临般看到了那个场面。

树干的直径都在30—45厘米之间，高度不等，最高的约离地面2米，刚好高过了达尔文的头。许多都立于约50米的区域之内，只有几棵在外围150米处。有些相互只隔1米远，这激发了达尔文的想象力:“我看见那里有一丛美丽的树曾在大西洋岸边挥舞着它们的枝条”“如果它们能再次拥有叶子和枝条，那就会在一片开阔地形成一片优雅的风景”。尽管这些树离太平洋更近，但他想到了大西洋，这反映出他广阔的时空观，由于此时在安第斯山脉西侧，他相信这些树木的出现时间早于巴塔哥尼亚露出海面的时间（见第四章）。重要的是，他注意到所有树干都是倾斜的，与垂直线成大约20°—30°夹角，而它们得以扎根的地层则与水平面成差不多相同度数的夹角，因此，很有可能这些树就在这里生长并得以保存。两根短木，“像人的胳膊一样粗”，可能是断枝，平躺在那里。

然而，这些树的保存状况并不是完全一致的。其中11棵被硅化，其石英填充物保存着木头原有的同心纹，当把一块沉积物从树干基部附近移开时，上面还留下了树皮原始图案的模子，“不规则的纹路构成了圆形沟槽”。对比之下，其余的树都由碳酸钙石化，没留下这样的细节，因此达尔文只能从它们的位置和形状与硅化树相同来判断它们是树。这令他想起另一个形象，这次是《圣经》里的一个形象：“那些雪白的石灰实际上是结晶的淀粉颗粒，它们形成的柱子十分显眼，令我想起了化成盐柱的罗得的妻子。”

对树的甄别还得等达尔文回到英国之后。为此（并为甄别此次旅行发现的其他石化植物），达尔文寻求罗伯特·布朗的帮助，布朗是英国植物博物馆的馆员，著名的显微镜学家。达尔文在“小猎犬号”之行前不久曾见过他，向他咨询应该带什么样的显微镜。布朗显然为达尔文的发现所动，因为达尔文在给朋友莱纳德·杰宁斯的信中说：“告诉亨斯洛，我认为我发现的硅化树软化了布朗先生的心，因为他对我非常亲切和蔼。”

布朗告诉达尔文这块石化木材“具有南美杉族的特征（普通的南智利松就属

硅化树标本，10厘米长，达尔文将它从阿瓜德拉索拉化石林带回英国。

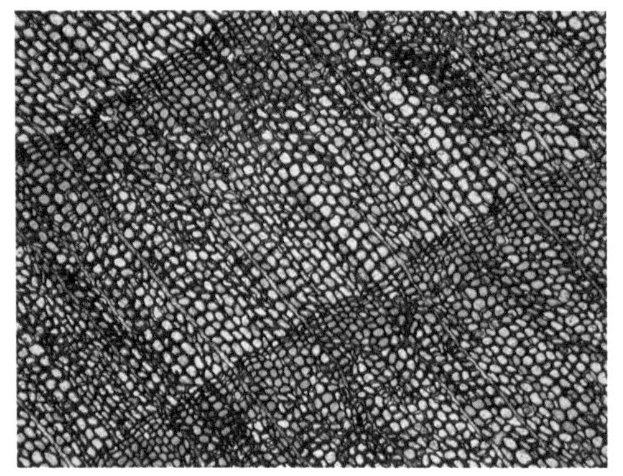
一块石化木材的显微图像，来自达尔文找到的化石林中的似南美杉阿加托木（*Agathoxylon*）茎干化石。对其进行保存的细致程度显而易见：图像只有0.8毫米宽。图上可以看到三个生长年轮，每一圈都有均匀分布的小的输水细胞（管胞）。

于这个族）”。“智利松”就是现在众所周知的猴迷树。它属于古老的高针叶树科，南美杉类植物原来遍布世界各地，现在则仅生长于南美、大洋洲的澳大利亚和东南亚的部分地区。阿瓜德拉索拉的石化木材现在名叫阿加托木，它可能属于智利南美杉科，但也可能属于其他相似的已灭绝类属，如针叶类或种子蕨类。在20世纪90年代，阿根廷古生物学家在阿瓜德拉索拉做了新的田野调查。他们重构了原来的化石林，把阿加托木的高度提升为14—20米，但比它们还高的第二类树高达20—25米，属于已经绝迹的种子蕨类，不是真正的蕨类，而是叶子像蕨类的无花种子类。研究者们也在某些树基发现了根的证据，它们成长于一层薄薄的石化土壤。岩石上也发现了真正蕨类叶子的压痕，再现出森林的下层植被。

然而，化石林最令达尔文着迷的是其形成模式，以及它对安第斯山脉的发展历史的意义。树木被“种植”在厚厚的沙石沉积层中，这个沉积层一定是在一片深湖或海底形成的。达尔文倾向于后者（海底）。他正确地进行了推理，既然这些树长在干旱土地上，那么这个地区在森林出现之前就已被抬升了。然而，还有一个难题：由于树干周围和上面的沉积层在达尔文看来也是沉积物，所以，他不得不假设后来这片土地沉降到海平面以下，而沉积层则延伸到树之上几百米的高度。最后，土地再次升高，形成山脉，把被掩埋的树抬高到现在的高度。达尔文认识到这是一个非凡的主张，但是，这仅仅是一个逻辑判断，成立的前提是所有沉积层都是在水的作用下形成的。

一个更令人满意的结论直到2004年才被提出，当时对树周围的沉积层的详尽研究表明，它们并不是水下缓慢累积的结果，恰恰相反，是由火山爆发的溢出物突然掩埋造成的。达尔文本人也观察到树周围的物质是“含有晶体和岩石颗粒的泥石”。现在知道这种物质来自火山碎屑流，喷发物从火山侧面高速流下，吞噬了途经的一切。公元79年，罗马庞贝城人和动物的掩埋和保存就是这一过程造成的。但这个现象在达尔文的时代还不为人知。活树被突然掩埋这个事实也解释了

中生代冈瓦纳森林，类似达尔文在阿瓜德拉索拉发现的森林。远处是类似于南美杉的树木，河岸边是蕨类和木贼属植物。右边是针叶树，上方是银杏树。

沉积物上何以保存了如此细致的树皮压痕。

达尔文相信这些岩石和树木属于第三纪，但现在则向前推进了许多：它们属于三叠纪中期，约2.35亿年前。达尔文正确地认识到这片树形成于安第斯山脉隆起之前，但是，后者根据现在的地质标准被认为是相对晚近的一个事件（约3000万—1500万年前），达尔文想象的甚至更近，甚至发生在人类到达南美之后。他对时间的推断也许过时了，但他对化石林生长的理解却不过时。对他来说，他发现的所有植物化石都是过去地表景观的主要标志。他注意到位于海岸的智利的南部如今被森林覆盖，而再往北则是一片荒漠（阿塔卡马），这是安第斯山脉的雨影效应。乌斯帕亚塔山脉以西的海岸，也就是他发现化石林的地方，今天干燥无树，在山脉隆起之前，该地显然是湿润且覆盖着森林的。

化石林的发现，加上巨型哺乳动物的发现，使得达尔文在回国之前就远近闻名了。达尔文曾经写信给亨斯洛，描述了1835年4月18日的发现。亨斯洛如此激动，以至于在11月16日就在剑桥哲学协会的一次会议上简要宣读了达尔文的描述，同时还向与会者分发了一个小册子。两天后，塞奇威克在伦敦地质学协会上也宣读了一个片段（见第六章）。至于发现化石林的地点本身，已经不再可能是达尔文所亲眼看见的那样子了；多年来寻找纪念品的人已经把大部分树干变成了树墩。1959年，在《物种起源》发表百年纪念日，那里竖起了一块牌匾，以标识其发现。现在，这个地区是自然保护区——达尔文古生物南美杉公园。

回去17天后，达尔文就出发进行了用时8个星期、长达约675千米的一次旅行，从瓦尔帕莱索向北到智利的科皮亚波城。他很快就遇到了“大量含有硅化木的圆木”，并怀疑“世界上任何地方也不会像这里散放着如此大量的硅化、变黑、往往含金属的木材”。这样的木材遇见得越来越多，在科皮亚波山谷，他记录有大量木材嵌在沙石里，数以千计的大块木材在地面散放着。“多么了不起的一根柱子啊！”达尔文喊道。这根树桩一定属于周长6米的一棵树。“这个石树景观会惊倒每一个人。”根据相关的贝壳，他估计它们来自白垩纪早期，按今天的计算约在

智利的阿瓜德拉索拉，标识达尔文发现化石林地点的牌匾，取代了1959年竖立的牌匾，以纪念达尔文200周年诞辰。

1.4亿—1.2亿年前。他赞同地回想起洪堡的建议，在柔软得多的岩石被蚀去之后，嵌在这些岩石中的坚硬的硅化木留在了地表上。在回国后发表的《研究日记》中，他仍在惊叹："那巨大圆柱中每一颗木质物质的原子竟然如此完美地被硅石所移开和取代，而每一个通道和孔洞又保存了下来！"我们现在知道，衍生于火山物的岩石在木材石化过程中发挥重要作用，这是由其矿物含量和容许水渗入的多孔性所致。

澳新的古树

在漫长的太平洋之旅后，"小猎犬号"于新西兰短暂停留，然后于1836年1月12日抵达澳大利亚的悉尼。在达尔文收藏的化石木中，一些标本（其中有些由布朗切片）采自新南威尔士的伊拉瓦拉。这个地方靠近伍伦贡镇，在达尔文从悉尼出发短途郊游期间，伍伦贡镇并未在旅行计划中，但他的日记有一则显示，有人告诉他那里发现了大量化石木，很有可能有人给了他一些标本。这些标本藏于伦敦自然历史博物馆，自布朗的时代开始就被归为矩木属（*Dadoxylon*），现在被认为是阿加托木的一种化石木。因此，它们很有可能代表南美杉科，在今天以及近代地质学史上南美杉科植物都是南美和大洋洲的特征。这些标本比达尔文自己采集的大多数石化木都古老，属于第三纪，甚至比在阿瓜德拉索拉发现的三叠纪化石林还要古老。伊拉瓦拉的化石木所源自的沉积层很可能属于大约三亿年前的石炭纪到二叠纪。

“小猎犬号”从悉尼到了塔斯马尼亚（当时称范迪门斯之地），短暂停留的十天期间，达尔文又得到了化石木标本，显然来自该岛中部，而且也可能是别人送给他的，而非自己发现的。一个标本被识别为柏型木（*Cupressinoxylon*），也就是木材与柏树科相似或同科的一种针叶树。其年龄不确定，但可能属于新生代。

1836年3月回到大陆，“小猎犬号”在澳大利亚西南角的乔治王湾停靠一个星期，为跨印度洋之行做准备。一如既往，达尔文有了科学目标，他与菲茨罗伊步

达尔文收藏的新南威尔士伊拉瓦拉古硅化木，年轮清晰可见，有5厘米宽。此标本大约属于南美杉科。

达尔文伊拉瓦拉标本的树干或树枝，剖面是自然抛光的，年轮清晰可见，有15厘米宽。

来自塔斯马尼亚的化石木，与柏树相似或属同一个科。
达尔文的这个标本9厘米长，显示了木材的纤维纹理。

行到名为鲍尔德角的狭窄岬角的尽头，要亲眼看一看许多航海者提到过的一个个景观——大量的直立石化枝条，有些人认为是树，有些人认为是珊瑚。达尔文报告说，经过仔细研究，他和菲茨罗伊得出了相同的结论。结构是石灰质的，构成物质类似于石笋，正是这一点让有些人认为它们是珊瑚。然而，达尔文和菲茨罗伊毫不怀疑它们是树的遗骸，由基础的根系分杈而来，其纤维状木质结构仍有几处可见。这些树桩从含有陆地蜗牛壳的沙石中显露出来，两位同伴推断说，这些树一定是被风沙吹成的沙丘掩埋了，然后由渗出的含有大量钙质的水硬化了。木材本身腐烂了，留下的空间逐渐充满了碳酸钙晶体。后来，较柔软的沙石被侵蚀掉，使树的模子骄傲地挺立着。这是一次卓越的地质学推理。

未完全煤化的煤

与石化木一起，达尔文在旅行期间还遇到了褐煤沉积层。部分腐烂的植物物质——泥炭——被掩埋后，在温度升高和压力增大的状况下失去水分并变得紧实时，就形成了褐煤。世界上许多地区将其作为燃料开采，有时人们称其为褐色的煤，达尔文本人称其为“未完全煤化的煤”。地质学上，这是纯煤或烟煤形成的中间阶段。褐煤也许由不同比例的木材、叶子或植物的其他部分形成。在智利南部的奇洛埃岛遇到褐煤层时，达尔文尚不确知哪个是主导，但认识到这个问题对于理解煤的属性非常重要。他搭小船到附近的莱穆伊岛，“急于检查他听说的一个煤矿”，在那里他观察到“广延的水平黑色褐煤层，但木质结构非常明显：据说在炉中产生了大量热能”。继续在康塞普西翁附近沿智利海岸上行，他去了另一个褐煤矿，但日记中说，“这个煤矿没有开采，因为这里的煤一旦堆起来就自动燃烧”，已经有几艘船因此着火。褐煤和煤自燃的过程，现已广为人知，但人们仍不完全理解。有人认为这是由于空气中的氧与煤的某些成分发生反应，产生热能，让水分蒸发并让煤进一步升温，直到达到一定阈值，煤堆才燃烧起来。

1835年在新西兰过圣诞节期间，达尔文得到了来自西海岸沉积层的一块褐煤标本，当地人用作燃料。这个标本仍然由剑桥大学塞奇威克博物馆收藏。达尔文写道：“其植物纤维极为特别，整个物质几乎

达尔文在智利莱穆伊岛的一个煤矿采集的褐煤（“未完全煤化的煤”）。

就是一块变形了的泥煤。”这引导他思考当时地质学家们争论的一个问题：相同构造的沉积物必然属于同一个年代吗？如果新西兰的褐煤被证明是第三纪的，比欧洲的煤年轻许多，那么，那就能证明煤的形成“不是由于时间，而是由于煤得以累积的环境”。

旅行期间，达尔文只有一次亲眼见到一个纯煤（烟煤）沉积层。1836年1月12日在澳大利亚悉尼靠岸，他出发去内地进行10天的考察。一进入沃尔根山谷，他就看到了一个黑煤层，约30厘米厚，识别出它与在悉尼北部的纽卡斯尔广泛开采的煤属于同一地层，这个地区以英国产煤城的名字命名。这些煤属于二叠纪（沉积了约3亿—2.5亿年）。

大陆南部的树叶

虽然化石木和褐煤是达尔文见得最多的植物遗骸，但他采集的为数不多的石化叶却在后来对于理解地球史极为重要。在位于阿根廷火地岛的圣塞巴斯蒂安湾的一个悬崖底部，岩石呈叠层状，切开岩层，达尔文发现了“大量的树叶的印痕；我相信它们来自现已大量生长于山里的山毛榉”。沿着岩层可以看到石化贝壳，有藤壶和螃蟹，表明这里曾经是海，所以达尔文想象这里过去曾是“一个海湾，小溪把泥沙和树叶……带到这里，它们聚集并沉积下来”。

达尔文的朋友、植物学家约瑟夫・胡克对这些叶子进行了检验，认为它们属于落叶山毛榉种，不同于现生山毛榉，如达尔文注意到的，当地森林中大部分是山毛榉。达尔文用植物学名称“水青冈属”标识他的这些发现。这是他在英国就熟悉的山毛榉属。欧洲、亚洲和北美有十几种山毛榉。当时，南半球的山毛榉也被放在这个属内，但在1851年，德国－荷兰植物学家卡尔・路德维希・冯・布卢姆认为它们属于另一个属，即假山毛榉属（*Nothofagus*）。这种树见于今天的南美

第三纪的假山毛榉叶子，达尔文采集于火地岛。叶子的印痕约3厘米长，包括原叶留下的一层薄薄的碳膜。

西德尼·帕金森的水彩画，火地岛南部现生假山毛榉的叶子。1769年约瑟夫·班克斯爵士于库克船长第一次航海期间采集的标本。

新南威尔士二叠纪（约3亿—2.5亿年前）的舌羊齿属（*Glossopteris*）的种子蕨的典型带状叶，现在用以标识超大陆冈瓦纳。

南部地区、澳大利亚、新西兰、新几内亚和附近几个岛屿。其化石分布相似，此外还有南极洲。

当达尔文在澳大利亚沃尔根山谷考察煤层时，他发现了第二种化石叶，新发现是对第一种的完美补充。这次发现在当时的笔记或日记中均无记载，但在1844年出版的《火山岛》一书中提到了，该书也包含“关于澳大利亚地质学的一些简短记述”。他在书中报告说，在与煤层交替出现的页岩沉积物中，他发现了“常常与澳大利亚煤一起出现的一种蕨类植物——布朗舌羊齿的叶子”。在达尔文现存的采集中没有其标本，所以可能丢失了，也可能回国后只是向布朗或亨斯洛描述了他的田野观察。然而，他的鉴定是非常合理的，因为舌羊齿化石在沃尔根地区如此普遍，以至于远足者会被提醒当心这种植物，长长的带状叶子是它们的特征（舌羊齿蕨的意思就是舌头一样的蕨类植物）。然而，舌羊齿蕨并不是真正的蕨类，而是前述久已灭绝的种子蕨中的灌木状或树状植物。

如达尔文所说，“灭绝植物的”最后一个难忘的遗骸是1836年2月在塔斯马尼亚远足期间发现的。在霍巴特镇后的采石场，人们正在开采石灰岩，也许是为了在附近的一座砖窑加工建筑用石灰。石灰岩（碳酸钙）可在许多情况下形成，但达尔文将此处用的描述为石灰华，由含钙较高的矿泉在陆地上沉积形成的一种石

漂流的大陆

20世纪上半叶，舌羊齿属，以及较小规模的假山毛榉属，在地质识别中起到了关键作用，即表明各个大陆在相当长的时间里环绕地球表面移动，以前曾以不同的组合方式连在一起。这就是现在板块构造论所解释的“大陆漂移”的过程。舌羊齿属的标本在二叠纪（约3亿—2.5亿年前）的岩石中发现，其分布与南部大陆的位置相符合，当时几块大陆就像拼图一样拼在一起。现在人们认为冈瓦纳大陆约于5亿年前形成，后来与北部大陆汇合形成了泛大陆，但后来又分开了。在1.8亿—8000万年前之间，盘古大陆逐渐破碎，把冈瓦纳大陆的化石带到各个分化的大陆上。

达尔文在火地岛采集的南部假山毛榉呈现类似的化石分布（尽管不包括非洲），也始终被认为是冈瓦纳遗骸。与舌羊齿属不同的是，它目前尚存，其化石史相对较浅，仅追溯到8000万年前。这一点，以及各个大陆的假山毛榉的DNA间的相似性，令某些研究者认为其现代分布是在冈瓦纳分裂之后形成的，所以，举例而言，新西兰的假山毛榉是跨越远海传播来的。

这可能是达尔文的标本吗？这块30厘米的石灰华是在达尔文采集过化石的塔斯马尼亚的盖尔斯顿湾被发现的，原属罗伯特·布朗收藏，他曾研究达尔文的石化植物。

灰岩。达尔文发现霍巴特石灰华“多有明显的叶纹”，他列出的石化植物表显示他把六种标本带回了家。罗伯特·布朗在大英博物馆对这些标本进行了检验，报告说其中有四五种是独特的石化叶，无一属于现生种。“最了不起的叶子，”达尔文说，“是掌状叶，颇似蒲葵，迄今在范迪门斯之地［塔斯马尼亚］尚未发现这种叶子结构的植物。”在盖尔斯顿湾，这种沉积物被认定为渐新世晚期（约3000万—2500万年前），但不确定的是，自然历史博物馆现存的来自此地标本是否是达尔文采集的。

达尔文的化石发现与他周围的现生生物群之间的并置在这个例子中已经显而易见。在《研究日记》中描述了霍巴特石化植物群落之后，他紧接着描述了在惠灵顿山附近爬山的情景，“许多地方的桉树长得很大，整体构成了一片壮丽的森林……树蕨样子非凡……形成许多非常优雅的遮阳伞”。达尔文不仅仅将这些化石视作地质学标本，还视作过去世界的见证，它与今天的世界一样丰富多彩，但有本质的不同。

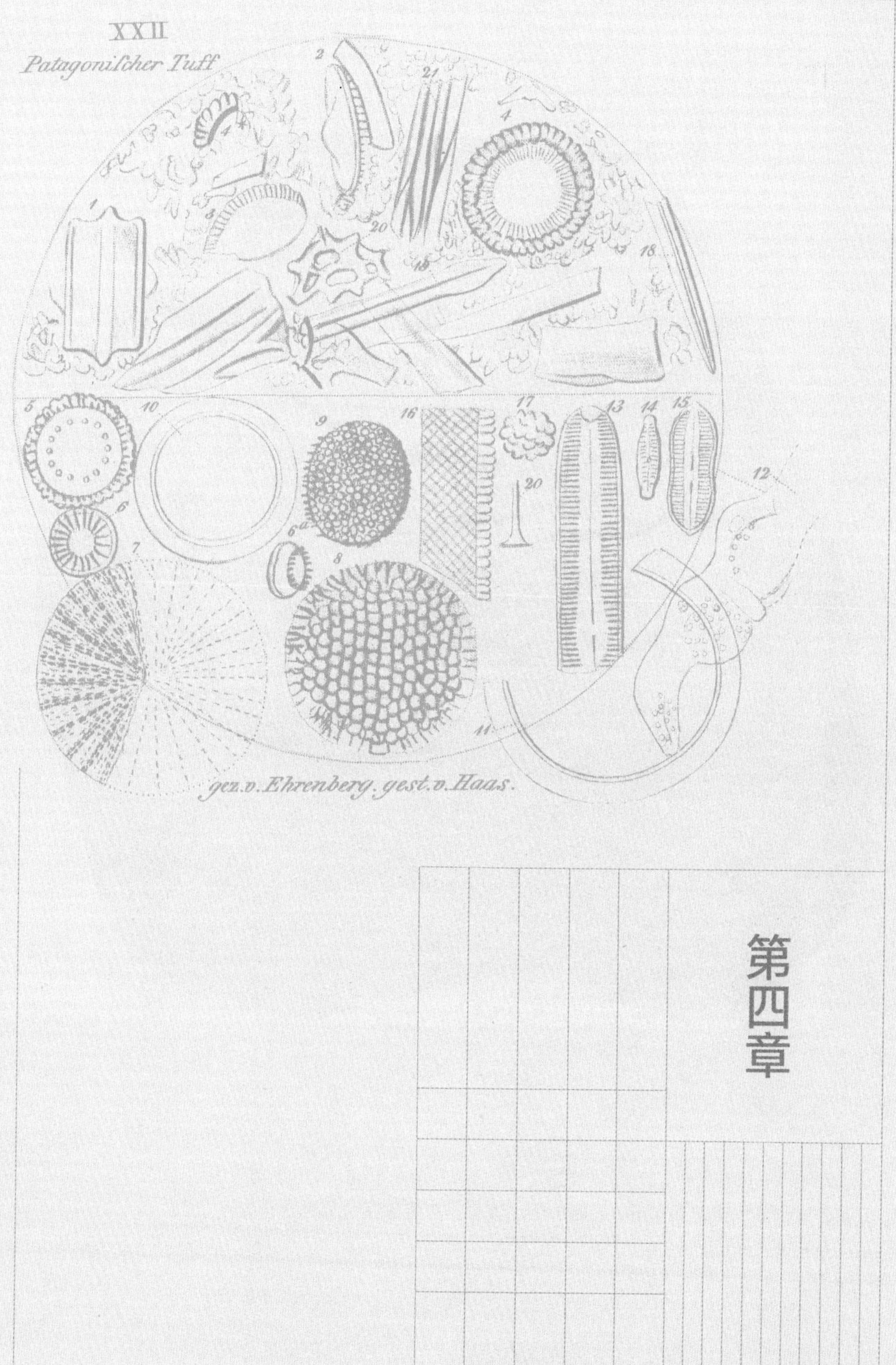

第四章

2800万—1600万年前的巴塔哥尼亚巨蛎（*Crassotrea patagonica*），达尔文采集于圣胡利安港，22厘米长。该贝壳接近现生牡蛎的大小，有的能长到30厘米长。

第四章
海洋生物

达尔文“小猎犬号”之行遇到的最丰富、分布最广的化石是贝壳类和无脊椎动物的其他坚硬部位，其中大多数源自海洋。他采集的主要是多种软体动物类，但也有海胆、海百合、腕足类动物、螃蟹、藤壶、苔藓虫和珊瑚。其中许多是由达尔文指定的专家命名的新种，主要是由于此前几乎没有什么地质收藏来自他所走访的地区，但这不是他的主要兴趣。正如对今天的地质学家一样，这些化石只是过去动物栖息地的标识、地质时间的符号，也是对它们所在的沉积物进行归类和关联的工具。

从“小猎犬号”的第一次登陆，即1832年1月16日在佛得角群岛的圣亚戈，达尔文记录了他所看到的岩石和岩石中的化石，边走边采集标本。在旅途的每一停歇处，他都会这样做，直到近五年后归国途中的亚速尔群岛。圣亚戈是一个巨大死火山的遗址，达尔文沿其南岸（以及一座近海小岛——鹌鹑岛）勘察，两大块火山岩中间夹着一个白色砂岩层。这个石灰岩地带含有丰富的化石，达尔文采集了帽贝、牡蛎、蜗牛和海胆，

达尔文在佛得角群岛的圣亚戈采集的球形化石，现称红藻石，是自由生长的红藻的钙质骨骼，直径2—5厘米。

以及他后来认定为红藻之钙质骨骼的球体。达尔文并不确定这个岩层及其所封闭的化石的年代，但在归途中，英国贝壳学家乔治·索尔比识别出18种软体动物，其中3种他认为已经绝迹。这些沉积物现在被认为是在第四纪形成的，约100万—75万年前。

在旅行期间，达尔文采集的化石地质年代跨度很大，从几千年前到四亿年前。不同时期的化石都引起他强烈的兴趣，感兴趣的理由也不同。最古老的遗存为当时已知的最古老生命提供证据，而居中者则记录了地球生物群随时间发生的变化，标志着像安第斯山脉之形成这样的重大事件。我们权且从最近的一端开始，达尔文从南美海岸各地相对浅表的沉积层采集的贝壳和其他化石，在两方面具有重要意义：第一，它们为他采集的哺乳动物化石的环境和年代提供了证据，其中许多是在同一地点采集的（见第二章）；第二，它们见证了南美大陆水平面最近的重大变化，达尔文是为此提供文献的第一人。

南美的隆起

“小猎犬号”之旅中达尔文取得的重要成就之一，是发现南美大陆的南半部大多是在相对较近的地质时间隆起的。他发现的化石贝壳对得出这一结论起到了关键作用。在他走过的许多地方，从北部的拉普拉塔河口到南部的火地岛，达尔文采集海洋贝壳的平原都大大高出现在的海平面或最高海潮的高度。贝壳就在地表上，或松散地嵌于泥土或沙石沉积物中，数量往往相当可观。

达尔文发现的大多数软体动物化石要么是腹足动物，有单个儿的、往往像蜗牛壳一样螺旋状的壳，要么就是双壳动物，如蛤蜊，有两片可张合的壳。海洋软体动物与陆地或淡水软体动物极易区分。前者的贝壳一般较厚，形状也能让人识别出它是只生活于咸水或微咸水中的种或科，如牡蛎或真正的帽贝。一旦在高出现代海潮所能达到的地方发现其遗骸，就一定表明海平面已经降低，或陆地已经隆起。达尔文赞同赖尔的意见，即陆地隆起了，因为甚至在大陆层，移动的幅度也大大小于海平面的同位降低，而这种降低必定会是全球性的，因为所有海洋都是相互连接着的。此外，他在圣亚戈注意到隆起的海床高度在海岸线上因地而异，证明这“不是由水的沉降”所致。

达尔文在高于海平面的不同地方遇到了贝壳层。“小猎犬号”上的军官测算

在拉普拉塔河附近高于其潮位变幅处发现的岩石，里面含有微咸水双壳动物南美抱蛤（*Erodona mactroides*），展示了新近发生的隆起。这是伍德拜恩·帕里什爵士送给达尔文的标本。

了不同平原的海拔高度，这是他们勘察工作的一部分，而达尔文则把这些测算结果认真地记录下来。有时，他用气压计自己测量。比如，在巴塔哥尼亚海岸圣约瑟夫湾，在海拔30米处，沙丘上到处都是贻贝（皱纹蛤〔*Aulacomya*〕）、南极帽贝（帽贝属〔*Nacella*〕）和纺锤壳（达尔文将其命名为纺锤蛤〔*Fusus*〕），以及大藤壶。在更南的希望港，又有无数贻贝和帽贝，这次是在海拔75米和100米处。再向南，在圣胡利安港，在海拔27米处又发现大量贝壳，与距此地约760千米的圣约瑟夫

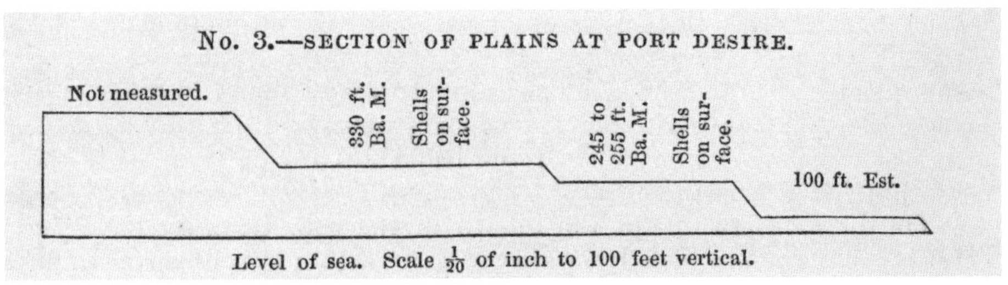

"希望港平原截面图"，摘自达尔文的《南美地质勘察》。这是展示含有海洋贝壳的阶梯形平原的几幅图之一，反映了陆地的连续隆起。

湾的贝壳海拔相似，达尔文为此感到惊诧，这意味着它们是在同一次地质变迁中形成的。

1834年5月，一行人乘小船沿巴塔哥尼亚的圣克鲁斯河逆流而上，这为达尔文提供了观察陆地抬升效果的最好机会，当他们沿河谷向上走时，更高的平原相继出现。在距大西洋170千米、海拔约90米处，他在一个河床上发现了海蜗牛的碎壳。沿着山谷再向前走，距大海225千米、海拔140米处，他采集了帽贝和蛾螺的旧壳。在内陆发现海洋化石的事实令达尔文确信，这里以前一定有一个宽阔的海口，后来沉积了这些化石的海床就隆起了。

这些贝壳层不仅为隆起提供了证据，也似乎清楚地说明这发生在非常近的地质年代。甚至在田野勘察时，达尔文就注意到所有隆起处的贝壳与当地海岸的现生贝壳属于同一个种，索尔比和法国博物学家阿尔西德·道尔比尼验证这些化石后也证实了这一点。甚至标本物种的相对比例也相似于现代海滩上采集的贝壳的。此外，古贝壳常有保留其原色的：贻贝几乎总是带有蓝色，而诸如藤壶等其他类贝壳则有时呈粉色。达尔文把这些贝壳放入火中，发现它们散发出动物的味道，不仅是贝壳内残存的矿物质，如更加古老的化石中所含有的，而且还含有有机物质，即我们现在所说的贝壳蛋白质。达尔文在《地质学日记》中总结说："这对我来说确证了这些平原是在近代从海底隆起的。”

离开南美大西洋海岸之前，达尔文在《巴塔哥尼亚的隆起》一文中总结了他的想法。他曾在长约1900千米的海岸线上观察含有贝壳的隆起的海床，他猜想隆起的海床可能延长至2600千米或更远。在这一点上，他挑战了赖尔，后者认为这种隆起只是局部的。达尔文下结论说:“如果将来我能证明西海岸也是在同一时期隆起的，那就几乎可以肯定整个南美大陆都隆起了。”

证据很快就有了。两个月后，在智利太平洋海岸的奇洛埃岛，该港口的一位船长、英国人威廉姆斯把达尔文带到了一片台地上，那里有“一个巨大的贝壳河床”，气压计测出海拔约为106米。在该岛的其他地方，高出最高水位6—10米的地方，厚厚地铺着小帘蛤类贝壳（*Ameghinomya*）和贻贝属（*Mytilus*）的贝壳，如今“是这个海岸线上最常见的贝壳种”。

再向北，在康塞普西翁湾的丘里丘纳小岛上，达尔文和“小猎犬号”的助理外科医生肯特先生去寻找化石，在6、50、122米到190米高的高地发现了藤壶河床和多个种的海洋软体动物。根据达尔文的记载，海拔越高，贝壳腐烂得就越厉害，证明了最高的水平面是最古老的，最高的水平面经历了连续的不同隆起。在瓦尔帕莱索附近地区，达尔文在海拔400米的高度发现了海洋软体动物、海胆和藤壶的遗骸，包括圆锥形高贝壳（他称之为马蹄螺〔*Trochus*〕），“色彩极为完美”。然后，在1835年4月和5月，从瓦尔帕莱索北上科皮亚波的路上，达尔文记载说，在海拔15—24米和60米处有“巨量”的贝壳，都是海洋贝壳，主要是岩蜗牛（智利鲍鱼属〔*Concholepas*〕）、金星蛤蜊类（*venus clams*）和双壳类中胚层动物（*Mesodema*）。达尔文记载说，它们都在距离现在海岸几十英里的地方，表明大海曾经渗入内陆很深。

达尔文明白，有一个因素能破坏他把贝壳层作为隆起之证据的阐释。各种贝类是沿海地区居民的常备食物，而且，如达尔文所说，奇洛埃岛上的“居民把大量的贝类食物运往内陆……离岸很高很远的地方”。为了确证至少有些贝壳层是

BALANUS (BALANUS) LAEVIS,
var. COQUIMBENSIS, G. B. Sowerby

PLEISTOCENE. INLAND FROM HERRADURA BAY, COQUIMBO, CHILE.

Holotype of *Balanus coquimbensis*, G. B. Sowerby, in Darwin, 1846, Geol. Observ. on S. America, appendix, p. 264, pl. ii, fig. 7; figd. as *Balanus laevis*, var. *coquimbensis* G. B. Sowerby, by Darwin, 1854, Ray Soc. Monogr. Balanidae, p. 227, pl. iv, fig. 2*a*.

Presd. by Charles Darwin, 1858. [38436]

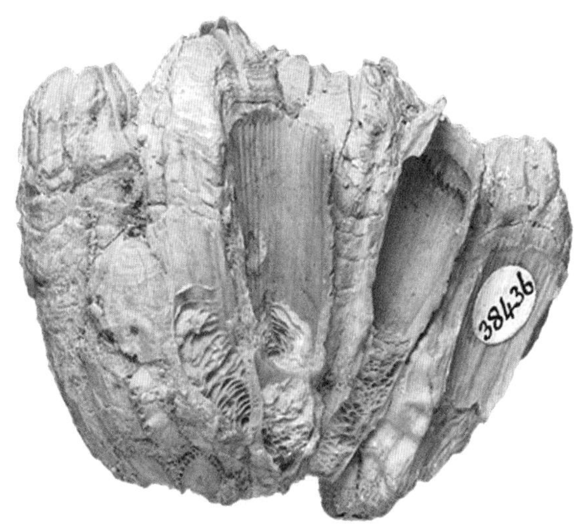

上图与右图 与现生物种相同的藤壶（光滑藤壶，*Balanus laevis*），达尔文在智利科金博附近76米高的悬崖上发现的。几个高约5厘米的个体聚集在一起，就像活着时那样。

原生的，他仔细勘察了所有地方。总体说来，是贝壳层的范围和连续性使达尔文确信它们是原生的。他在火地岛就注意到人们采集的贝壳是零散的，人们将它们丢弃之后堆成了堆，过去很久还呈堆状。对比之下，秘鲁海岸圣洛伦索岛的贝壳层却有1600米长，45米宽。瓦尔帕莱索贝壳层附近的两个地方“在60米高的陡峭悬崖边上”，没有明显的下山路径，附近没有淡水。“人们为什么要把贝类食物带到那里呢?”达尔文问道。那些贝壳层一般都是各个种混合在一起的，因人类活动而堆在一起的则倾向于单一种。最后，许多帽贝、贻贝和其他种都是非常小的刚出生不久的个体，有些贝壳几乎仅6毫米宽。达尔文让一个当地渔民看了遗骸，他对“把这么小的贝类当食物带到这里来”的想法感到可笑。

布满贝壳的阶梯状缓坡平原究竟是如何形成的，这仍有待解释。达尔文确信，在隆起发生时，已经空了的古贝壳散落在浅水中或古沙滩上。他所采集的种始终是现今靠近海边生存的、被海潮推到沙滩上的。此外，石化软体动物往往被包上一层藤壶，被各种海洋生物钻出各有特点的小洞。在秘鲁近海的圣洛伦索岛上，达尔文特别观察到被抬高的岩蜗牛智利鲍鱼属有藤壶，内壁上还附着海虫（龙介虫），这些“显然是海底未有动物栖居的表面”。

在田野勘察时，达尔文在一系列隆起的阶地上找到了证据，以证明“赖尔强烈支持的无数次连续隆起论”。想象一下，一片海滩缓慢向下延伸至海里，其顶部则是悬崖。现在想象整个海岸突然隆起30多米或更高。旧的悬崖将构成一个内陆悬崖，其底部是缓慢延伸至海里的一片长长的平原（以前的海滩和附近的海床）。随着时间的推移，大海将侵蚀缓坡平原而形成一个新的悬崖。这构成了阶梯的第二级，而在下一次的突然隆起中，这个过程还要重复。达尔文举了历史上这种地质隆起的例子，以支撑这个模型。在科学领域人人皆知的是，智利海岸的隆起距今较近，人们仍然记忆犹新，在拉奎（奇洛埃岛），威廉姆斯先生告诉达尔文，“在过去的4年中，大海下沉或大地上升了约122厘米”。“在那个时期里，”

希望港以北的一个海洋阶地（隆起的海岸）的平坦表面，海拔约150米。阶梯序列中较低的（较年轻的）阶地已经被该地区的海水运动所侵蚀。

达尔文记述说，“奇洛埃岛经历过严重的地震。”菲茨罗伊船长描述了1835年“小猎犬号”船员们亲眼看见的康塞普西翁地震的影响（见第147—148页）：“圣玛丽岛的南端升高2.4米，中部升高2.7米，北端3米。……大量贻贝、膝盖骨和石鳖依然附着于岩石上，被抬升到海平面之上；以前由海水覆盖的几公顷岩石平地现在干涸地立在那里，许多附着其上的腐烂的贝壳发出难闻的气味。”还有比这更令人信服的景象能描绘贝壳层抬升的过程吗？

后来，达尔文渐渐明白，30多米甚至更高的隆起不可能是一蹴而就的。相反，大地是在逐渐的运动中隆起的，尽管有“小的突发隆起，如最近伴随地震而来的隆起”的帮助。这样，阶梯形阶地就可解释为隆起过程中出现了重要停顿，在此期间，大海会侵蚀海岸以产生新的悬崖线。达尔文之所以倾向于这种阐释，部分原因在于他认识到，隆起阶地上的所有贝壳都生活在靠近海岸的地方，只要30多米或更高的突然隆起发生了，更深水域的海洋生物就会暴露出来并得以保存。

当“小猎犬号”于1836年7月第二次抵达南大西洋时，达尔文关于高台地的贝壳层的阐释有了一个有趣的尾声。在圣赫勒拿火山岛上，他在地表之下6米但高于海拔几百英尺[1]的地方发现了累积的软体动物壳。当地居民罗伯特·西尔给了他采自另一个海拔约520米的地方的一包贝壳。在一个石灰岩矿的顶层发现了类似的种的贝壳，那里还保存了鸟类骨骼甚至鸟蛋。达尔文报告说，这些软体动物可能源自海洋，这表明这座岛屿是新近从海中升起的。这与他关于许多其他地方的贝壳层的阐释相一致，但他认为这里有所不同。首先，他确信这些贝壳是陆生蜗牛的外壳，因此没有必要用陆地抬升来解释它们在山坡上的存在。其次，达尔文为岛上独特的植物群所惊讶，他称之为“自成一体的小世界”。这种程度的特有性证明了该岛非常古老，提供了一种趋异进化视角，因为它意味着相异种需要较长时间来发展。同样的道理，该岛不可能是近期出现的。

在达尔文的归途中，乔治·索尔比证实了来自圣赫勒拿岛的全部贝壳都是陆生种，此外，7种中有6种已经绝迹。达尔文已经对最常见、最明显的种（他认定为一种锥子蜗牛，属锥形螺〔*Bulimus*〕）得出了这个结论，因为当地居民说，他们从未见过活的。达尔文认为，其近代消亡的原因是18世纪覆盖大半个岛的林地消失了，还有引进猪羊带来了冲击。这些结论都已经得到新近研究的证实。圣赫勒拿岛的本土植物和软体动物有80%是当地特有的（地球上其他地方没有的种）。

1 1英尺约为0.3米。——译者

然而，自1600年以来，有22种软体动物都绝种了，包括6种大唇螺（*Chilonopsis*），其中包括达尔文的锥形螺。这些损失是人类引进动植物物种使栖居地环境退化造成的。

软体动物和巨型动物群

在布宜诺斯艾利斯以南约500千米的布兰卡湾，蓬塔阿尔塔是达尔文发现石化哺乳动物的最重要的场所，包括大地懒、磨齿兽和箭齿兽的遗骸（见第二章）。发现这些遗骨的沙砾沉积物中也藏有丰富的石化贝壳，最多的是拖鞋舟螺（覆螺属〔*Crepidula*〕），尖屋顶蜗牛（瓦螺属〔*Tegula*〕）和金星蛤蜊（光滑蛤属〔*Amiantis*〕）。其他还包括牡蛎、贻贝和罕见的扇贝（女王扇贝属〔*Aequipecten*〕）。除了软体动物，达尔文还发现了藤壶贝壳的碎片，以及一种珊瑚（海花石属〔*Astraea*〕）的硬骨骼碎片。

有些化石上覆盖一层苔藓虫类的花边状遗骸（口语称作苔藓动物或苔藓虫）。这些微小的群居生物自17世纪始就与珊瑚和海绵类一同被归入“植物型动物”（Zoophytes），被认为是介于植物与动物之间的生物。达尔文也发现了活标本，在

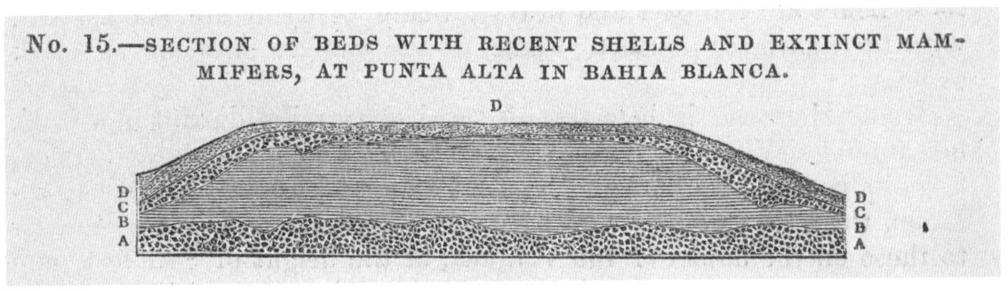

达尔文绘制的蓬塔阿尔塔的悬崖素描。哺乳动物骨骼和软体动物贝壳主要是在低地沙砾层（A）中发现的，但在“南美大草原地层”的红泥石（B）和顶层沙砾层（C）中也存在。

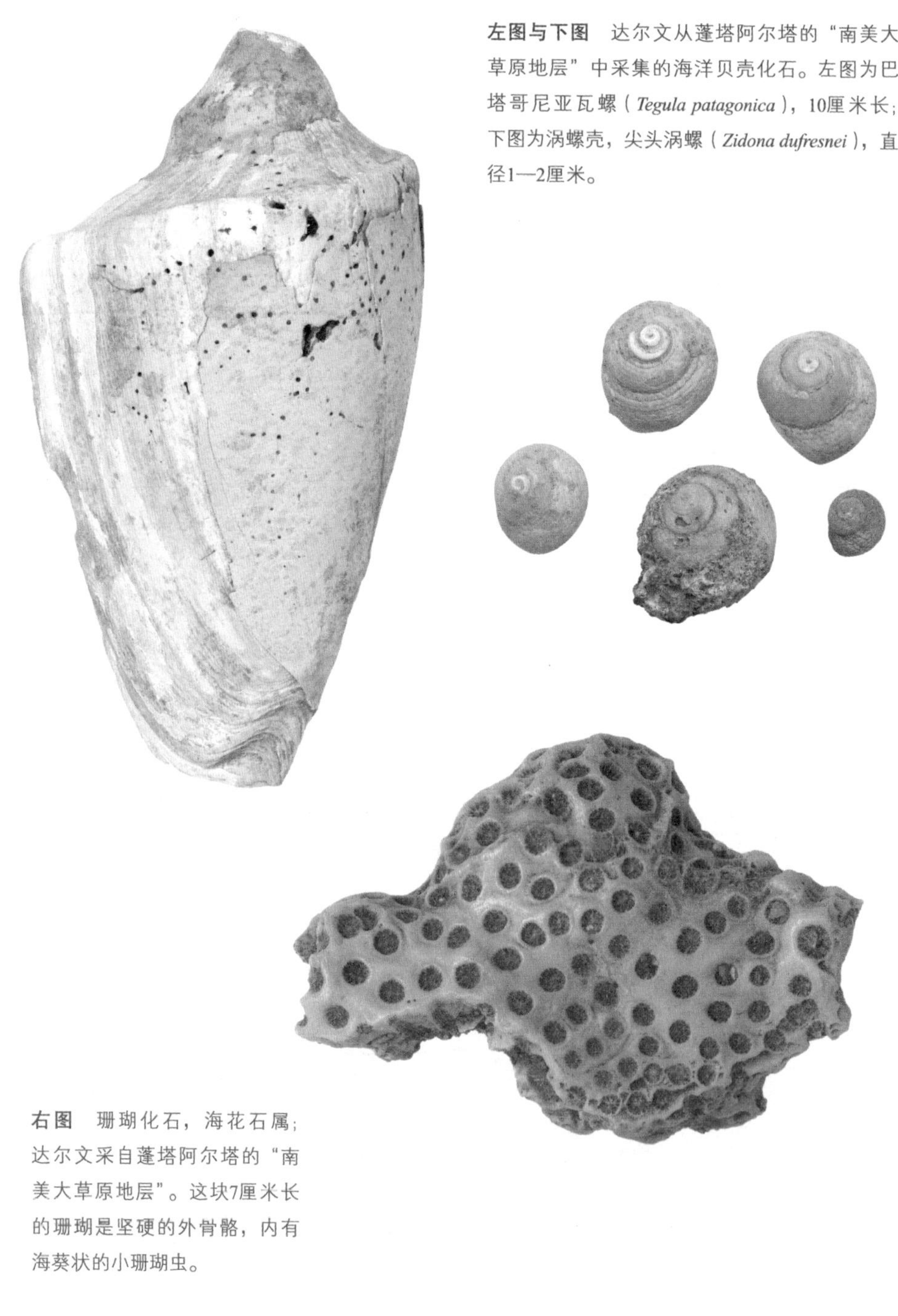

左图与下图 达尔文从蓬塔阿尔塔的“南美大草原地层”中采集的海洋贝壳化石。左图为巴塔哥尼亚瓦螺（*Tegula patagonica*），10厘米长；下图为涡螺壳，尖头涡螺（*Zidona dufresnei*），直径1—2厘米。

右图 珊瑚化石，海花石属；达尔文采自蓬塔阿尔塔的“南美大草原地层”。这块7厘米长的珊瑚是坚硬的外骨骼，内有海葵状的小珊瑚虫。

旅行初期简单地将其归为珊瑚类，但到了1834年，他开始仔细研究它们，看出它们不仅是动物，而且与真正的珊瑚毫无关系。他把这些叶子状的生物群称作藻苔虫，他在苏格兰海岸与导师罗伯特·格兰特一起工作时就熟悉了这类生物。

至于散见于平原上的贝壳，达尔文记载说，下面沉积物里的贝壳“在我看来与海滩上现存的种类相同，特别要说明的是，每一种的比例也大约相同”。这清楚地表明与其相关的化石贝壳一定属于非常近的地质时期。他觉得有些骨骼在理论上可能是从以前的沉积物中被冲刷出来，后来又与现代贝壳一起沉积的，但有些显然是同时代的。完整的伏地懒骨架（见第49页）就表明了这一点，它们“一定是完整地被冲到发现地附近的，因此是与现存的贝壳共存的非常现代的动物”，因此说明它们“很晚才出现”。

在巴塔哥尼亚的圣胡利安港，达尔文发现了更有力的证据，当地出土了巨大的美洲驼一样的动物，后来理查德·欧文将其命名为后弓兽（见第83—84页）。骨骼在接近悬崖顶部、海拔只有27米的地表以下。后面是一片106米的平地，散布着现代海滩最常见的贝壳种类，所以，甚至这里的形成时间也相对较近，根据隆起的逻辑，后弓兽一定更晚些。此外，那些骨骼本身又与现存海洋物种混在一起，有些贝壳甚至还保留着原色。

绝种哺乳动物与现生软体动物的关联对达尔文具有更深刻的理论意义。如他所说，“我们现在足以能证实赖尔先生常常坚持的那条了不起的法则，即哺乳动物纲中各个种的寿命总体而言低于有壳类［海洋贝壳］的”。各个种存活的时间段各不相同，此外，其灭绝也不全是同步的：软体动物在大哺乳动物灭绝时依然存在。达尔文注意到，在欧洲和北美的化石记录中也有类似的模式，这促使赖尔反对道尔比尼等灾变论者，他们主张所有生命将在定期大灾变中同时灭绝，并将被新的生命取代（见第六章）。因此，道尔比尼提出，南美所有的哺乳动物化石都是从以前的海床上被冲刷出来，后来与近代贝壳一起重新沉积。达尔文反对这个概念。

一种活的甲壳苔藓虫，显示供养个体（zooids）[1]，每一个直径约0.5毫米，它们的触手会从群居骨架的毛孔里突出来。

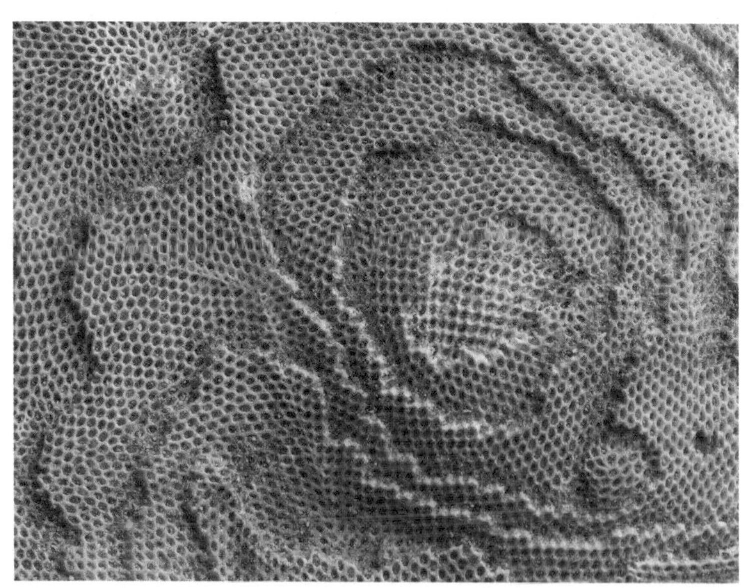

达尔文从蓬塔阿尔塔的“南美大草原地层”采集的化石苔藓虫骨架，宽2.5厘米。这是琥珀苔虫科的包壳品种；每一个小孔都是一只虫的开口。

1　能够为其他个体提供营养的个体。——译者

海洋贝壳，其中许多保有原色，存于约有6000年历史的沙石沉积物中，阿根廷圣克鲁斯省海拔4.5米处。

显微镜下

达尔文不满足于肉眼可见的化石，还想要了解显微镜下的化石。在柏林，克里斯蒂安·埃伦贝格被认为是研究微生物的最高权威，他曾为数千种微生物命名，不仅感兴趣于现生微生物，也对化石感兴趣。通过约瑟夫·胡克的引介，达尔文把蓬塔阿尔塔化石骨骼上刮下来的沉积物标本寄给了埃伦贝格。埃伦贝格报告说，他发现了两种多腹类动物，即现在人们所知的单细胞微生物硅藻类。达尔文赞同地引用他的话说这两种微生物“肯定是海洋微生物”。埃伦贝格还列出了一些小结构，称其为含“石头”的植物（石化植物〔Phytolitharia〕），当时这些植硅石的性质还不为人知，但现在人们了解到它们本身不是微生物，而是植物组织中发现的微小的二氧化硅颗粒。其中有几种自达尔文时代就被认为源出于陆生草。

蓬塔阿尔塔的贝壳层也包括坚硬、白色、钙质的沉积物，当地人称之为“托斯卡”（tosca）。达尔文再次委托顶尖专家——医学博士、神经学家和海洋生物学家威廉·卡朋特予以检验。达尔文报告说，卡朋特博士“能够识别出贝壳、珊瑚、高钙化海绵和罕见的海绵类生物”。高钙化海绵是单细胞多壳微生物，现在被称作有孔虫。这些研究试图通过详尽检验封闭性沉积物来重建大化石的古代环境，从这一角度而言，这些研究具有开拓性。

最后，在圣菲附近的巴拉那河，达尔文发现了从悬崖中突出来的两副乳齿象骨架，但只能复原牙齿的碎片（见第64—65页）。但他还是刮下其中一个骨架上的红泥，寄给了埃伦贝格教授，在后者内部发现多含淡水硅藻类生物，有别于其他靠海之地的情况。这一点非常有趣，因为圣菲目前距大海约350千米，这些骨骼很可能就保存在巴拉那河本身的沉积物中。

最新的故事

达尔文就南美南部陆地隆起现象得出的结论经受住了时间的考验，同样，他关于海滩连续隆起的模型，也一定程度上经住了时间考验，这种连续隆起的海滩现称作海洋阶地。然而，达尔文及其同代人所未知的是近代冰期的影响，冰期和间冰期大约每隔10万年就交替出现，对全球海平面产生深刻影响。在每一个冰期里，大幅扩展的冰块在高纬度地区锁住了地球上大量的水，致使海平面下降100米或更多。此时，许多目前的近海区域都成了干地。在相对短暂的温暖间冰期，海平面升高，这些干地区域再度被水浸没。海洋阶地现被理解为海平面震荡和局部地区的持续隆起相互作用的结果。在低位时期，陆地和淡水沉积物在沿海平原上聚集。在高位时期，大海侵蚀这些沉积物，形成了海滩并雕刻出悬崖。随着持续的隆起，在每一个间冰期，海滩都为海洋阶地增加一级新的台阶。在南美南部，如达尔文所相信的那样，隆起是逐渐形成的，但我们现在用海平面的升降，而不是用对这个进程的周期性干扰，来解释阶地的形成。

从下到上是海洋阶地（隆起的海滩）形成的阶段。随着隆起和海平面的变化，第二个台阶得以形成，然后是第三、第四个……

4. 海岸线再次后退，留下另一个被抛弃的悬崖。冰川形成，海平面降低。

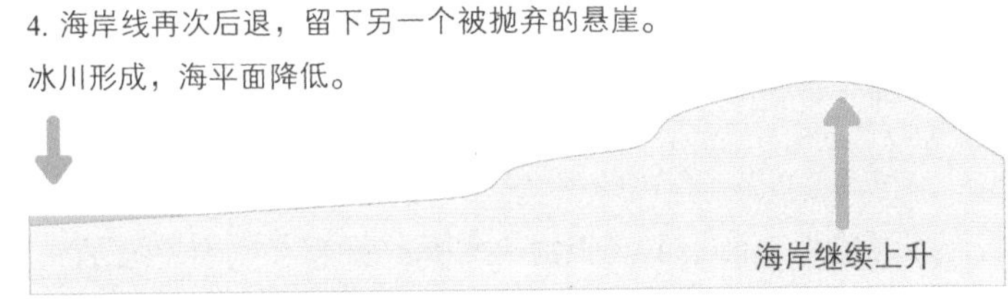

3. 海平面上升，新的悬崖形成。冰川融化使海平面上升。

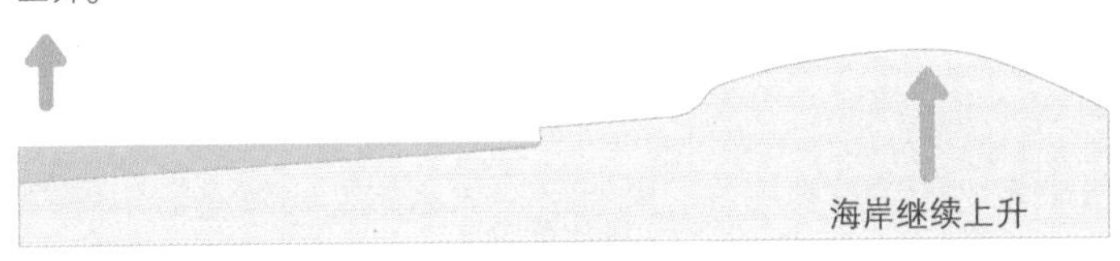

2. 海岸线向大海退去，留下了被抛弃的悬崖。随着冰川的形成，海平面降低。

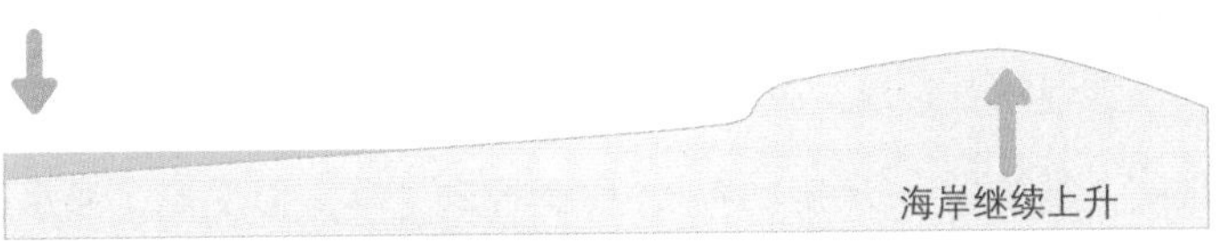

1. 海浪侵蚀雕刻出海岸悬崖。

由于现代编年史方法的出现，我们现在可以追溯巴塔哥尼亚海岸的海洋阶地形成的日期。最低的阶地对应达尔文在蓬塔阿尔塔化石沉积层上发现的6—10米的平原。根据放射性碳定年法测出的石化贝壳的年代，这个阶地可溯至上一个海平面高位期，大约在8000—6000年前，现行间冰期的早期。下一个广泛流传的阶地为16—20米高，可追溯至约12万年前的上一个间冰期。约在27米处，达尔文的27

米阶地可溯至再上一个间冰期，约在20万年以前；一个40—50米高的阶地可溯至30万年前；以此类推。在此期间，隆起的比率可以按大约每年0.1毫米计算。一些最高的阶地，150—200米高，也许可溯至200多万年以前。

海洋阶地表面下的沉积物大多是红淤泥，间有坚硬的托斯卡岩层。达尔文把这些沉积物命名为南美大草原地层，他确定这些沉积物是在现代拉普拉塔这样的大河的河口里形成的。我们现在知道这种沉积物大部分是陆地的。精细、均匀的颗粒是典型的由风吹来的沉积物，它们会沉积在陆地上，然后可能又被河水冲走，到别处重又沉积。托斯卡也是陆地沉积物，即现在人们所知的钙质结砾岩，由土壤中渗出的碳酸钙构成。砾石层，如达尔文在蓬塔阿尔塔看到的那些，是在海岸线由于冰期海平面降低而退入入海时，由河流形成的。

那么，我们该如何解释这些沉积物中出现的与陆地哺乳动物的骨骼相关的海洋贝壳呢？这是达尔文之所以认为沉积物形成于河口处的主要原因之一，毕竟陆和海在河口处接壤。蓬塔阿尔塔的大多数哺乳动物化石都是在较低的砾石层被发现的（见第127页图中的A），现在看来，事实似乎是，河水冲断旧的海洋阶地时将海洋贝壳冲到上游，然后贝壳与砾石和骨骼一起沉积。达尔文自己的观察支持这一观点，他记载说砾石层中的贝壳都是脱色和陈旧的。埃伦贝格和卡朋特发现的小小化石也用来作为海洋沉积的证据，但关于这种遗骸的研究，现在人称微体古生物学（micropalaeontology），当时仍在摇篮阶段，与海洋或淡水环境相关的形式范围尚未确立。达尔文最后记载说，蓬塔阿尔塔的许多骨骼都附着有海洋动物的遗骸——藤壶、苔藓虫和海虫（龙介虫）的软管，潜在地证实了海洋沉积说（见第135页）。然而，他以他典型的坦率承认，“我没有观察在暴露给现在的潮水运动后，它们是否会在骨骼上生长”；就地懒的骨架，即在海滩下降沙堆中发现的伏地懒的情况看，他肯定这就是实情。

蓬塔阿尔塔化石所在的沉积物位于8000—6000年前的海滩之下，但在海拔方面，则低于12万年前的海滩，介于当次间冰期与上次间冰期之间。换言之，它们

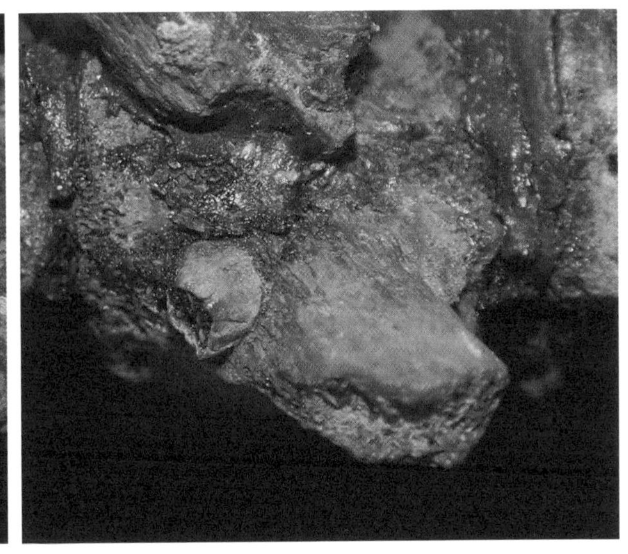

达尔文在蓬塔阿尔塔海滩发现的伏地懒骨骼，上面生长着现代海洋动物。
附着于肋骨的沉积物上的海虫管（左）和附着于椎骨上的藤壶（右）。

与上一次冰期是同期的，在11.5万—1.2万年前之间。达尔文在确定化石沉积物的年龄时总是小心翼翼，但依据高地平原上某些贝壳的残存颜色，他提出“在并非许多个世纪之内，这个国家整个都在海下”。他的估计可能有一千倍的误差，我们现在知道，在适宜的环境中贝壳的颜色和蛋白质（动物燃烧时气味的来源）可以保存数百万年。

第三纪的贝壳层

在达尔文记录南美大草原地层及其壮观的哺乳动物化石的同时，他发现在这些沉积物下面是一些性质非常不同的含有丰富贝壳的化石层。从其位置看，它们不仅更古老，而且所包含的贝壳几乎都是绝迹物种，与隆起平原顶部的贝壳和与哺乳动物相关的贝壳形成鲜明对比。达尔文正确地将这些化石层判定为第三纪的，与最近的新生代（见第31页）之外的所有贝壳相同。

第三纪系列无论在哪里都普遍相似：在它的底部，以及经常暴露在悬崖脚下，化石层塞满了巨型牡蛎和其他海洋贝壳。在上面，不同厚度的化石层通常颜色较浅，化石较少，含有石灰石、石膏和细小的火山物质。1833年4月在圣约瑟夫

右图 达尔文在圣约瑟夫湾发现的扇贝，阳光軛齿贝（*Zygochlamys actinodes*），6厘米长，其上可见（或许是由另一个软体动物钻的）捕食钻孔，右边则是两个小牡蛎。

下图 今日巴塔哥尼亚海岸上的巨型牡蛎层。达尔文在不同地方采集“大牡蛎群”，采集点散布于数百英里的海岸线。

埃伦贝格1854年绘制的图，展示达尔文在希望港和圣胡利安港采集的第三纪沉积物中的微体化石。序号1—16是硅藻类，17—19是矿化植物，20—21是无机火山颗粒。

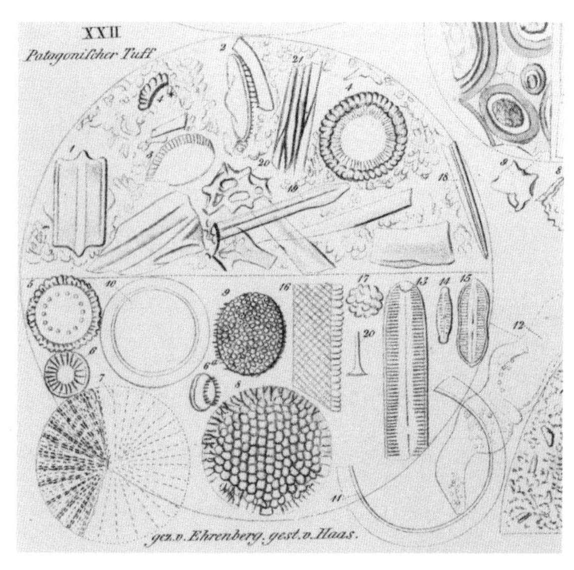

湾，达尔文描述了一个低地化石层，五分之一的化石为贝壳，主要由巨型牡蛎构成，它们本身就有古代其他软体动物和海绵生物钻孔的痕迹。此外，还有扇贝、藤壶的遗骸，有些地方还有海洋珊瑚藻的钙质骨骼。贝壳上覆盖的是各种苔藓虫，以及被达尔文识别为杯状珊瑚的标本。这无疑是海洋生物汇集物，此外，“在吹管之下并不变黑或发出难闻的气味”。换言之，所有有机物都消失了，这说明此处的贝壳层比高地贝壳层还要古老。

1834年1月，抵达南部的圣胡利安港时，达尔文把低地沉积物称为“大牡蛎群”。这里的化石沉积物有245米厚，达尔文则从几个沉积层采集。其

中新世沙币（sand dollar），即巴塔哥尼亚伊赫灵海胆（*Iheringiana patagonensis*），达尔文在圣胡利安港发现的扁平状海胆。这个壳直径为8厘米，但只有1厘米深。

中之一含有大量扁平的海胆壳，他标识为角质鳞片，这些壳现在俗称为沙币。从无数的藤壶推断，达尔文得出这样一个结论，整个生物群一定生活在相对较浅的海水中，离海岸不远的地方。他后来把这些海胆寄给亚历山大·阿加西斯，瑞士的一位著名专家，这些海胆被当作一种新物种命名。达尔文的另一种海胆采自更北的希望港，以其发现者的名字命名为达尔文单型海胆，即现在的达尔文单海胆（*Monophoraster darwini*）。

在圣胡利安港悬崖顶部，含有后弓兽骨架的河道被直接切断，其白色有细密纹理的岩石面代表第三纪地层的上部。旅行结束后，达尔文将这种沉积物的标本交给埃伦贝格教授，同时还有希望港的类似沉积物。埃伦贝格将二者结合起来，

上图 达尔文在圣胡利安港采集的化石。上图左为腹足类软体动物，索尔比滋养螺（*Trophon sowerbyi*），7厘米长，达尔文的标本中被命名的新种之一。上图右为藤壶，变体黄昏藤壶（*Hesperibalanus varians*），8厘米长。

右图 大腹足纲软体动物，高体涡螺（*Adelomelon alta*），达尔文采自圣克鲁斯的第三纪沉积物。这个标本约12厘米长，含有其他腹足纲软体动物和双壳动物的碎片。

发现总共不少于16种硅藻，都是海洋生物。这些沉积物中的化石贝壳罕见且意义重大。达尔文记载说，这些物种与低地牡蛎层上的相同或类似，这意味着整个245米厚的沉积层是在同一个时代构成的。在更南的圣克鲁斯河的一些地段，也有相同的发现。

达尔文发现的第三纪海洋沉积物的地点，最北是在阿根廷东北部的圣菲平原，现在称巴拉那，他在那里发现了含有“大量大牡蛎”和其他海洋贝壳的砂质黏土。与南美大草原含有巨型哺乳动物骨骼和淡水硅藻（见第131—132页）的覆盖型沉积物形成的对比是鲜明的，尤其是考虑到其地点离现在的大海如此之远——距拉普拉塔湾约300千米，而与公海的距离则加倍。阿尔西德·德·道尔比尼后来从达尔文的采集中识别出一种新的扇贝，并命名为达尔文海扇（现在的达尔文日月贝〔*Amusium darwinianum*〕）。

当“小猎犬号”航行到大陆西海岸时，达尔文继续寻找第三纪化石的重要沉积物，尽管此地的化石更加零散，而且似乎不是单一地层的露头。1834年10月28日给亨斯洛的信中，达尔文描述了圣地亚哥南部的化石，并提出一个了不起的建议。由于注意到这边的贝壳比在东海岸发现的贝壳化石更加不同于现代贝壳，他说“如果能证明有始新世和中新世在欧洲和南美的存在，那将是新奇的”。这里，他引用了查尔斯·赖尔爵士在《地质学原理》第三卷中提出的第三纪的全新划分。该书1833年5月在伦敦出版，1834年达尔文勘察福克兰群岛时可能得了一本。赖尔认为第三纪有三个时期——始新世、中新世和上新世，后者又进一步分为两部分，根据其含有的现生软体动物物种的比例而定。新上新世占90%以上，旧上新世占30%—55%；中新世占20%左右；而始新世则不到5%。（赖尔后来发明一个新词Pleistocene表示新上新世，即更新世，而旧上新世则用Pliocene来表示，二者间的划分界线从90%的新贝壳调整到了70%。）1834年10月，达尔文似乎已经在思考巴塔哥尼亚贝壳的年代为中新世，而从圣地亚哥采集的少量贝壳则为始新世。在半个世界之外的达尔文或许是第一个（除赖尔本人之外）使用这一新分期法的人。

如他自己所指出的，“这基于这样一个假设，全世界的物种以相同的比率灭绝”，因为赖尔的研究是基于欧洲化石的。巴塔哥尼亚的巨型牡蛎（见第116页）是特别清晰的一个灭绝案例；当地人告诉达尔文他们从未见过活的，“如此了不起的一种贝壳怎么能逃过人的眼睛呢”。

达尔文还在智利太平洋海岸的其他地方采集了第三纪化石，从奇洛埃南部的华佛岛到距瓦尔帕莱索100千米的纳维达。1834年9月22日抵达纳维达，他“第二天在这里待了一整天，尽管身体非常不适合从第三纪地层的化石层中采集海洋生物的遗骸”。

海洋生物的证据远不止贝壳类无脊椎动物。在科金博以北的一个山谷里，在一个贻贝和牡蛎层上，达尔文发现了“一条巨鲨的牙齿”，将其比作出自欧洲第三纪沉积物的巨齿鲨（*Megalodon*）。这条鲨鱼现在称作巨齿耳齿鲨（*Otodus megalodon*），被认为是迄今最大的捕食动物之一，18米长，每颗牙15厘米长或更长。此外，在同一个沉积层，发现大量硅化状态的巨骨，太沉重以至于难以采集，

象牙贝壳，8厘米长，达尔文在智利纳维达采集的掘足类软体动物，亚巨型象牙贝（*Fissidentalium subgiganteum*）。管状贝壳附着于沉积物，旁边其他种类的贝壳也清晰可见。

但达尔文几乎无误地识别为鲸骨。他以前曾在圣胡利安港山丘的石化牡蛎和扇贝旁发现“某种巨大的、可能是鲸类动物（也就是鲸或海豚）的脊骨”，“直径约18厘米，化石非常坚实和沉重”。这个发现的号码是1719，表示它已被采集，但标本的命运成谜。

在纳维达，以及阿根廷的两个采集地，达尔文都记载有第三纪沉积物中的鱼齿，但没有进一步的细节。这些遗骸中有些显然已经转给亚历山大·阿加西斯，他又把它们带到美国哈佛大学的比较动物学博物馆。1945年，在圣胡利安采集的这些标本被识别为一条锯鳐的牙齿，锯鳐是鳐科的一种，其牙齿（实则为变异后的鳞片）从拉长的嘴两侧突出来。

后续研究已经表明达尔文收集的第三纪化石涵盖了一系列年代。然而，考虑

中新世的一个场景，18米长的巨齿耳齿鲨，大白鲨的一个巨型亲属，在追逐一条小牙鲸——原鲛鲸（*Squalodon*）。

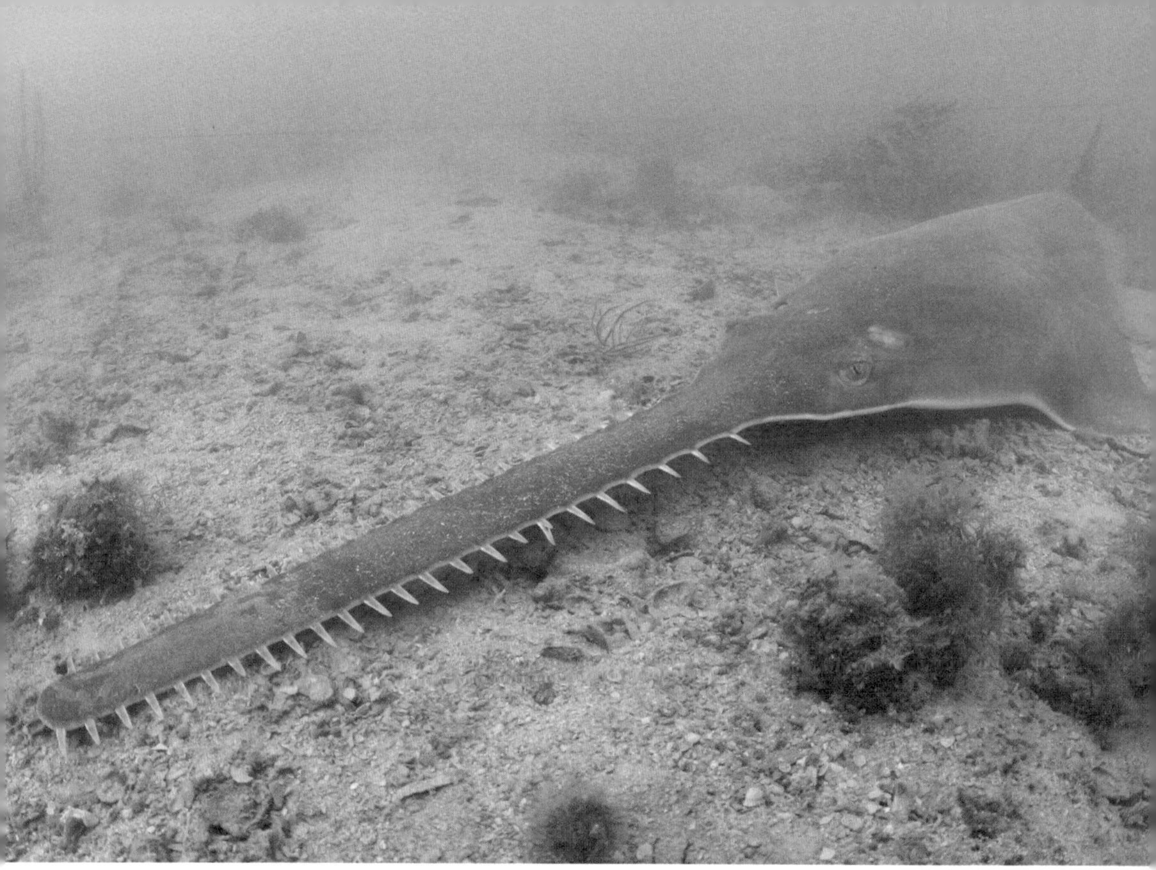

一条现生栉齿锯鳐（*Peistis pectinata*），其锯用于挖掘贝类、捕食扫劈。

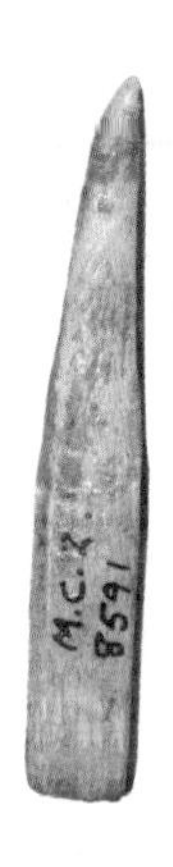

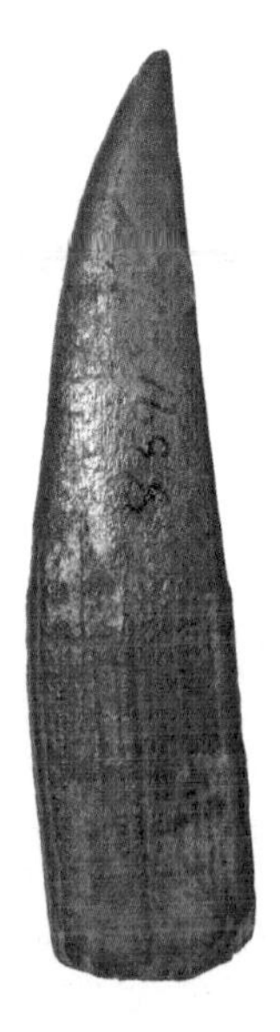

达尔文在圣胡利安港采集的锯鳐的石化“牙齿”。这个标本9厘米长，与实物大小一致。

到第三纪仅仅在1833年才得以分期，后来又增加了两个分期，始新世之前的古新世和之后的渐新世，达尔文对其化石收藏的定位大体上在这个范围之内。今天，巴塔哥尼亚南部——希望港、圣胡利安港和圣克鲁斯河——的沉积物被置于圣胡利安和莱昂山地层之中，属于渐新世末期到中新世早期（在2800万—1600万年前沉积而成）。达尔文描述的在圣克鲁斯河口的部分，尤其被视为后人理解巴塔哥尼亚地质学的里程碑。

达尔文在圣菲平原北端采集的第三纪沉积物比较年轻，现被定义为巴拉那地层，溯至中新世中期，约1500万—1000万年前。这里的内陆海洋沉积物是大海最后一次大规模入侵南美大陆的关键证据，这次入侵构成的海域被称作巴拉那海。圣约瑟夫湾的化石的年代与其相似或更晚近，约在1200万—500万年前。

在智利这一边，纳维达地层今天成了南美第三纪中期海洋沉积物和化石的重要典型，尽管其准确年龄仍然是有争议的。有些研究者认为这个沉积层形成得非常晚，在约1000万—400万年之前，其中更早些时候的化石（如鲨鱼齿）都是旧沉积层重作的产物。另一些人认为这些沉积层及其化石属于中新世早期到中期（2300万—1200万年前）。来自智利奇洛埃岛附近的华佛岛的化石属于旧上新世，因此是最年轻的，约500万—300万年前。

第三纪化石为达尔文提供了一个惊人的示例，演示了赖尔的另一个重要原理。在这些地点（圣胡利安、圣克鲁斯、华佛岛和纳维达）中，浅水海洋物种沉积了245米或更深。这意味着海床在沉积期间也下降

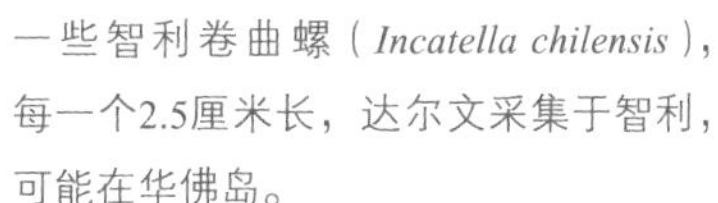

一些智利卷曲螺（*Incatella chilensis*），每一个2.5厘米长，达尔文采集于智利，可能在华佛岛。

了同样的深度，或者海平面上升了同样的高度。由于后者似乎不可能，那么仅就达尔文提出的后来隆起的证据，一定是在第三纪期间发生了大幅度的下降，这生动地描画了地壳运动之浮动性。

恐龙时代的化石

在达尔文第三纪地层（用今天的话说，大多是新生代的）之下是中生代，将二者隔开的是最著名的地质事件，即白垩纪晚期的大灭绝，恐龙、大部分菊石动物和许多其他群体自此绝迹。在“小猎犬号”第二次南美南端之行（总计三次）时，达尔文才首次发现了中生代化石。1834年2月，船从火地岛出发，跨过麦哲伦海峡，在不伦瑞克半岛停泊。2月6日，清晨四点，达尔文弃船出发，攀登海拔约800米的塔恩山，这是附近最高的山峰。在艰难地穿过浓密森林之后，他来到一片开阔地，最后到达峰顶。“强风刺骨，在任何情况下都不会有任何乐趣，”他在日记中写道，“但我好运当头，在顶峰附近的岩石中发现了一些贝壳。”发现并不多，但包含两种海洋腹足类化石的碎片和印迹，其中一个贝壳达尔文认定是腕足类，但在下山时弄丢了，还有一些棘皮类贝壳，他认为是海胆，但后来被认定为有茎秆的海百合（五角海百合属〔*Pentacrinites*〕）。而最重要的是被达尔文描述为“一种特殊的鹦鹉螺”的贝壳碎片。另一天，在两阵暴雨的间隙，达尔文在塔恩山以北15千米的法明港地区勘察，接近海滩海拔的地方露出了石板沉积物。其发现包括双壳贝、珊瑚碎片以及达尔文所说的鹦鹉螺的贝壳。

回到英国，三位软体动物专家似乎都参与了确认这些发现的工作。道尔比尼为塔恩山的贝壳命了名，索尔比为法明港的贝壳命了名，而福布斯则在给达尔文的信中表达了自己的看法。达尔文的“鹦鹉螺目”结果是菊石类动物；这两类动物都是头足类软体动物，是现代章鱼和乌贼的亲属，而大部分种都有螺旋状的外壳。

智利南部的塔恩山，达尔文穿过山下的灌木丛，沿着曲折小道爬上山，
采集了第一批南美菊石类化石。

鹦鹉螺目动物在古生代是最常见的，然后逐渐灭绝，尽管还有六种存活至今。菊石在中生代呈多样化，但在白垩纪结束时或结束后很短的时间里就绝迹了。鹦鹉螺和菊石中，活的动物占据贝壳最外层的最大房室，但有一缕纤维（体管）从外室延伸到其他房室以调解浮力。这两类动物的一个区别是，鹦鹉螺装有连室细管的管道从贝壳的中间穿过，菊石的管道则缠绕在壳的外层。

达尔文采自塔恩山和法明港的标本被认为是南美历史上最早的菊石。此外，他采集自法明港的两个标本都被证明是非凡物种。根据保存下来的直径约6厘米的部分，索尔比将其命名为椭圆勾角石，但现在被确认为柱形双菊石（*Diplomoceras cylindraceum*）。这些大菊石长度可达2米，或壳周长达4米，上有三个U形弯，看

白垩纪的一个海洋景观，包括一个2米长的回形针状的柱形双菊石。

达尔文采自塔恩山山顶的螺旋状菊石化石，图为其螺旋状外部螺纹的一部分。这个标本10厘米长，属于白垩纪晚期。

上去像一个巨型回形针。

塔恩山的菊石是一个非常不同的物种，道尔比尼认为与他曾经命名的一种欧洲菊石相同，即简单钩菊石（*Ancyloceras simplex*，外壳部分卷曲的菊石）。然而，近来对这个标本的检验表明这是一个稍微变形的不同属毛利菊石属（*Maorites*）的碎片，具有更典型的螺旋形，并且仅限于冈瓦纳大陆（见第112页）。菊石是对于追溯日期特别具有价值的化石，道尔比尼和福布斯都正确地把法明港和塔恩山的标本溯至白垩纪。现在认为这两种菊石都出自白垩纪晚期，7200万—6600万年前，恰好在菊石最后绝迹之前。

四个月后，1834年6月10日，“小猎犬号”穿过麦哲伦海峡，进入太平洋。接下来发生了一系列里程碑式的事件，使达尔文深刻地感受到地壳运动巨大的威力。1834年11月26日，“小猎犬号”停泊于智利海岸，达尔文从船上眺望安第斯山脉，看到了“奥索尔诺火山正喷出大量浓烟”。[1835年]1月19日，“小猎犬号”仍在附近，而奥索尔诺火山喷发了：“夜半，哨兵看到了大星星一样的东西，那发光体逐渐变大，到三点钟左右，一个非常壮观的场面出现了。用眼镜可以看见一种黑色的物体在一片刺眼的红光中不断被喷上天去，又落了下来。那光照在水面上，映出一道长长的光影。”

接下来是更具戏剧性的一个事件。1835年2月20日上午大约十一点，智利有史以来最严重的地震之一捣毁了康塞普西翁城。达尔文和菲茨罗伊都在各自的日记中栩栩如生地描述了这次事件。当时他们都在岸上，在地震爆发地以南约300千米的瓦尔迪维亚城，甚至在那里，达尔文也报告说“晃动极为明显”，“整个世界，那象征着一切坚固的东西的世界，就在脚下震动”。在后来的几个星期里，“小猎犬号”都在海上，菲茨罗伊报告说经常发生余震，就好像锚链已放到头但锚尚未触底时那样。

3月4日，“小猎犬号”停靠在康塞普西翁，次日，达尔文和菲茨罗伊进城。对达尔文来说，这是“我所见过的最可怕也最有意义的景象”：涵盖了他们目睹的痛苦与毁灭之间的张力，以及他们对地震本身的强烈兴趣。几乎没有一幢房屋是完好的，地震的影响又因一道巨浪而加重，这道比最高的自然海浪高出7米的大浪，称作海啸。“地震的振动一定是巨大的，”达尔文写信给亨斯洛说，因为“大地裂开了，坚实的岩石抖动了，1.8—3米厚的扶壁像饼干一样破碎了”。菲茨罗伊采访了当地居民，详细记下了大地隆起3米高的过程。对达尔文来说，由于用了两年时间记录以前的隆起的地质证据，二者的关联是明显的。他和赖尔都认为，地球坚实的地壳包裹着作为核心的熔岩，渐聚的压力导致火山爆发、地震，或二者同时发生。最终，甚至像安第斯这样巨大的山脉也可能是由地壳隆起与火山熔岩的喷发共同形成的。

几乎不到两个星期，达尔文就将看到地质隆起力量的生动的化石证据。他决心近距离地研究安第斯山脉的地质，于是去了圣地亚哥，准备徒步穿过山区。这次考察的前三天都在爬山，跨越了1.6千米厚的巨大的石膏岩和火山岩层。在皮乌肯尼斯山口之巅，海拔约4000米高的地方，达尔文惊奇地发现了海洋沉积岩，并在一个黑色石板沉积层发现了石化贝壳的遗骸，他因此极为高兴。由于空气稀薄，步行极为艰难，达尔文说“走路极其费力，呼吸越来越难”：这种状态当地人称为“普那”（高山症）。但是，“一发现最高山脊上的石化贝壳，我高兴得完全忘记了高山症。当地人都推荐吃洋葱以缓解高山症的不适……而对我来说，没有什么比石化贝壳更有效的了！”达尔文并不是第一个发现高原，乃至安第斯山脉有海洋生物遗骸的人。但是，要亲眼看看某物的这种科学心态的力量却不容低估。如达尔文自己后来所写：“以前在海底爬行的贝壳，现在则被抬高到将近4200米高的地方，这是一个古老的故事，但听上去同样精彩。”

皮乌肯尼斯山口给达尔文提供了他将永生难忘的另一幅图画。从山口回头远望，“眼前呈现的是一片辉煌景象。大气如此明媚清晰，天空湛蓝，山谷深邃，荒野断续，废墟迭起，岁月远逝，明亮多彩的岩石与寂静的雪山形成鲜明对照，共同描画了我从没想象过的一幅图景。……我为我独自一人感到高兴，就好比望着一场雷雨，或聆听伴着交响乐的弥撒曲合唱”。对于在南美的达尔文而言，就如同他之前的洪堡，对自然的科学发现以及对此发现的审美反应，完全交织在一起了。

安第斯山脉顶部的化石含有大量的海洋双壳动物卷嘴蛎（*Gryphaea*）的贝壳、其他双壳动物和腹足动物，一个可能的腕足动物，以及一些菊石的壳，其中有巨型品种。达尔文报告说，一片菊石贝壳“非常大，以至我根本拿不动，比我的胳膊还厚，尽管仅仅是一个小小的弯曲部分”。他采集了一些标本，但正如之后不久写信给亨斯洛所说，这个季节快结束了，有暴风雪的危险：“我不敢耽搁，否则会有更大丰收的。”然而，这些贝壳的重要性是毋庸置疑的：“我认为考察这些贝壳，并将其与欧洲地层相比较，将得出这些山脉的大致年代。”菊石的出现表明其年代比第三纪久远，但除此之外，达尔文在回英国之前未贸然猜测。“也许某位优秀的贝壳学家，”他写信给亨斯洛说，“将给出猜测，这些有机遗骸最像来自哪些欧洲地层。”这将知道安第斯山脉，起码是其部分山脉，最早从大海隆起的年代的下限。

达尔文的卷嘴蛎属现已换成鹰蛎属（*Aetostreon*），但仍属于同一个科。这些牡蛎的特点在于有两个非常不相等的贝壳：一个较大、弯曲、隆突并多瘤，因此得名“魔鬼的趾甲”；另一个小而平展，像是顶上的盖子（见第157页）。它们都是浅海动物，大而弯曲的那片贝壳挨着海床，上面的那片贝壳张开，以使生物滤食。道尔比尼向达尔文表示，通过将其与法国化石相比较，山顶化石属于早期白垩纪，这已被新近研究所证实，其年代距今约1.45亿—1.3亿年。

抵达门多萨之后，达尔文从另一个山口——乌斯帕亚塔返回，偶然遇到第三章所说的石化森林。在三个星期的空当内，达尔文不仅对安第斯山脉中部进行了第一次地质勘察，而且有幸实现了寻找化石的梦想。如他后来所写，“这是我最享受的一段时间”。

达尔文跨越安第斯山脉期间，“小猎犬号”第二次访问康塞普西翁，在海湾北部的托梅，船上助理外科医生威廉·肯特为达尔文采集了一些化石。这次，爱德华·福布斯抢先看到了这些标本，识别出道尔比尼以前在附近的丘里丘纳岛发现的三个物种（两个双壳动物和一个腹足动物）。他也为自己发现的两个物种命名：一个是菊石，另一个是鹦鹉螺；前者现在称作鞘状真杆菊石（*Eubaculites vagina*）。

这些都是奇异的菊石，有长达2米的矛状贝壳。它们可能生存于水体中部，以小的无脊椎动物为食。福布斯谈到了托梅化石与他研究的印度化石之间的相似性，相近的年代，达尔文表示赞同："就智利与印度之间遥远的距离而言，这个事实的确惊人。"

鹦鹉螺的标本包括卷曲状贝壳的六个碎片。在给达尔文的信中，福布斯颇为侠义地建议："我提议用道尔比尼命名，如果你不反对的话"；这仍然是其种名，现被归于阔厚角石属（*Eutrephoceras*），并根据现行命名规则纠正为道尔比尼阔厚角石（*Eutrephoceras dorbignyanum*）。道尔比尼写信给达尔文说，由于在托梅发现的双壳动物和腹足动物与他在丘里丘纳岛发现的相同，这些沉积物一定属于相同的地层，然而，尽管他认为这些是第三纪的，但是附加的菊石和鹦鹉螺意味着它属于更古老的白垩纪。这些推断已经由近代研究所证明：这两个地点的沉积物现在被称为丘里丘纳地层，溯至白垩纪晚期，约6800万—6600万年前。

从门多萨回来后不到三个星期，达尔文就开始了他最后一次跨南美的陆地考察，从瓦尔帕莱索出发，途经科金博，抵达科皮亚波。直线距离仅仅675千米，但达尔文与其向导却用了两个月的时间勘察该地区。他们许多天都在安第斯山脉西侧的低地山谷研究地质。主要的化石发现从科金博附近开始，那是5月21日，达尔文从那里出发，开始了一次为期五天的大山旅行。

在阿克罗斯银矿，一块石灰岩含有大量的卷嘴蛎和大牡蛎，达尔文在田野笔记中将其描写为"石化的管状珊瑚"，其各个部分几乎构成了整个石灰岩。道尔比尼后来把达尔文的珊瑚标本确定为智利马尾蛤（*Hippurites chilensis*），这是他基于来自阿克罗斯地区的非常破碎的物质所命名的一个物种。道尔比尼认为它是腕

左图 智利托梅的白垩纪晚期鞘状真杆菊石化石。这个标本包括两个有螺纹的管状贝壳的碎片。

下图 矛状菊石（*Eubaculites*）的复原图，可以长到2米长。

足类，但现在则被认为是双壳厚壳蛤类。

厚壳蛤是非凡的软体动物，是白垩纪的特点。在达尔文化石所属的厚壳蛤群中，主要的贝壳包括一个锥形管和构成顶盖的第二个壳。厚壳蛤单独或成群地附着于基质上，有时密集得曾让人以为它们就是今天的珊瑚礁。考虑到它们是南美的第一批厚壳蛤，其真实身份当时还不得而知，达尔文将其“锥形管”认作珊瑚也就不足为怪了。阿克罗斯遗骸的年代现在被认为是白垩纪中期，大约1.1亿年前。

达尔文然后深入克拉鲁河（流至科金博的埃尔基河的支流）河谷。他听说那里有丰富的贝壳沉积物。他没有失望：15—18米长的岩石“几乎都由数量庞大的、生有一大一小两瓣且具有条纹的壳体组成”，他认为这些贝壳是穿孔贝（*Terebratula*，一种腕足动物），在岩石中还有一些卷嘴蛎的碎片和一种菊石的外壳。福布斯后来确认那个普通的腕足类生物与道尔比尼的穿孔贝密切相关，穿孔贝即现在的奇异小嘴贝（*Rhynchonella aenigma*）；另一些大贝壳他认为是新种，现在被认定为具喙准石燕贝（*Spiriferina rostrate*）。

托梅的鹦鹉螺（道尔比尼阔厚角石），福布斯为纪念阿尔西德·道尔比尼而以其名字命名。直径5厘米，这个标本是年纪较轻的个体，较成熟个体的标本直径可达15厘米。

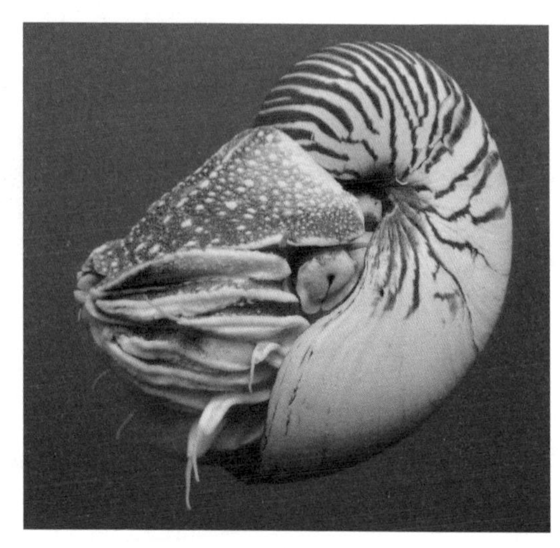

现生鹦鹉螺，曾经兴旺的一个群落的幸存者，浮游于海里几百米深处，它们是捕食动物、食腐动物。这个鹦鹉螺的眼睛和触须都清楚可见。

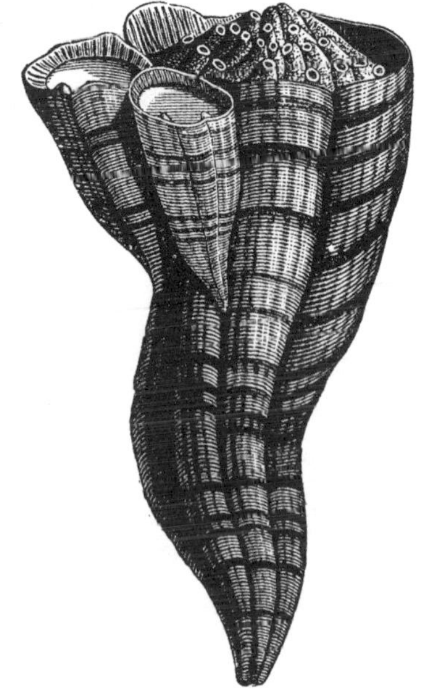

一连串厚壳蛤类贝壳，可以看见其典型的锥形外形和顶“盖”。厚壳蛤是双壳软体动物，但达尔文开始时将其识别为珊瑚。

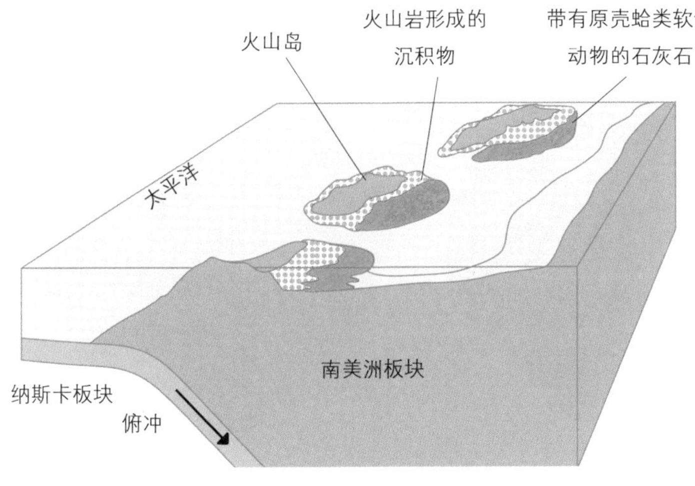

白垩纪晚期的安第斯山脉中部：火山群岛与近海动物群，与达尔文想象的隆起前的安第斯山脉非常相似。纳斯卡地壳构造板块（箭头）的潜沉迫使南美大陆板块上升。

腕足类动物是海洋无脊椎动物，人称“灯贝”，有两片铰接在一起的贝壳，表面上与双壳软体动物相像，但只是其远亲。它们的多样性和数量在古生代达到最大，但中生代依然存在，在今天约有400种。腕足类是独立的一门动物，与软体动物相区别，这在“小猎犬号”的时代尚不清楚。

在向科皮亚波进发途中，达尔文在瓜斯科（现在的瓦斯科）和巴耶纳尔发现了类似的腕足类动物，而在阿莫拉那斯，有人把他带到一个丰富的贝壳层。这里有大量的双壳动物卷嘴蛎，有些地方的“岩石几乎都是由它们构成的”。此外还有一个大腹足动物和一个菊石碎片。低一点的层含有“数千螺旋单壳动物（腹足动物）”。这则笔记不仅表明了达尔文描写了一系列化石层中的化石，而且将其作为他田野考察的关联工具，由腕足类，特别是卷嘴蛎推出结论：这里以及克拉鲁河的沉积物是同一年代的。福布斯后来以发现者之名命名了来自阿莫拉那斯的两个种：牡蛎（达尔文卷嘴蛎）和小的蛤蜊一样的双壳贝壳（达尔文阿施塔特贝〔*Astarte darwinii*〕）。达尔文在这个地区发现的许多化石现在都被认为属于侏罗纪。

在科皮亚波，他住在一个叫堂贝尼托·克鲁斯的人家里，入迷地听人们讨论

达尔文在一些地方发现的坚硬岩山上有小型腕足类动物奇异小嘴贝的贝壳。这些标本的直径为1—2厘米，来自智利瓦斯科的侏罗纪。

一个现生腕足类动物在打开壳门进食。与双壳软体动物不同，大多数腕足类动物都驻扎在海底，用壳内可见的卷曲过滤装置从海水中抽吸食物颗粒。

化石贝壳的性质:“不管它们是否真的是贝壳，或仅仅是自然的产物。”换言之，是岩石中偶然形成的。这些是与化石意义有关的问题，达尔文注意到这些问题在欧洲一百年前就解决了。

在科皮亚波休息了几天之后，由于“小猎犬号”还未抵达，达尔文便雇了另一个向导和几匹骡子，向东北部山区进发。在一个叫德斯坡布拉多（意为“无人烟之地”）的山谷，他发现了含有熟悉的腕足类动物和卷嘴蛎的石灰岩，第二天便攀登到达海拔约3000米高的地方，在那里，他患了“严重的高山症”，并在一个沙石岩层发现了同样的贝壳，再次确认与克拉鲁河谷的贝壳相同。终于，1835年7月12日，“小猎犬号”继续向北来到伊基克港，当时属于秘鲁，但现在属于智利。达尔文勘察了古安塔耶亚的银矿，在石灰岩沉积物中发现了双壳动物的石化贝壳，现在被确认为无齿蛤属（*Thyasira*）。他还发现了一个腕足类，后来福布斯称之为穿孔贝，还有一些可能是菊石的碎片。这是达尔文在南美发现的最后一批化石。

侏罗纪腕足类贝壳，后来被福布斯恰当地称为印加穿孔贝，达尔文采集于秘鲁。大的标本为5厘米长。

安第斯山脉的隆起

安第斯山脉的化石沉积层与火山岩密切相关。含有化石的海床的隆起和火山活动，如达尔文所认为的，是同时进行的。在一则田野日记中，他评论说："发现菊石时代的火山熔岩的形成是非常有意义的。"如上所述，后来在安第斯山脉也发现了第三纪的化石，所以，达尔文毫不怀疑安第斯山脉的山是在不同时期隆起的。我们目前的理解是，安第斯山脉的不同区域有不同的历史，达尔文研究的位于中央地区的科迪勒拉山系在白垩纪晚期开始隆起，大约在1亿—7000万年前。然而，其他部分的隆起都是后来发生的，在新生代晚期，约2000万—800万年前。

在1840年发表的一篇重要文章中，达尔文援引道："造成大陆隆起的一个巨大动力促成了作为副产品的山脉和火山的出现。"在确认单一潜在动力方面，达尔文大体是正确的，但是，他以为这动力是熔岩压力造成的，现在我们知道那是地球板块构造过程中大面积地壳的水平运动造成的。就南美的情况而言，太平洋下面的纳斯卡板块向东扩展，与南美板块相撞（见第153页示意图），并滑到它下面。正是这个潜沉过程使安第斯山脉隆起，导致地震频发，周边岩石的熔化导致火山爆发。事实上，南美大陆正在被双边挤压，因为大西洋的扩展也从东侧向它施压。其结果就是达尔文所观察到的大陆沿着整个南部海岸普遍隆起，在安第斯山脉边缘显著隆起。

然而，如赖尔所指出的，以及达尔文根据巴塔哥尼亚浅水中的厚沉积层所推断的，隆起的时期显然与下沉的时期是交替的。此前的中生代沉积物的形成也一定产生于相同的过程，因为福布斯此前告诉他的生活在浅水海域的动物，在安第斯山脉的深层岩石中保留下来了。

达尔文相信，下沉和隆起的力量是平衡的，所以，当"小猎犬号"从利马驶入太平洋时，他在思考该寻找哪些证据来说明海洋盆地在下沉，以弥补南美大陆近代的隆起。他在珊瑚岛找到了答案，这将在下一章中讨论。

at an elevation of 5000 feet & 45
leagues from the coast on the
Andes Dept. of Copiapo.

达尔文卷嘴蛎的典型标本，9厘米长，是一种被称为“魔鬼的趾甲”的双壳软体动物。右上图为达尔文的原标签。

世界上最古老的化石

比中生代更老的化石，即在现在所认为的古生代的岩石，在达尔文的时代几乎无人知晓。他在福克兰群岛的发现在这方面具有重大意义。如达尔文研究学者戈登·钱塞勒和约翰·范维尔所指出的，“这些化石的重要性怎么强调都不为过”。

1833年3月1日，“小猎犬号”驶入福克兰群岛，在南美南部锥形区以东约550千米处，并在那里停留了一个月左右。海军部给菲茨罗伊的指令包括勘察这个群岛，尤其是港口；第二次类似的勘察几乎恰好在一年以后。达尔文发现这个地方沉闷、“极端荒芜”，冰冷刺骨的风雨也没能改善这个印象，但他以非凡的决心执着于地质学和博物史，在这个群岛上做出了两个重大发现。第一个是类似狗的现生物种的变异，人称福克兰狐，使他得出了整个旅行期间最清晰的进化结论（见第198页）。第二个是当时已知的最古老的化石，年代上与欧洲的最古老标本相同。

两个星期的东福克兰岛地质考察之后，达尔文发现了相当均匀的板岩，却没有发现化石存在的迹象。他得出肯定的结论说，这些岩石如此古老，一定“属于在那类形成过程中没有生物与之共存的岩石”。用当时的术语说，它们是在世界上有生物生存之前形成的原生岩。1833年3月19日，在伯克利湾的路易斯港，他遇到了沙质板岩占多数的岩层，“有许多贝壳的印痕和形状……福克兰群岛的整个面貌……由于这次散步在我眼里发生了变化”。三天后，达尔文回到现场，采集了更多的标本。在《地质学日记》中，他写到，“我认为这是最古老的地层之一，甚至含有化石”，并以岩石的性质以及“生物遗骸的一般特性”作为理由。他将福克兰群岛的地质情况与老师亨斯洛发表的对安格尔西岛（位于北威尔士）的古代岩层的描述进行了仔细比较。几乎可以肯定的是，他也利用了他与亚当·塞奇威克1831年夏的北威尔士之行的亲身经验，那是在确定参与“小猎犬号”勘察之旅前不久（见第12页）。在1833年4月写给亨斯洛的一封信中，他提到了塞奇威克：“告诉他，我永远感激那次威尔士的短期旅行。”这也不是偶然的。

福克兰化石本身大多是腕足类。达尔文将其标识为穿孔贝，它属于一种拥有大量化石的现生腕足属。他还认识到福克兰贝壳一定属于几个不同的物种，他写道：“这些贝壳都属于穿孔贝及其亚属。”

还有腕足类，达尔文也正确地将其确定为海百合的破碎茎秆（即他所说的内孔海百合），并说他听闻有人发现过“花一样的头”。海百合与腕足类动物一样，作为其丰富而多样之前身的影子幸存至今，已知尚存80种左右，大部分居于深海沟渠。其巅峰时期是古生代，但在中生代也常见。它们是海星的亲戚，靠茎秆依附于基质上，其顶端承载的身体有5—10个羽毛状触手以捕捉可食粒子。与之密切相关的是海羽星，海羽星没有茎秆，活动性更强。它们一起构成了海百合类。

达尔文认识到，福克兰化石中有许多实际上并不是动物贝壳，甚或不是取代它们的矿物质，而是贝壳在岩石周围石化时留下的印痕，之后贝壳就溶解了。然而，内部和外部表面留下的模子却是原生物的逼真复制，其中许多呈锈色，在暗

一只活的带茎的海百合类生物，其茎依附于海床。羽毛状的枝叶捕捉食物，再将食物传到在中央部位的口中。

褐色的岩石中非常突出。达尔文用酸处理这些遗骸，证实了原生的碳酸盐矿物缺失，但不知道是如何缺失的。

在达尔文及其同时代的人看来，这些遗骸代表着地球上的一些最古老的生命，这些岩石属于“原始”期之后的“过渡”期。对于做田野勘察时的达尔文，其意义就很清楚了，他在日记中写道：“把这些化石与欧洲相同时代的化石相比较，将非常有趣，比比看这些物种在多大程度上是相同的。”

达尔文寄回国的下批邮件中就包含这些宝贵的化石岩，一年后又乘“小猎犬号”回到东福克兰采集了更多的标本。然而，有些标本是采自西福克兰的，并且不是达尔文自己采集的。在1834年的《地质学日记》中，达尔文承认：“在‘冒险号’之旅中，肯特先生好心地在西岛为我采集了一些标本。”“冒险号”是菲茨罗伊为加强勘察工作而购买的船，指定“小猎犬号”的大副约翰·威克姆指挥，而肯特先生则是助理外科医生。几年后，当“小猎犬号”的中尉巴塞洛缪·沙利文于1844—1845年间作为H. M. S.“夜莺号”的指挥官访问福克兰时，他为达尔文的勘察做出了另一个重要贡献：在桑德斯岛为达尔文采集了几种化石。这是西福克兰岛附近的一个小岛。那里的沉积物与达尔文在圣路易遇到的属同一地层和年代。

回到英国不久，达尔文把这些福克兰化石拿给著名的地质学家罗德里克·麦奇生看，麦奇生宣布岩石及其内含的化石都与威尔士边界的卡拉多克砂岩中的化石极为相似，二者几乎无法区分。卡拉多克砂岩当时被确认为属于志留纪早期，是麦奇生本人确认的一个重要的地质年代的间隙，两年前才得以命名（今天被确认为属于更早的奥陶纪）。达尔文似乎还把这些化石展示给詹姆斯·德卡尔·索尔比（软体动物专家乔治·索尔比的叔叔），他和麦奇生一致认为这些化石“绝对属于古志留纪系”，甚至有些与欧洲发现的物种相同。后来，麦奇生修正了年代估算，认为福克兰化石是志留纪晚期或泥盆纪（志留纪后的时期）。现在人们普遍认为它们属于泥盆纪早期，约四亿年前。

然而，对这些物质的正式研究分配给了约翰·莫里斯和丹尼尔·夏普，当时的主要古生物学家，他们从这些标本中确认出至少八种腕足类，其中五种至今仍被认为是准确的。按照大小排序，从大约2厘米到9厘米，有些在岩石上被压平后，其脊背精细，形状大体为半圆，例如帅尔文贝；另外一些则身体较宽，呈扇形，有较粗糙的棱纹，例如霍金斯澳大利亚石燕。

福克兰岛含有腕足类贝壳的沙石。一种（标着C）是沙利文直角石，现在称沙利文帅尔文贝（*Schellwienella sulivani*），以巴塞洛缪·沙利文名字命名；另一种（标着b）是扇形的霍金斯石燕，现在称作澳大利亚石燕（*Australospirifer hawkinsi*）。这些达尔文标本被归入"皇家腕足类"，因为它们都曾被展示给维多利亚女王。

与对新的腕足类物种一样，莫里斯和夏普还顺便提及这些岩石中含有海百合茎秆和"某种三叶虫的碎片"。达尔文在《研究日记》中提到了后者，认为是"一种三叶虫脑叶的模糊印痕"。但是，它仍然是这次航行中采集的唯一一块古生代节肢动物的化石。在主要含有腕足类动物的一块石板内，其脊状结构也与腕足类动物的相似，是一只三叶虫尾部的一部分，这类三叶虫现在被称作卡尔蒙三叶虫（Calmoniids）。这些都是海底生物，眼力极好，可能以捕食或觅食海洋无脊椎动物为生。卡尔蒙三叶虫的四个种继而被认定存在于达尔文采集的福克兰岩石中；他的标本从其形状而被认定是贝恩虫属（*Bainella*）下的两个种之一。它们是大三叶虫，活着时约13厘米长。

达尔文关于福克兰化石的田野描述中与珊瑚有关的部分有些费解、神秘。《地质学日记》中有一则谈到了1834年3月他的回访，在路易斯港附近的约翰逊海港的沉积层，其中一个区域“有无数石堆，看起来是由珊瑚构成的，比如柳珊瑚”（*Gorgonia*）。达尔文用这个名称指有枝丫的软体珊瑚，人称“海扇”。他解释说，它们“如此之多以至于整个岩石都由它们所构成”，然而，今天达尔文的福克兰藏品中却没有这种珊瑚标本，实际上在他采集的富有化石的沉积物（现在叫作狐湾地层）中也没有。2015年，这个谜团得以解开，研究者们将达尔文田野标本的号码与剑桥塞奇威克博物馆的标本标签进行了比较，发现他们所讨论的标本不是珊瑚，而是海百合触手的碎片。

一如以往，达尔文在考虑这些发现时想的是更大的画面。地质学家们认为来自世界不同地区的化石的年代越久远，彼此就越相像；地区差异是现代现象。1846年，达尔文参照他的福克兰化石就这个问题做了说明，当时，已经发现这些化石不同于欧洲的志留纪和泥盆纪沉积物中的化石物种。他承认全球古代动物群是普遍相像的，同时指出现今许多海洋物种也分布广泛，因此，他得出结论，越是久远分布就越广的说法“必须大加修改”。

莫里斯和夏普关于达尔文福克兰化石的叙述中，有一段显然是有关演变（进化）的精彩论述。他们写道：“达尔文先生宝贵的研究也向我们揭示，在同一时代，南半球某些部分的现存条件有利于腕足科其他种的发展，这些种与成为北欧古生代岩石特点的种几乎（也即紧密地）相关。”环境条件有利于与其他种属紧密相关的种属发展吗？难以想象会有比这更明显的关于演变的暗示了。这是“达尔文先生宝贵的研究”给他们的启示，这意味着达尔文已经感到能够与莫里斯和夏普讨论他的演变主义倾向了，意味着出现了可以接受这个想法的人。

达尔文也发现福克兰化石反映了全球气候的变化。在福克兰群岛时，他就提

泥盆纪场景，展示的是海神虫属（*Walliserops*）三叶虫与达尔文在福克兰砂岩中找到的那种三叶虫相关。

贝恩虫属三叶虫尾巴的印迹，出自达尔文在东福克兰采集的海百合砂岩。尾尖在框的左边。腕足类动物的印痕也见于这块石板条。框的宽度是2.5厘米。

出海百合和其他化石可能表明一种比今天更暖的气候。后来，他重谈这个话题，指出与福克兰化石相似的英国化石也与表明一种热带气候的其他化石相关，他下结论说，当时世界的大部分地区都经历了温暖气候。

最后一个意想不到的转折是，人们最终发现福克兰群岛的泥盆纪岩石及其中的化石比之南美的，与南非的化石有更多相同之处，达尔文的几种化石在南非也发现了。这种状况可以用大陆漂移得来解释，因为现已证明福克兰群岛曾经临近非洲南部的东海岸，从那个位置，这些岛旋转180°到了现在的地点。

当非洲和南美在古生代相互连接之时，它们也通过南极洲而与印度和澳大利亚相连，形成了冈瓦纳超大陆（见第112页）。在塔斯马尼亚，达尔文发现了更多的冈瓦纳时期的化石，尽管都晚于福克兰化石。1836年2月在该岛东南部山区的山麓丘陵探索时，他看到了“含有无数小珊瑚和一些贝壳”的岩层。其中就有腕足类动物、扇贝和牡蛎（双壳动物）。许多是以模子的形式呈现的，另一些是“漂亮的硅化石”。大多数标本都是达尔文自己采集的；有一些，如来自休恩河等内地的一些标本，都是测绘局局长乔治·弗兰克兰给他的。

塔斯马尼亚贝壳都交给了乔治·索尔比，经研究确认了六种腕足类，都是新物种，分两个属（长身贝〔*Producta*〕和石燕）。此外，还有各种珊瑚。珊瑚类化石的专家威廉·朗斯代尔认为它们分为三个属六个种。塔斯马尼亚的所有“珊瑚”现在都被确认是苔藓虫类；到了19世纪30年代才弄明白这两类根本不同。然而，专家们认识到这些化石都相似于“欧洲的志留纪、泥盆纪和石炭纪的岩层……毫无疑问都具有古生代的特点”。

达尔文采集的塔斯马尼亚沉积物现在都被归于二叠纪，即古生代的最后一个时期，在2.52亿—2.29亿年之前。比如，在玛利亚岛，即塔斯马尼亚西海岸的一个小岛，达尔文发现了“几乎由双壳动物肢体构成的石灰岩”，这个沉积层现在被称作达灵顿石灰岩，以其丰富的冈瓦纳扇贝宽铰蛤（*Eurydesma*）著称。二叠纪直到1841年才因为俄罗斯的一块裸露岩石被命名，因此，达尔文的合作者们的结论，

东福克兰岛的海百合。起脊的管状部分（上部）是茎秆，较薄和平展的部分是触手，包括触手的碎片（底部中央），正是这些使达尔文认为它们是珊瑚。

即塔斯马尼亚化石属于古生代，是足够合理的。

达尔文的苔藓虫类化石现已丢失，但从图示和朗斯代尔的描述来看，其中几种是窗格苔藓虫，即构成扇状栖居地的苔藓虫，这种栖居地通过钩住岩层底层而直立于水中。其他种属，如狭管苔虫，则构成更像树桩的枝杈栖居地。

腕足类也都是二叠纪物种，其中许多主要或仅仅存在于澳大利亚。在达尔文收藏中的两个保留区内，已被确认的属不少于六个。这两个区还包括一个腹足类软体动物，以及海百合和介形虫（一种微小的甲壳动物）的碎片。

曾与丹尼尔·夏普一起为达尔文的福克兰腕足动物命名的约翰·莫里斯也检

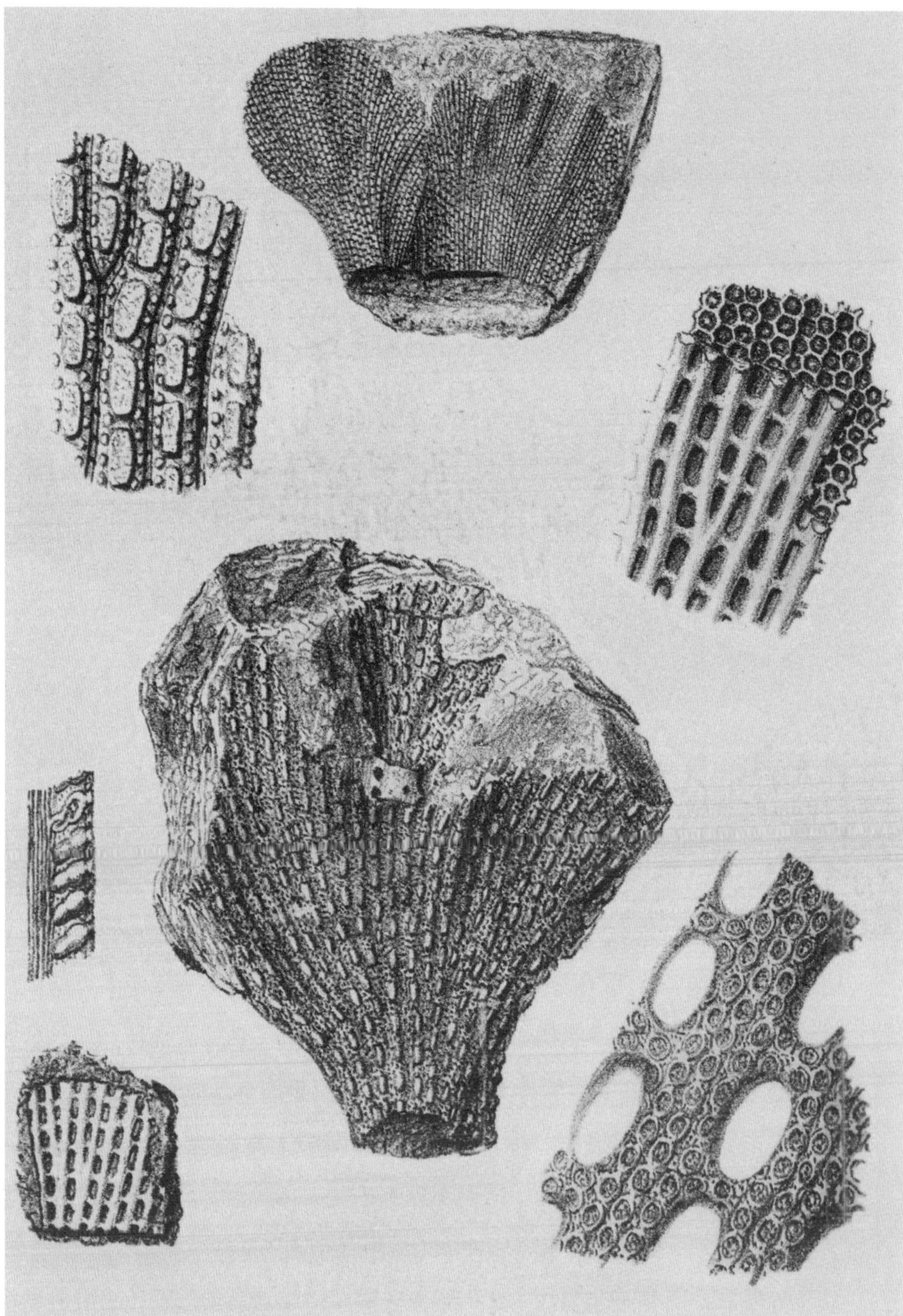

达尔文采集的塔斯马尼亚二叠纪腕足类贝壳模子。左图是3厘米的泰拉贝（*Terrakea*，一种腕足动物）贝壳；右图是14厘米的大扇形蝙蝠石燕贝壳（*Spirifer vespertilio*），旁边是英格拉石燕属（*Ingelarella*）贝壳和里哈列夫贝（*Licharewia*）的碎片。

左页图　达尔文的塔斯马尼亚二叠纪苔藓虫化石。上方和左上方是小窝窗格苔藓虫（*Fenestella fossula*）及其特写；右上方是海果莲半苔藓虫（*Hemitrypa sexangula*）的特写；下方是宽管龙胆多管苔藓虫（*Parapolypora ampla*）及其三个特写。其中小窝窗格苔藓虫高4厘米，宽管龙胆多管苔藓虫高11厘米。

验了他的塔斯马尼亚收藏，以帮助确认探险者和地质学家保罗·埃德蒙·德·斯切莱茨基采集的化石。从斯切莱茨基的化石中，莫里斯命名了一个新种，即达尔文石燕（*Spirifer darwinii*），并评论说："我把这个物种题献给达尔文先生，他为物理地质学和自然史的发展做出了重要贡献。"

第五章

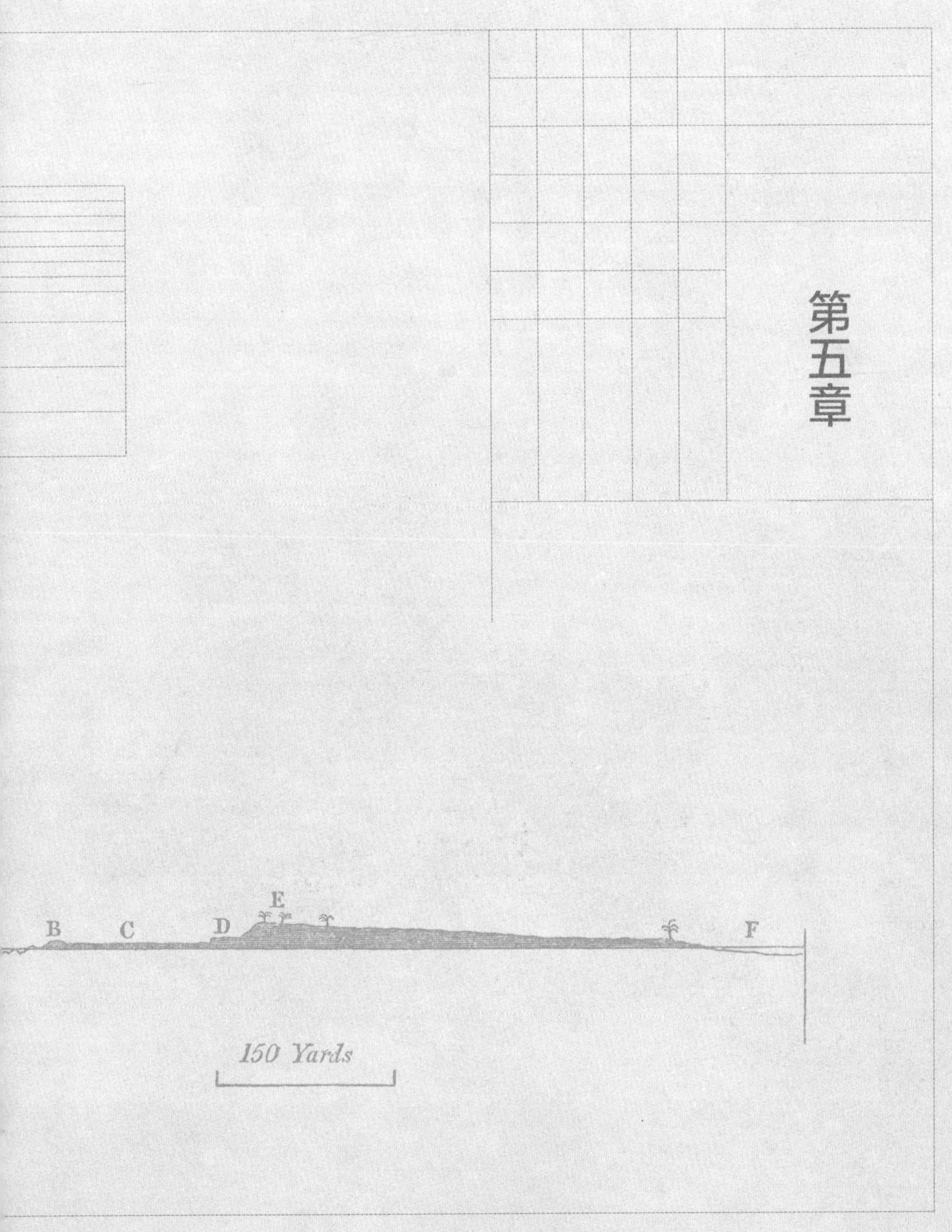

第五章
珊瑚岛

珊瑚礁的性质和形成是19世纪初备受争议的主题，但达尔文在“小猎犬号”之旅中对这一问题做出了重大贡献。礁石主要是由无数微小动物的栖居地构建的，与水母和海葵相关，它们产生坚硬的石灰石外骨骼以支撑和保护自身。位于陆地附近之浅海海底的礁石叫作岸礁（达尔文创造的一个术语）。堡礁有较大的结构，位于离海岸较远的深海。这两种礁石都可见于大陆地块沿岸以及海岛周围。第三种，即环礁，是位于中部深

左页图 构成珊瑚礁的盔形珊瑚（*Galaxea*）的珊瑚虫。达尔文惊诧于“由各种微小又柔软的动物堆积构成的石头山”。每个珊瑚虫的直径约5毫米。

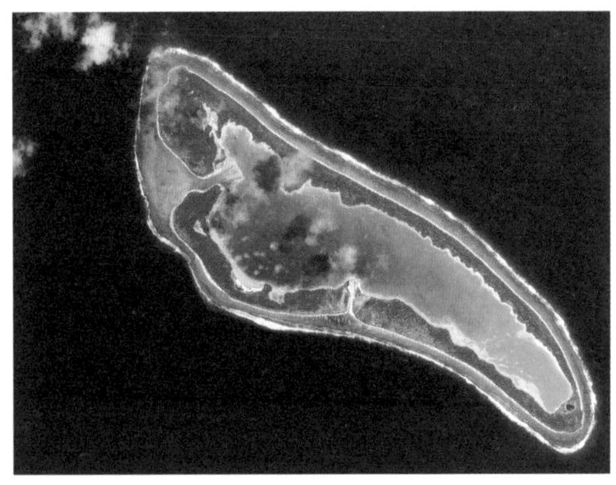

右图 一个典型的珊瑚环礁，海中央的一片环形陆地，白浪拍击着礁的外环，里面是相对平静的浅水潟湖。这些结构之由来仍然是个谜。

海的环状珊瑚岛或群岛。

环礁的由来尤其令人着迷。法国博物学家约瑟夫·盖马尔和让·夸在1825年就展示了构成礁石的生物只生存于相对较浅的水域，所以，到达尔文勘察之时，普遍接受的观点是，环礁位于水下山脉或水下火山上。在1832年出版的《地质学原理》第二卷中，查尔斯·赖尔推广了首先由英国航海家威廉·比奇提出的理论，即许多环礁呈圆形或卵形是由于它们位于水下死火山的边缘。作为环礁特点的内部浅水潟湖就覆盖在火山口上。

尽管对赖尔的研究大加赞赏，但达尔文认为环礁的火山口理论是一个“可怕的假设”，这有几个理由。第一，有些环礁太大，因此无法反映火山口：达尔文举了几个100千米宽的环礁的例子；第二，在许多情况下，环礁形状并不规则，绝不是火山口典型的圆形或椭圆形；第三，而且更加严谨的是，达尔文意识到如果如此众多的遍布各片海洋的水下火山都在大约同一高度停止发展，以便把构建礁石的微生物置于它们所能容忍的狭窄的浅海，那真是一个天大的偶合。

于是需要一个不同的假设，这个假设来自达尔文在南美西海岸的观察（见第四章）。达尔文确信大陆的大幅度隆起，如他亲眼所见的安第斯山脉的惊人例子，一定伴有别处的下降，几乎可以肯定下降发生在海洋里。在这一点上，达尔文是在步赖尔的后尘，但是，这使他对珊瑚环礁的起源有了一个激进的解释。许多火山岛都在海洋里，达尔文在旅行期间研究了几座。一座新形成的火山，构成了一座海洋岛屿，然后变成死火山，岸礁将沿海岸生长，就像许多例子所反映的那样。但是，如果海床开始下沉，火山也会下沉，附着于侧面的珊瑚也会逐渐坠于深水之中。然而，如果下沉非常缓慢，珊瑚微生物通过向上构筑石灰石基础，就能跟上水上涨的速度，从而继续待在它们喜爱的浅水地带。与此同时，随着新出现的火山山峰逐渐变小，从基础垂直上升的珊瑚礁石就会离岸边越来越远：岸礁就成了堡礁。最后，随着火山峰降至水平面以下，珊瑚继续向上生长，剩下的部分看上去就是一个环状岛屿，其形状反映的是下沉火山的前海岸线（而不是火山口边

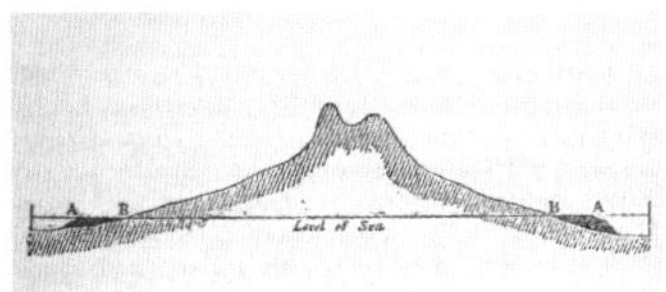

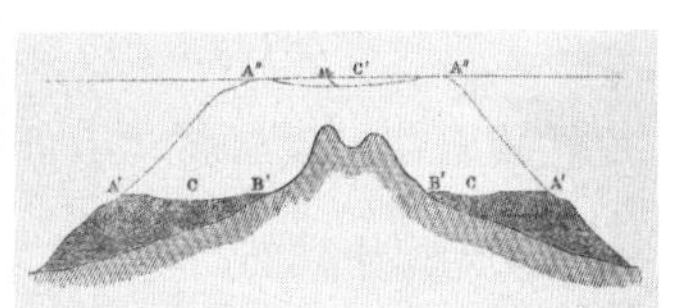

达尔文的环礁构成理论。从左到右依次表示岸礁（A）在海洋火山侧面生长；随着火山下沉，珊瑚向上生长，构成了堡礁（A'）；火山下沉到海平面以下，进一步生长的珊瑚构成了环礁（A''）。

缘）：环礁就这样形成了。

晚年的达尔文说他是在南美期间构思其珊瑚理论之核心的。他说那是用“演绎精神”思考的结果，因为那时他还未曾见到珊瑚礁。1835年写于智利的笔记仅含有对这个主题的零碎、含糊的评论，这使几个学者对达尔文关于这一点的记忆产生疑问。然而，毫无疑问的是，随着“小猎犬号”跨越太平洋，他已经在深入思考这个问题了，并且期待他的太平洋和印度洋之行能给出答案，因为世界上大多数环礁都在这两个大洋里。

跨越太平洋

1835年9月抵达的第一个港口是加拉帕戈斯群岛，这里有许多达尔文感兴趣的东西，包括火山沉积层中的几种化石贝壳，但他没有看见珊瑚礁。当时人们所知的珊瑚礁大体分布在热带，极少有分布于北纬30°以北、南纬30°以南的。然而，加拉帕戈斯群岛横跨赤道，可为什么没有珊瑚礁呢？达尔文感谢船长菲茨罗伊给出了答案：群岛周围的水温太低。后续研究证明大多数构筑礁石的珊瑚动物都要求水温至少在15℃，所以这个地方就大致被排除了，因为冷洋流经南美西海岸向上，包裹着加拉帕戈斯群岛。只有在海洋温度比主岛高出几度的最北端岛，珊瑚礁才繁荣生长，但“小猎犬号”并未到访那里。这座岛后来被命名为达尔文岛，是完全出于偶然。

当“小猎犬号”跨越太平洋时，达尔文第一次看到一座珊瑚环礁，当时被称为潟湖岛。1835年11月，船途经低群岛，也就是现在的土阿莫土群岛和法属波利尼西亚的一部分。登上桅顶，达尔文看到一段“漫长的、雪白的海滩”，“环内宽阔又平静的水面”与周围的海浪构成了惊人的对比。

有堡礁环绕的莫雷阿岛。达尔文从塔希提岛看到了这座岛屿，为其与环礁的相似性而惊倒。

几天后，“小猎犬号”抵达塔希提岛，在那儿逗留了12天。达尔文亲眼见到一座多山的岛屿，其周边大多由堡礁所环绕。在礁石与海岸之间是“一片平静的水面，仿佛湖面”。当达尔文登上其中一个峰顶时，决定性的时刻到来了，邻近的莫雷阿岛（当时叫作埃梅奥岛）清晰在目。如在塔希提岛一样，莫雷阿岛上的山脉从一片平静的潟湖升起，被一条珊瑚礁带环绕着。达尔文惊奇地发现，环礁的礁石和潟湖与带有岸礁或堡礁的火山岛的礁石和潟湖之间没有本质的区别。“将中央的群山移除，”他写道，“那就剩下一座潟湖岛了。”达尔文不仅解释了环礁的起源，还以此展示了岸礁、堡礁和环礁乃是一系列变化中的不同阶段。

在塔希提岛勘察期间，达尔文雇用一只独木舟去观察潟湖里生长的微小珊瑚。他没有到达礁石的边缘，但当地人告诉他大量珊瑚生长在海洋一侧，还有暴风雨如何撕裂礁石的主干，将它们卷入内陆的情景。他们进而解释说，这些珊瑚与长在平静的潟湖里的种类完全不同。达尔文还研究了他能在“小猎犬号”图书馆中查到的所有关于珊瑚岛的出版物和地图。他现在已经掌握了足够的信息来充实他的理论，在“小猎犬号”从塔希提岛驶向新西兰途中，他写出一篇22页的文章，第一次详细论述了一个理论问题。

由于已经思考过塔希提岛的堡礁和土阿莫土群岛的环礁可能会是一系列发展的不同阶段，当1835年12月3日船途经威图塔克岛（现在是库克群岛的一部分）时，达尔文亲眼看见了一个明显属于中间的阶段：中央的多山岛（如塔希提岛）被一圈礁石环绕着，但这些礁石已经“转变为狭长地带”，“沙石和珊瑚岩堆积在已死的前礁石上”（如环礁）。他说，这是“两种现有结构的结合”。

科科斯（基灵）群岛

1836年3月“小猎犬号”离开澳大利亚开始跨越印度洋，在现在的科科斯（基

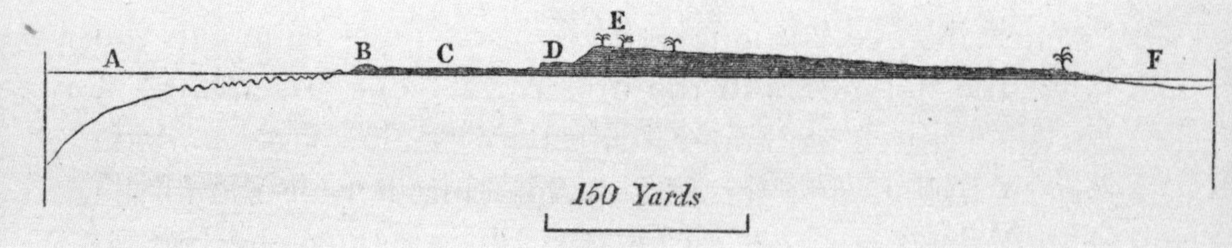

达尔文以一系列横切面为基础绘制的关于科科斯（基灵）群岛环礁的理想剖面图。海洋在A侧，内部潟湖在F侧。

灵）群岛停留了12天，达尔文检验其观点的机会来了。这位年轻的博物学家和船上的人在群岛之主岛——科科斯（基灵）环礁上紧张地工作着，这最清楚不过地体现了整个航行过程中他们兴趣一致的时刻。菲茨罗伊，几乎与达尔文一样，非常了解周围环礁的科学意义。此外，他们的研究还有一个明显的实用目的，那些潟湖为大海上的船只提供了喘息的地点。但珊瑚岩在海浪上或海浪下几乎看不到的地方，所以也导致了许多航海事故发生，船会搁浅或触礁。菲茨罗伊在航行开始所收到的海军部的指令中就含有研究某一或更多环礁之详细结构的内容。海军部还建议尽可能在科科斯（基灵）群岛停留以便准确测出各岛位置，尽管这意味着“小猎犬号”将途经澳大利亚北部而进入印度洋。结果，它驶向澳大利亚南部，而科科斯（基灵）群岛便成为向北的一次重要迂回。据说达尔文本人影响了菲茨罗伊造访科科斯（基灵）群岛的决定。

“小猎犬号”于1836年4月1日抵达科科斯（基灵）群岛，其主岛是一个马蹄形环礁，长约16千米，包括环绕着一个浅潟湖的24座小岛。“小猎犬号”就停靠在潟湖边，许多船员纷纷去勘察环礁，达尔文则着手研究其结构。他仔细观察了至少两个小岛，并从勘察环礁的其他船员那里收集了关于别的小岛的宝贵信息，尤其是从巴塞洛缪·沙利文那里。达尔文的方法是建构现在所说的横切面：沿着一条直线进行等距离的系列观察，在这个情况中是从海洋到潟湖。就这一点而言，他在科科斯（基灵）群岛上的工作被认为是具有开创性的。在这个过程中，他收集了一系列标本，显示出从活珊瑚到构成岛屿的石灰岩的转变过程，这有利于他关于环礁之形成和结构理论的发展。

由于决心勘察礁岛与海水接触的外部边缘，达尔文“借助一块跳板……进入远处的浅滩”（见第176页图中A到B横切面）。这次，就像在许多其他田野调查中，他完全可能有仆人西姆斯·科温顿的陪同。这里，他们看到了几种活珊瑚，呈现为三种主要成长形态（见下页）。他们从每一种珊瑚上都砍下碎块带回国。达尔文记载了礁石正在生长的边缘的两个重要特征：首先，珊瑚对暴露在空气中非常敏感，在一些大块礁石的顶部表面，有些珊瑚因在低潮时意外暴露在空气中而死，而生长在边缘的则都是活的；其次，几个地方的珊瑚的成长形态使他确信，礁石是向海延伸的，当礁石垂直向上延伸到极致后，便向海延伸。

把珊瑚已死部分包上外壳的东西正是达尔文所说的光面珊瑚或珊瑚藻，现在

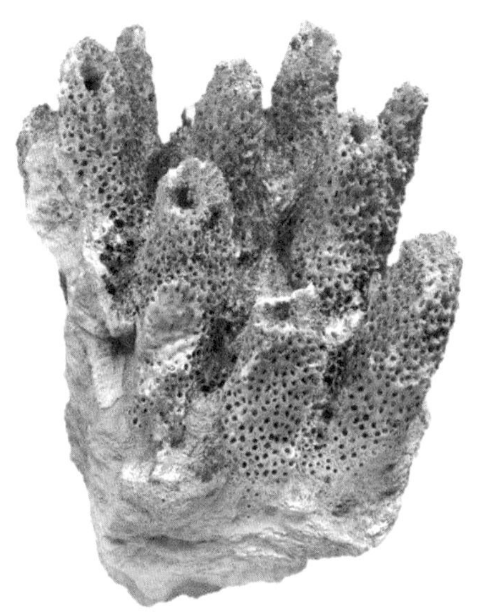

达尔文在科科斯（基灵）环礁采集的死鹿角珊瑚碎片，展示了它受腐蚀的阶段。左图为12厘米长的标本，带有部分完好无损的原柱。下图为10厘米长的进一步被蚀化的标本，只剩余柱的基础部分。

下图 达尔文采集的9厘米长的样本，源自科科斯（基灵）环礁的现生微孔珊瑚属（*Porites*），那群珊瑚呈一个大圆块，从一边到另一边为2.5米长。

右图 微孔珊瑚属石灰质骨骼的特写。每个有1毫米深的凹陷，人称珊瑚石，里面都住着单体活珊瑚虫。

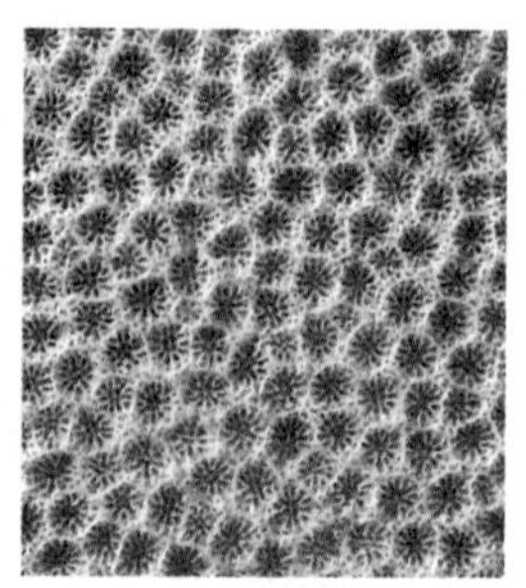

右图 达尔文采集的20厘米长的珊瑚样本，来自科科斯（基灵）环礁的枝丫状的鹿角珊瑚（*Acropora*）。他将其标识为石珊瑚（*Madrepora*），当时人们用这个名称表示这种以及相关的珊瑚属。

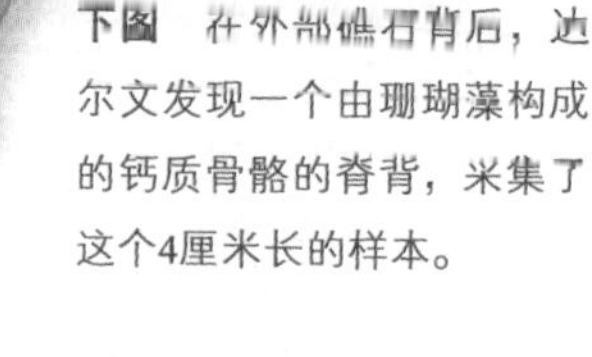

下图 在外部礁石背后，达尔文发现一个由珊瑚藻构成的钙质骨骼的脊背，采集了这个4厘米长的样本。

上图 来自科科斯（基灵）环礁的一个12厘米长的活珊瑚样本，这次是由厚厚的连接交叉的石板构成，达尔文准确地认定这是千孔珊瑚属（*Millepora*）的一个种。

称作钙藻。这些都是原始植物，属于红藻种，其细胞壁中的钙质沉积物使其硬化，是珊瑚礁成长的重要推动者。按达尔文的记载，它们是粉红色的，比珊瑚本身更能承受暴露，在礁缘后建起1米高的堤坝，只在高潮时才被海潮淹没（见第176页图中横切面B）。达尔文发现活的珊瑚藻下的礁石异常坚硬，需要用镐敲、凿子凿"才能获得一个碎片，并高度怀疑那是石化的珊瑚藻"。

往后，藻脊后面没有珊瑚或珊瑚藻生长，除了偶尔出现的孔洞或沟渠中。相反，一块相当平坦坚硬的珊瑚岩底暴露了出来，约90—275米宽，"我只能用凿子艰难地从岩石的表面刮下几个石片"（见第176页图中横切面C）。往内陆走，表面隆起几英尺高（见第176页图中截面D），显然是由珊瑚的碎片和碎块，以及其他动物的坚硬部分累积凝固在一起的，如软体动物的贝壳和海胆的刺。再往内陆走，岛上最高地区（见第176页图中截面E）是由一块块珊瑚构成的，有些已被潮水磨圆，并不同程度地凝固在一起，这一地区还有大量的珊瑚沙。

礁岩标本（他将其命名为"珊瑚岩"），达尔文采集于科科斯（基灵）环礁。左图为9厘米长的样本，显示了凝固在一起的珊瑚碎片、软体动物贝壳和其他海洋生物的坚硬部分。右图为8厘米长的样本，通过把骨骼矿物质溶解再重新晶化成坚硬的块体而抹除原有机结构。较黑的上表面可能是礁石的原表面。

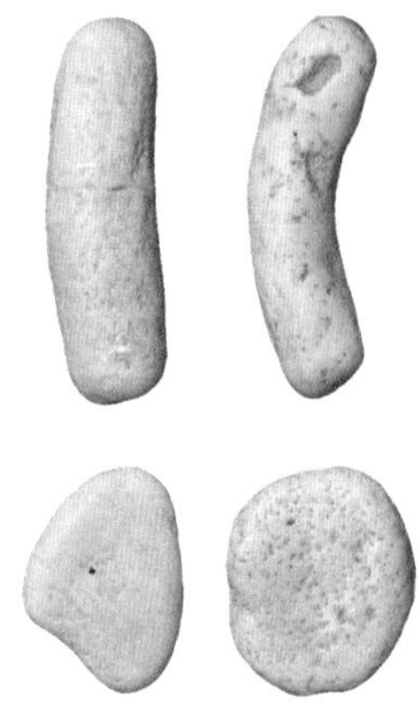

珊瑚碎块，3—7厘米长，被海水运动磨成卵石，达尔文采集于科科斯（基灵）环礁。他预言这些石块将凝固成聚合物。

达尔文采集了一系列标本，从变化相对较小的、可以识别的珊瑚碎片，到被潮汐活动折断的分叉。有些标本保留了原有的精细结构，另一些则经历了不同程度的石化，甚至到了“肉眼不可能发现其有机结构的任何踪迹”的程度。换言之，它们展示了石化过程中的不同阶段。

对达尔文来说，所有这些物质的起源都是清楚的。新鲜珊瑚的碎块散布于礁石平面上，有时也见于内陆深处。它们一定出自外礁，被海水活动打碎，再“被狂风、重浪或春潮抛起”至别处。该岛的英裔居民利斯克先生告诉达尔文，碎片内包含的贝壳是生活在海边的软体动物物种。累积的残骸，如达尔文所观察到的，后来

20世纪70年代科科斯（基灵）环礁的海滩，散布着从外礁抛上海滩的珊瑚碎片。达尔文确认这些是筑成小岛的礁岩和聚合物的来源。

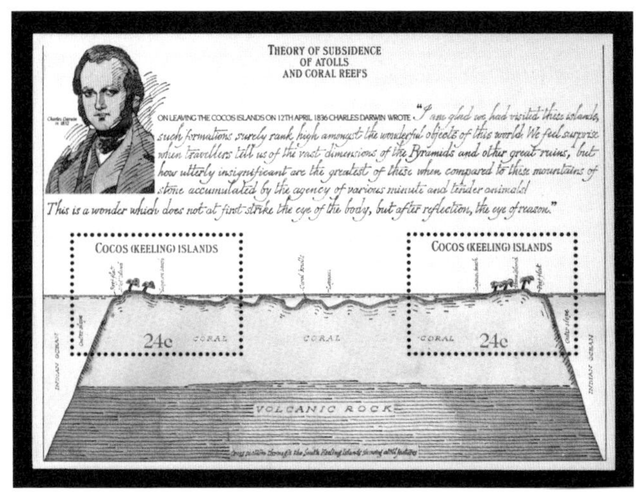

1981年科科斯（基灵）群岛发行的小型张，展示的是“茶托状”环礁。上面是达尔文于1836年写的一段话，第一句话是：“我很高兴我们到访过这些岛……”

被渗水中析出的碳酸钙凝固在一起。甚至在礁石平面上，达尔文也看到了近代珊瑚楔进岩缝的碎片，预见到它们最终会凝固在一起，被潮汐磨平。他还提出，较精细的珊瑚沉积物构成了岛上的海滩和山丘，这些精细沉积物可能是鱼（比如鹦嘴鱼）用其硬喙刮擦珊瑚藻并将其作为沙石排出的结果。达尔文将这个观点归功于船长菲茨罗伊，最后这个观点也得到了证实。

样带上的最后阶段是潟湖（见第176页图中横切面F），那里生长着一种非常不同的珊瑚。达尔文至少记录了六种不同的活种，它们都是“优雅、较为开放的枝杈结构”，但都脆弱柔软，没有像外礁那样被严重钙化。

整体而言，他的观察表明环礁是茶托状的，但他对此的解释却没有依赖其位于火山口边缘的理论。他确证了德国博物学家约翰·埃施朔尔茨的说法，即筑礁珊瑚和珊瑚藻在营养和氧气充足的海水里生长得最旺盛，它们构成了“茶托”的外围。此外，达尔文猜想，每次陆地下沉一点，“海滩附近的外围就会得到修补，但内部却不会”。最后，当它们升至海面时，外围的珊瑚便倾向于向海里延伸，身后只留下了珊瑚岩，活体生物由于规律性地暴露在空气中而死亡。这就是成长中的外缘背后延伸的礁石平面的起源。同样重要的是，生长在平静且富有沉淀物的潟湖中的纤柔珊瑚显然并不是构筑坚固礁石的珊瑚。

达尔文还感到他已经知道如何回应潜在的反对其下沉理论的观点：许多环礁都从海平面突出来了。高地并不是在原地隆起的，而是由活礁石上抛过来的物质构筑起来的。他认识到这一定需要时间，所以就提出生存是偶发的，像科科斯（基灵）群岛上的这样的环礁一定有一段时间处于休止状态。礁石向外生长的程度，其背后已死礁石平面的宽度——他下结论说——都可用来测算距离上一次下沉的时间。他甚至认为正在出现的环礁可能反映了总体下沉趋势内部的微小隆起的间隙。

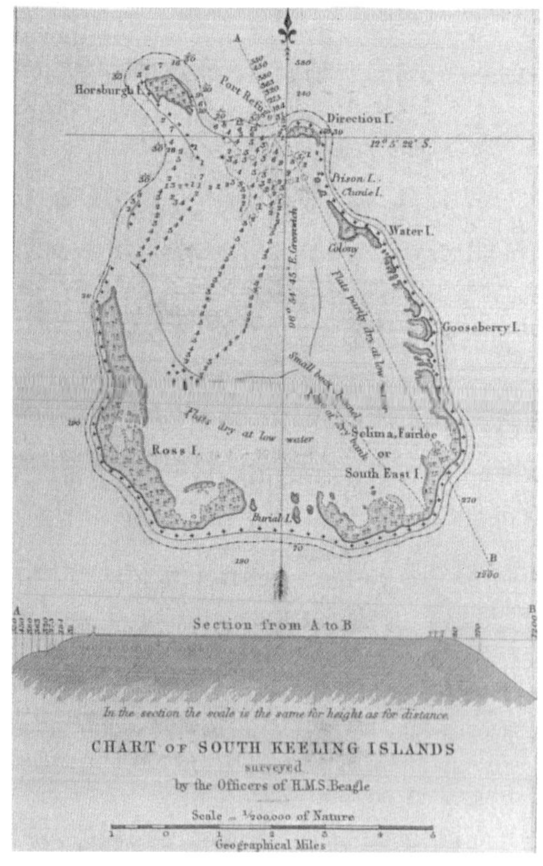

科科斯（基灵）环礁，根据1836年“小猎犬号”完成的勘察绘制。环礁是一个小岛环，中间是一片潟湖。“小猎犬号”测量到的最大深度是2200米，见B。

所有这些观察都与下沉理论相一致，却不能证明这个理论。然而，达尔文相信他已经发现了“还算确凿的”证据来证明这座岛屿最近的下沉。在潟湖周围，椰子树原本是应该长在干燥的陆地上的，却受到海浪拍打的破坏。菲茨罗伊指出：“当地居民说，那里曾有一个仓库，七年前其基柱恰好在高水位线之上，而现在其基柱每日被潮水冲刷。”现在，这些观察可以用海平面的自然变化来解释，即风、海洋温度或低压天气系统引发的风暴潮等因素引起海平面的高低变化。科科斯（基灵）群岛的总高度自达尔文勘察以来没有发生明显变化，如下文将要讨论的，下沉发生在数千年到数百万年的过程之中。

更有意义的是“小猎犬号”船员在科科斯（基灵）群岛海岸所做的深度测量。达尔文对此非常重视，在田野笔记本里匆匆记下了数字和估算。这些测量反映出藏匿于海浪之下不可见的礁石横切面的延伸。深度测量常用来测量船下海水的深度，是用水砣和线完成的。达尔文和“小猎犬号”船员们也用深度测量的方法来勘察海底，用的是一个铃状水砣，约10厘米宽，下面是凹进去的，粘着一块制备好的脂油。碰上的松散的东西都黏附于此，要是碰到坚硬的东西，便会在那上面留下印痕。达尔文写到，每一次测量，脂油都会“被切下来，送到船上让我检查”。他记录有大约40次这样的尝试，从脂油上可以识别出沙石、死珊瑚、活珊瑚、珊瑚藻、软体动物、海绵和其他海洋生物的碎片或印痕。随着逐渐深入海面之下，一个清晰的轮廓逐渐显现出来。从15—22米处，脂油上有活珊瑚的记号；22—37米处，则是沙石和死珊瑚的压痕；再深的地方则只有沙石。达尔文确证并细化了夸和盖马尔约12年前提出的意见，即筑礁珊瑚只生存在浅水里。

同样重要的是对环礁周围海洋深度的确定。在一次格外长的深水测量中，菲茨罗伊用一根2200米长的线在离岸1600米的地方测量，结果没有测到底。通过简单的三角学原理推测，岛的一侧坡度至少在48°，达尔文引用洪堡的话说，这比任何火山锥都陡。这座环礁因此不仅仅是一座接近海面的火山的浅帽。有些靠近礁石放下去的测量线在900米和1100米深处被割断，“仿佛被摩擦过”，此时进一步的证据出现了，表明带有死珊瑚之锋利边缘的“海底悬崖可能存在”。

这个证据，尽管是旁证，却说明死珊瑚经长期累积形成了一个巨大的珊瑚岩柱，又由于珊瑚只生长于浅水，这意味着它们向上生长以便与火山基缓慢下沉的速度保持一致。然而，达尔文认识到，任何一个珊瑚群在高度上一般都不超过几英尺，那么深水中的岩柱就一定反映了“许多个体的生死接续”，每一个都“由于某种事故而被破坏或杀死”，另一个便又在它上面生长。

全球画面

1836年5月12日离开科科斯（基灵）群岛时，“小猎犬号”跨越印度洋，抵达毛里求斯岛，达尔文在此幸运地完成了全套考察。他已经在塔希提岛考察了堡礁，在科科斯（基灵）群岛考察了环礁，在这里，离一座火山岛岸边很近的地方就有一片岸礁。由于船员们没有必要在此外出勘察，所以达尔文亲自动手，带一位不具名的帮手，划一只小船，带上勘察工具，来到了礁石朝海的一面，约在这座岛屿西侧离岸800米的地方。“每测一次，”他写道，“（底部粘有脂油的）水砣都触及海底。”其结果与科科斯（基灵）群岛相同：水下27米处有大量筑礁珊瑚种；在27—37米处，有大量带精细枝杈的珊瑚，属于排孔珊瑚属，他记载说，这不是能“高效构筑珊瑚礁”的那种；超过38米的深度，海底大多是沙石；而最深的测量，即160米处，就只有“死珊瑚碎片和一颗火山卵石”。如在科科斯（基灵）群岛一样，他还记下了构成岛上海滩并被抛到海滩的碎片。在如此不同的地理环境中，其与环礁在根本上的相似性证实了达尔文的猜测，即这些都是同一过程的不同阶段。

在毛里求斯测绘局局长约翰·劳埃德上尉的陪同下，达尔文对岛内进行了勘察，有一次是骑着劳埃德的家养大象进行的。他在许多地方看到了裸露的珊瑚岩，有的是在海拔10—12米处，这完全超越了当今海潮的高度。海床“恰恰是由现在海滩上的相同物质构成的……部分凝固的、坚硬的珊瑚枝条碎片”。在另一处，是一大片由坚硬紧实的珊瑚岩构成的平地，平地上隆起两座6米高的山丘，顶部有大块可识别的珊瑚岩，达尔文确认为海花石和石珊瑚。他采集了一系列代表性标本，但似乎只有一个（一块石灰岩）幸存下来。结论必然是：该岛是在相对较近的时期隆起的；各种隆起的珊瑚沉积层被识别为古代珊瑚平地和聚合物，在接近海平面处形成；达尔文还感到那两座山丘也许是以前的活礁完整无损地隆起形成的。此外，尽管没有毛里求斯火山爆发的历史记录，火山锥和熔岩流也说明这里近代有火山活动。

通过对所有这些珊瑚礁的观察，达尔文心中的全球画面渐渐形成了。在科科斯（基灵）群岛，当地居民告诉他，他们在此前十年内经历了三次地震。在达尔文看来，这与该岛的下沉相关，但也说明了更宽泛的东西。在日记的背面，他潦草地记下“科科斯（基灵）群岛与苏门答腊的火山力有关。那座升起，这座下沉”。这与他在南美的观察形成直接类比：陆地随着地震而上升，这是他在康塞普西翁亲眼看见的，现在则由邻近的太平洋海底下沉来弥补。同样，在印度洋东部边缘发生的一次地震与苏门答腊岛的上升相关，达尔文相信，在近旁海洋中部的科科斯（基灵）群岛也会同时震动，不过是相应的下沉运动。

在毛里求斯，上升显然与火山活动相关。回到英国之后，在对全世界有关珊瑚礁的已知事实进行了穷尽式的汇编之后，达尔文说这种模式绝不是随意的。带有岸礁的海岛往往是火山活跃或近期活跃的岛屿，要么是稳定的，要么显示近期隆起的迹象。环礁和带有堡礁的岛屿，都是基于已死火山筑成的，而在一张世界地图上，这些岛屿基本都在被认为是下沉区域的海洋中央。这是支持其理论的绝好证据，这两个类别代表了这一过程的早期阶段和晚期阶段。

达尔文理论的验证

回到英国，达尔文对赖尔说起他的新理论。赖尔“太兴奋了，以至于跳了起来，浑身上下疯狂地扭动着，这是他表示极度高兴的方式”。赖尔即刻放弃了火山口边缘说，写信给达尔文说：“你关于珊瑚礁的一课令我多少天来不能想别的，只想着水下大陆的顶端。那都是真的，但不要自命不凡以为别人都会相信你，直到你像我一样完全秃顶。”1837年5月31日，他在伦敦地质学协会为达尔文安排了一次会议来呈现他的发现，会上，达尔文非常可能用了科科斯（基灵）群岛和毛里求斯岛的标本作为视觉上的辅助。1839年达尔文在《研究日记》中对这一理论进行了长篇总结，此后，这一理论更加广为人知。1842年，这一理论成为他第一部科学著作《珊瑚礁的结构与分布》的主题。该理论能被接受，得到了赖尔的帮助，他将其收入《地质学原理》的后续版本中。该书在“小猎犬号”之旅中始终是达尔文的“圣经”，现在正根据他自己的发现做修订。

然而，并非所有地质学家都接受达尔文的理论，在19世纪的后几十年里，许多人抛弃下沉观点，反而提出环礁生长于平台上，要么是由深海火山基础上的沉积物堆积而成，要么是刚出现的火山被海水运动逐渐侵蚀。后一观点的特殊提法是从冰期理论出发的。1837年，正当达尔文向全世界宣布他的珊瑚礁理论时，瑞士裔美国地质学家路易斯·阿加西斯提出了他的冰河假想，认为广袤的冰层曾经覆盖北半球的大部分。冰期的 个必然结果是全球海平面的大幅下降，因为世界上大部分水域都被扩展的冰盖封住了。加拿大地质学家雷金纳德·戴利专门研究了下降现象对珊瑚礁的潜在影响，1915年发表了环礁形成的冰河控制论。达利提出，

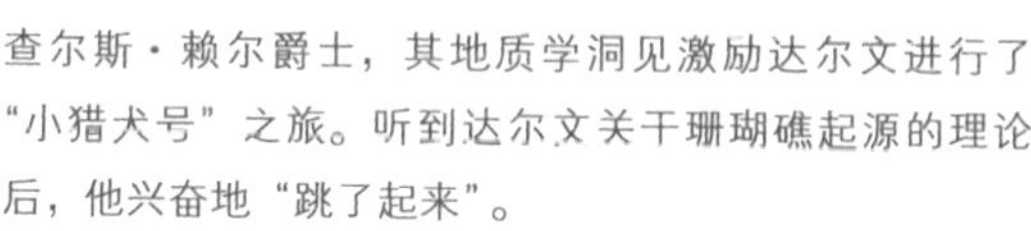

查尔斯·赖尔爵士，其地质学洞见激励达尔文进行了“小猎犬号”之旅。听到达尔文关干珊瑚礁起源的理论后，他兴奋地“跳了起来”。

在冰河时期，海拔比现在低大约50—90米，海洋火山暴露出来的顶部已经被海浪运动侵蚀掉，留下的是与海平面差不多高的平台。当冰川融化、海平面升高时，珊瑚礁由平台向上生长，构成了现在的环礁。后者因此都是相对近代的事，不超过约90米深，此外，没有必要再援引达尔文的下降论了。

达尔文和赖尔完全意识到下降论只能通过位于火山岩上的厚厚的珊瑚地层来证明，或是在现存环礁的下面，或是在陆地上暴露的古代海洋序列里发现这样的珊瑚地层。达尔文早在1835年的论文中就指出，这样的发现只能通过下降和礁石向上生长的互补来解释，因为构成礁石的珊瑚只生存在浅水。如他后来写信给亚历山大·阿加西斯（路易斯的儿子，地质学家）所说："我真希望某位双倍富裕的百万富翁想要去太平洋和印度洋的环礁岛上钻孔。"亚历山大赞成沉降和侵蚀论，这样的钻孔将决定哪个理论是正确的。如达尔文所知，他岂止双倍富裕，但没有领会那暗示，所以，到19世纪90年代末，皇家协会承担了这一任务。他们选择了富纳富提环礁（位于今天的图瓦卢），透过石灰岩层向下钻了340米深。但仍不确定较深的石灰岩是否是由筑礁的珊瑚构成的，而且他们未能钻抵火山岩层，所以没有得出结论。1952年，当美国政府为准备原子弹实验而在太平洋上的比基尼环礁和埃内韦塔克环礁上钻孔时，他们才在浅水珊瑚岩以下约1200米处抵达火山基。此外，那里的珊瑚岩已经形成5000万年以上了。达尔文的理论得到了证实，那是他提出这个理论的117年以后，后续对其他环礁以及地震进行钻孔都表明下降是普遍的。

然而，冰期的海平面变化的确对珊瑚礁产生了重要影响，如其对所有海岸的影响一样。这一近代的地质因素现在被理解为是叠加于漫长的下沉过程上的，而不是替代了下沉。此外，达利想象的是持续数十万年的单一冰期，而现在我们已知道是许多冰期与间冰期交替出现，每一次循环都与海平面高度的主要振荡相关。珊瑚礁交替地被海水淹没，然后再暴露于海平面之上，因此每一个周期都必须重构。

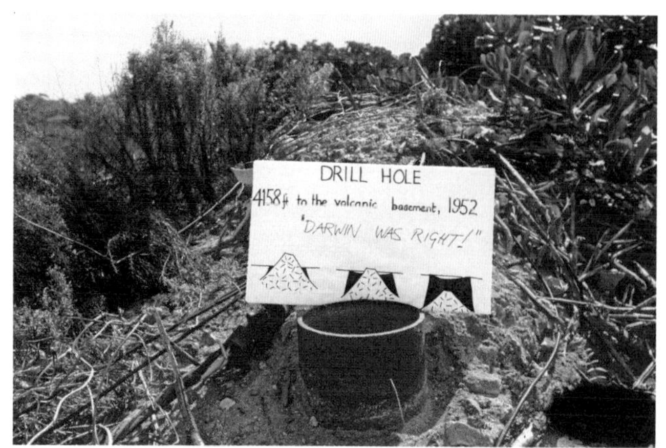

埃尼威托克环礁钻孔的顶端终于在1952年证明了达尔文的理论。1976年，布莱恩·罗森带领一个勘察队重新发现了那个钻孔，并竖立了一块恰当的牌匾。

在上一个冰期，全球海平面约下降120米，把以前的礁石暴露在水标之上，并且必定不同程度地侵蚀了珊瑚岩的基础。礁石可能再从更低的平台生长，只要水够温暖。那么，在约2.1万年前的上一个冰期之后，海平面稳步上升，当海水流过隆起的前礁石平台时，珊瑚便又在那上面长出。同时，在海平面较低时形成的礁石现在开始随着上升的海平面向上生长，但是，如果海平面上升得太快，它们就被淹没了。珊瑚的生长速度刚好与海平面的上升速度保持一致的临界点，被称作达尔文点。

通过对科科斯（基灵）环礁聚合物中的石化珊瑚进行放射性碳定年代测定，发现这些珊瑚岩约在3000—4000年前形成。当时海平面稍有下降，海面珊瑚暴露出来，并死去。达尔文研究和采集的石化珊瑚和固化聚合物都是在这个时候形成的，现在被视作前一个礁石平台的遗址。在其上，是沙石沉积层和松散的珊瑚卵石，这些刚好是近代由风和海浪运动造成的，与达尔文想象的完全相同。

在比科科斯（基灵）环礁更深的地方，约12万年前的石化礁是在现今海平面以下6—14米处发现的。这就将其溯至上一个冰期之前的间冰期（温暖期），当时海平面相近于今天的海平面，或高于今天的海平面几米。自这些珊瑚形成以来的这段时期已足够我们观察到达尔文提出的下沉了，同时留出了过去海平面高度的不确定性和古代礁石表面的腐蚀这两个干扰因素的余量。上个间冰期的海平面估计比现在高6米，再加上石化礁的6米深度，那么12万年间大致下沉了12米。相当于每个世纪下沉约1厘米，所以，自达尔文的时代至今，该岛屿的下沉几乎无法察觉也就没什么可大惊小怪的了。达尔文在毛里求斯岛海拔10—12米处看到的石化礁或许也是来自上一个间冰期，所以，就当时的海平面高度来看，可能不会隆起得像他所想象的那样高。

拼图的最后一块随大陆漂移理论而到来，而其推动力，板块构造，解释了海底区域下沉的缘由。从地壳下涌起的岩浆构成了大洋中脊，其两侧，新近构成的海底逐渐向外扩展出去。火山往往是在这种高度活跃的区域形成的，但当海底冷却和收缩时，它便下沉，火山岛也随之下沉。因此，火山岛不仅下沉，而且随着海底的扩展而水平运动。此外，当前缘与另一个大陆板块相遇时，它便滑入这个板块之下，在这个过程中山脉可能会隆起。达尔文的预感，即环礁问题与整个地球规模的进程相关，在理论上是正确的。他曾想象邻近区域的下沉和隆起是一种杠杆过程，但如果发现真实的原因，他将会深感欣慰。至于科科斯（基灵）群岛，近来已经挖掘出海下近3000米处的火山岩，年代溯至约5000万年之前。这座群岛可能就是在那个时候形成的，是把印度洋与澳大利亚分离开来的海底运动的一部分。如此说来，板块就是在海床向北运动时随之下沉的，并带走了群岛，而板块的前缘下沉到下面，东南亚的部分地区隆起，包括苏门答腊。

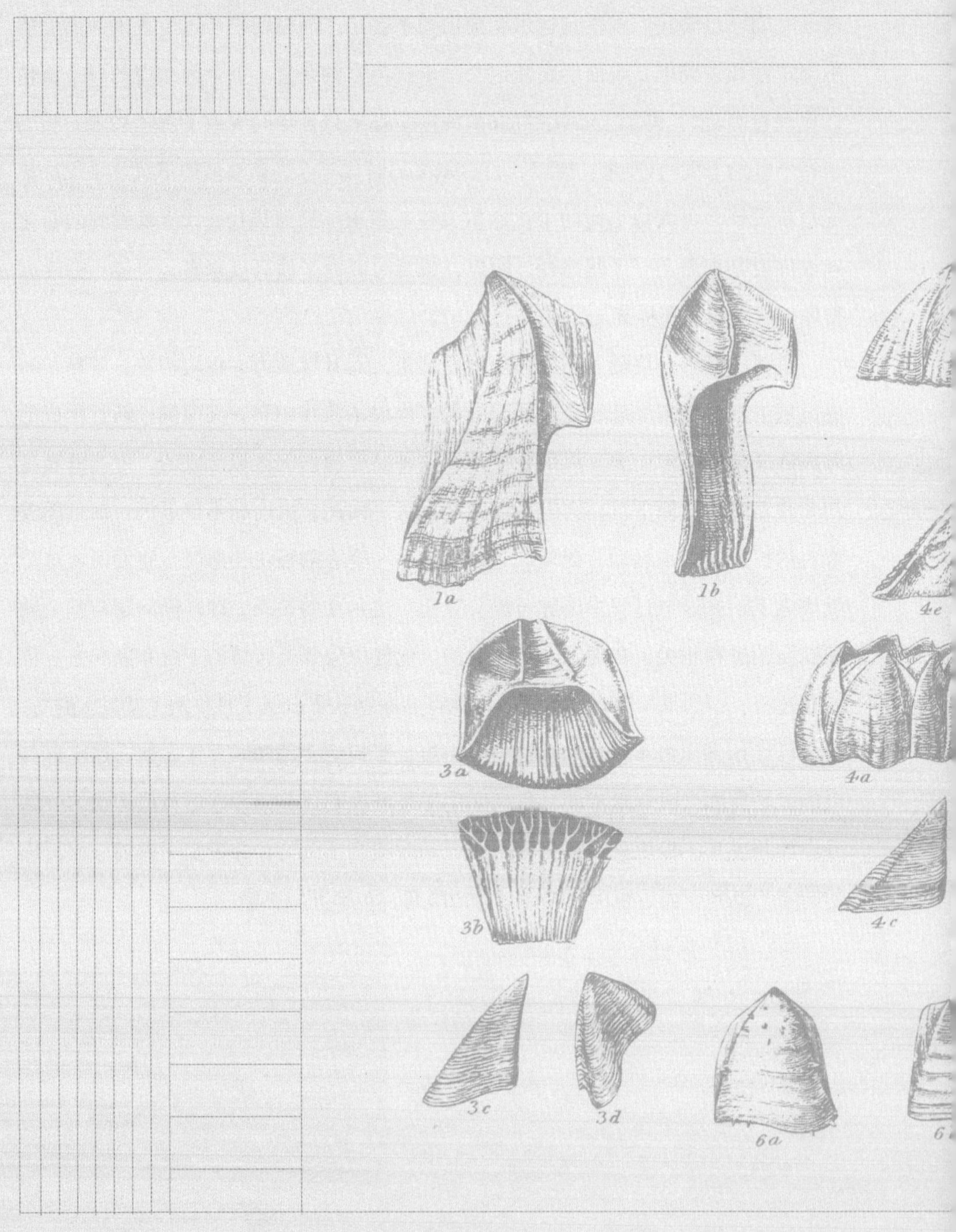
1a
1b
4e
3a
4a
3b
4c
3c
3d
6a

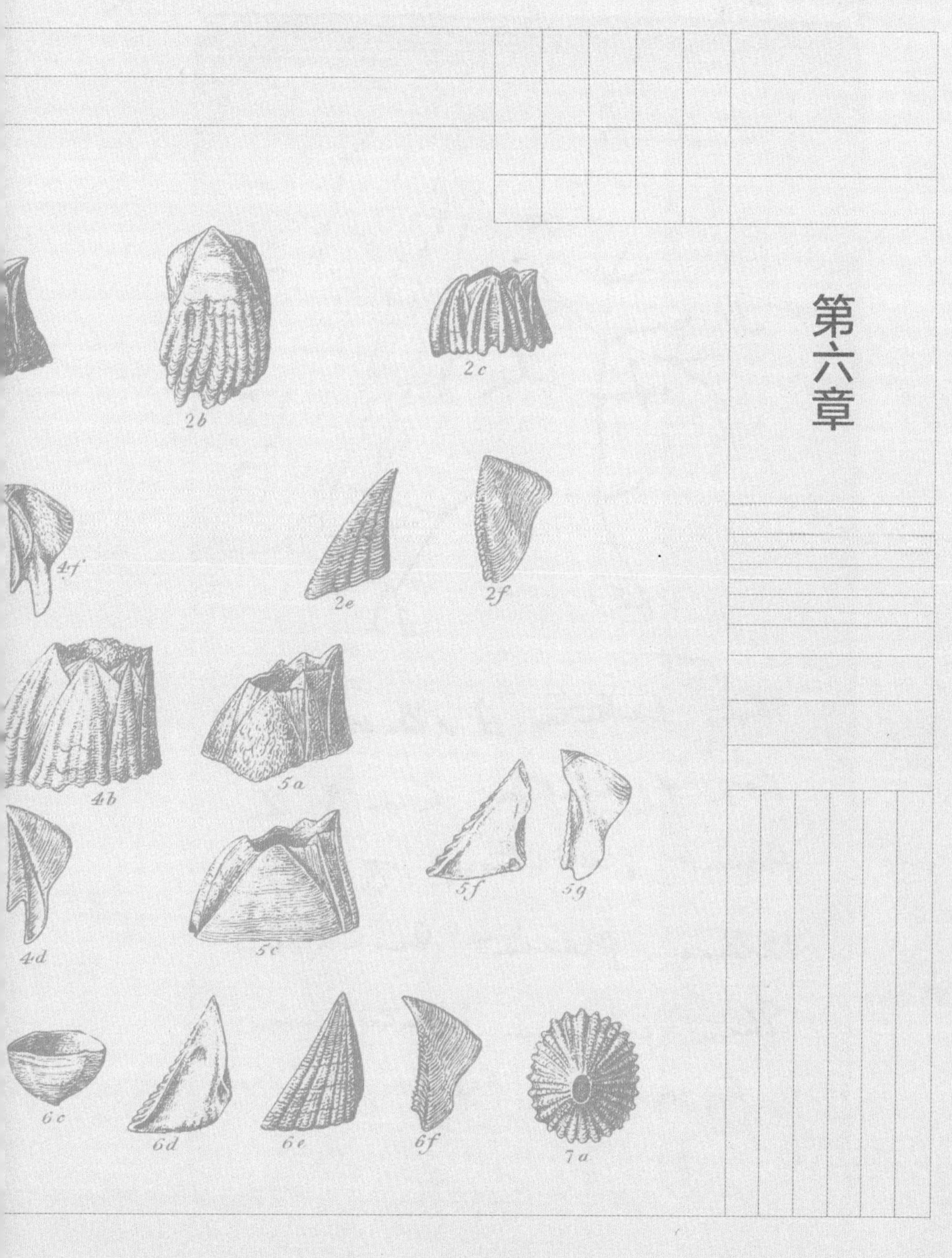

第六章

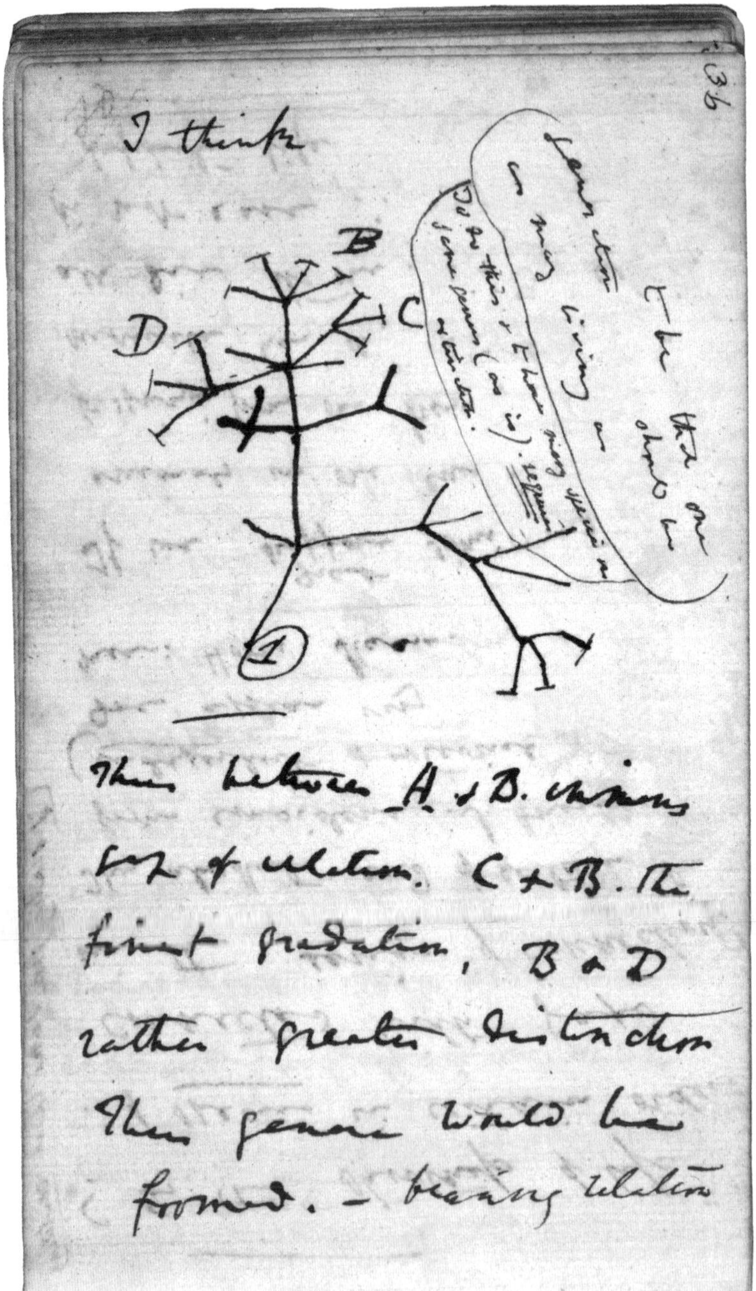

I think

1

B

C

D

Case must be that one generation then should be as many living as now. To do this & to have many species in same genus (as is). requires extinction.

Thus between A & B. immens gap of relation. C & B. the finest gradation, B & D rather greater distinction. Thus genera would be formed. — bearing relation

第六章
理论的形成

“小猎犬号”抵达英国海岸时，有关乡村牧师的种种念头早已经从达尔文的心中隐退。他现在渴望成为一名体面的科学家，至少要发表旅行所见和他提出的理论。地质工作在他心中占据了最重要的位置，离家三个月后，他从大西洋的圣赫勒拿岛写信给亨斯洛，请求他或塞奇威克提议让自己加入伦敦地质学协会。达尔文还不知道，他的名字早已经在科学家群体内尽人皆知了。达尔文采集的一些哺乳动物化石已经于1833年在英国科学发展协会的一次会议上展出（见第二章）。亨斯洛和塞奇威克也在1835年向地质学协会和剑桥哲学协会宣读了达尔文信件的摘要。亨斯洛甚至把这些摘要印刷成册私下里流传。随着通俗杂志《雅典娜神庙》提到了达尔文发现的大地懒，赞扬了他在安第斯山脉的勘探工作，他为更多人所知。

达尔文听说他的私人信件以这种方式公开了，起初惊恐万分。但在下一站，即阿森松岛，他接到了妹妹苏珊的来信，信中引用了塞奇威克教授的话：“他在南美的工作令人羡慕，并且已经寄回了一批令人赞叹不已的采集……他将在欧洲知名博物

左页图 达尔文《演进笔记》中的一页，他把自己的进化理论描述成一棵分杈树。

学家中占有一席之地。”亨斯洛也以同样的口吻给他写信说：“很高兴你很快就要回国，来收获你坚韧不拔的精神的成果，跻身当今第一流博物学家的行列。”达尔文后来谈到接到妹妹来信时的情景：“我一跃而登上阿森松山顶，火山岩在我的地质锤下发出回响！”

“小猎犬号”于1836年10月2日在康沃尔的法尔茅斯靠岸。见过家人之后，达尔文去伦敦与“小猎犬号”会合，卸下剩余的个人货物，然后去剑桥住下，一边与亨斯洛商议，一边在“小猎犬号”上的仆人西姆斯·科温顿的帮助下，打开包裹并整理他采集的标本。还有一些重要的人物要见，首先是查尔斯·赖尔爵士，其《地质学原理》对于达尔文的勘察工作至关重要。1836年10月29日，赖尔请他参加茶会，他还在茶会上第一次见到了皇家外科医学院的解剖学家理查德·欧文，达尔文的骨骼化石都寄到了这所学院。随后，1836年12月，达尔文到学院去拜访欧文，并请他对这些化石进行研究。1833年和1834年，当这些标本抵达学院时，亨特博物馆馆长威廉·克利夫特接收并修整了这些标本，而现在欧文才是比较解剖学的一颗新星，从开始时给克利夫特做助手，到近期被任命为亨特博物馆教授。虽然欧文后来对爬行动物化石、恐龙等的开拓性研究无疑保证了他的名声，但关于达尔文哺乳动物化石的研究却开启了他古生物学研究的职业生涯，确立了他作为“英国居维叶”的名望。后来，1838年2月，欧文凭借对箭齿兽的描述，也就是达尔文最著名的化石发现（见第二章），获得了地质学协会的沃拉斯顿奖章。

达尔文本人于1837年1月在地质学协会宣读了他的第一篇科学论文，是关于南美隆起的（见第四章）。现在他不仅是协会的成员，而且于同年2月当选为委员会成员。3月，他从剑桥搬到伦敦，来到了科学生活的核心，并与研究其标本的各种专家往来。同月，他向地质学协会报告了火山现象、地震以及山脉缓慢隆起之间的关联，引发热烈争论，因为有些杰出成员主张一种突发的灾变性起源。但协会主席在翌年的年度报告中宣布，“达尔文先生的报告在某方面对关于地球史的猜想产生了最重要的影响”。

达尔文在唐屋的书房，在这把扶手椅上，他写出了他的大部分著作，包括《物种起源》。

1838年，达尔文当选地质学协会秘书，1840年应邀加入另一个学术团体——皇家地质学协会的委员会。然而，无论是行政管理，还是伦敦的热闹，都不适合于他的气质或科学计划。1841年，他退出这两个协会，次年，举家搬进了肯特郡的唐屋，并在那里度过了余生。但这些年对达尔文而言恰恰是多产的。他的第一部著作《研究日记》1839年出版（后来的版本更名为《H. M. S.“小猎犬号”之旅》）。依据日记和一些科学笔记，该书描述了他的这次航海经历，成为畅销书，提高了他的声望。德国探险家和博物学家亚历山大·冯·洪堡——其著述最先激励达尔文进行这些航海勘察——写信给达尔文说他的书“是最卓越的著作之一，在漫长的一生中，看到它的出版是我的幸运”。接着，达尔文连续出版了三本书，详细描写了这次航海的地质学发现：1842年的《珊瑚礁的结构与分布》（见第五章），1844年的《火山岛》和1846年的《南美地质勘察》。这三部著作都包含他对化石发现的详细描述，及这些发现对他的结论的重要意义。1839年1月，他当选为英国最重要的科学机构——皇家协会的会员。1853年，凭借这三部著作以及后来的藤壶研究（见第215—216页），他被授予闻名遐迩的皇家奖章。

进 化

在发表如此惊天动地之巨著的同时，达尔文也悄悄地开始了他对科学的最大贡献，在他从“小猎犬号”回国后的头几年里，他写下了进化论的所有关键要素。达尔文究竟何时“皈依”进化论，学者们意见不一。根据一个学派的观点，那是在1837年年初，当时理查德·欧文对其哺乳动物化石，鸟类学家约翰·古尔德对其加拉帕戈斯鸟进行了鉴定认证。据另一些人所说，在航行期间，或许是在航行之初，他就已经就其观察进行了独特的进化思考。无论如何，他的化石发现，尤其是哺乳动物化石的发现，起到了关键作用。在《物种起源》著名的第一句话中他就最为突出地描写了这些发现：“当我作为博物学家登上‘小猎犬号’时，栖居于南美的生物的分布，以及那片大陆上现在与过去的栖居者的地质关系，这些我所发现的事实让我深感震惊。”

一登上“小猎犬号”他就为某些事实深感震惊，一些评论者认为这是夸大其词，但他的其他著述却表明，至少就哺乳动物化石而言，并不夸张。雕齿兽的巨大外壳似乎尤其具有冲击力。在写给自己孩子们的、假定不需要任何华丽辞藻的《自传》中，他写道：“在‘小猎犬号’之旅中，我被南美大草原地层中的大化石动物深深感动，它们就像现生犰狳一样身披盔甲”，而在1864年给德国助手恩斯特·黑克尔的信中，他更进一步说：“我永远不会忘记我挖出那片巨大盔甲时的惊

小犰狳（*Zaedyus pichiy*）的标本。达尔文采集于蓬塔阿尔塔附近的布兰卡湾周围，还在此处挖掘出其绝迹的近亲——巨型雕齿兽。

愕，那就像犰狳的盔甲。”达尔文并不是随便为某事感到惊愕的，而总是要问问为什么，就这个案例来说，原因不完全是巨型哺乳动物的奇观，还有其与同一地区仍然存在的动物的明显关系，那就是进化的关键证据。这个案例甚至也写进了《物种起源》：“在南美，即便没有受过专业教育的人也能清楚地看到，在拉普拉塔好几个地方发现的巨大盔甲残片与犰狳的盔甲很相似。”这里明确指出，即使是“没受过专业教育的”他也注意到了这些现场发现的相似性。

然而，达尔文承认哺乳动物解剖并不是他的长项，这使人们认为，直到航行结束之后，化石得到了欧文的认可，他才明白这些绝迹哺乳动物的意义。但是，他在田野调查中推断出来的不仅仅是巨型雕齿兽与犰狳之间的关联。他还正确地识别出几种大型树懒的标本也是如此，明白应该把它们与较小的现生物种联系起来（见第二章）。关键的一点在于绝迹物种与现生物种在地理分布上的一致。今天，地懒和犰狳的主要分布区都在南美。

一个地区过去与现在栖居者之间的这种关系后来被达尔文建构为“物种更替法则”。被他确认为啮齿动物的化石提供了更多的例证。他认为这些啮齿动物相似于豚鼠或长耳豚鼠。他记载说豚鼠“是南美特有的；而且迄今没有发现处于石化状态的豚鼠”。尽管那些骨骼化石最终证明不属于豚鼠（见第70—73页），但它们也是其他南美特有哺乳动物的已灭绝的近亲，因此，该法则依然适用。在1835年2月写于智利的一篇文章中，达尔文写道：“我希望布兰卡湾的豚鼠将是另一个小例子，至少能证明某些属与地球某些地区间有关系。在我看来，这种相关性使物种的逐渐诞生与消亡显得更加合理。”把后一句话解释为赞同进化，还是要谨慎一些，因为这是直接引自赖尔的话，当时赖尔还是一位坚定的反进化论者，他只是说各个物种陆续地出现和灭绝，而非突然地批量诞生或毁灭。但是，在把这种“渐进”过程与哺乳动物对地理状貌的依赖相联系时，在从他发现的所有化石标本中选择一个与对应现生物种似乎只有些微差别的例子时，就很难不得出这样的结论，即达尔文是依据进化演替的思路来思考问题的。

赖尔的《地质学原理》——达尔文“小猎犬号”之旅的关键文本，为这些思考提供了额外的养料。在第二卷中，赖尔详细讨论了演进，也即进化理论，但只是为了排除这些理论，不过，达尔文可能怀着强烈兴趣阅读了这些章节。在第三卷中，赖尔引用了威廉·克利夫特的最新报告，描述了澳大利亚的石化袋鼠和毛鼻袋熊，其与那块大陆的现生物种的关系则是物种更替的另一个清晰的例子。

生者与死者

在建构进化论时，达尔文把化石证据与其对现生物种的重要观察联系起来。加拉帕戈斯群岛（达尔文于1835年来此地勘察）的动物在这方面是众所周知的，但在那之前（1833年），他已经注意到福克兰群岛上狐狸一样的哺乳动物，他写道:“在‘小猎犬号’带回国的四种标本中，三种颜色较黑，它们来自东岛。第四种较小，呈锈色，来自西岛……把这些标本进行准确的比较将很有趣。”在加拉帕戈斯群岛，正是嘲鸫而非后来著名的雀科吸引了他。他注意到它们与南美的一个物种密切相关，因而，在群岛的不同岛屿上就有不同的“变体或独特种类”。

一个稍有不同的案例是与鸵鸟相关的体大而无翼的美洲鸵。达尔文曾在潘帕斯草原见过美洲鸵，并且听说在更南的巴塔哥尼亚，有体形稍小的品种，即当地人所说的“矮鸵鸟”(*Avestruz petiso*)。众所周知，某个晚上他在餐桌上碰到了一只，便急忙跑到“小猎犬号”的厨房去拯救其骨骼和皮肤，以免被扔掉。在后来的旅途中他写道:“不管博物学家会说什么，我确信……南美有两种美洲鸵。在巴塔哥尼亚中部平原上，我曾有幸见过几次这种鸵鸟：它无疑比美洲鸵小得多，颜色也更暗些。”

“小猎犬号”归国途中，达尔文重读笔记，写下了最著名的几段话之一。叙述了福克兰狐狸与加拉帕戈斯鸟各自的特点，并指出当地人可以从任何一只加拉帕戈斯龟的壳判断它来自哪个岛之后，他得出结论说:“如果这些话有丝毫的依据，那么群岛动物学就非常值得考察，因为这样的事实将破坏物种的稳定性。”最后一

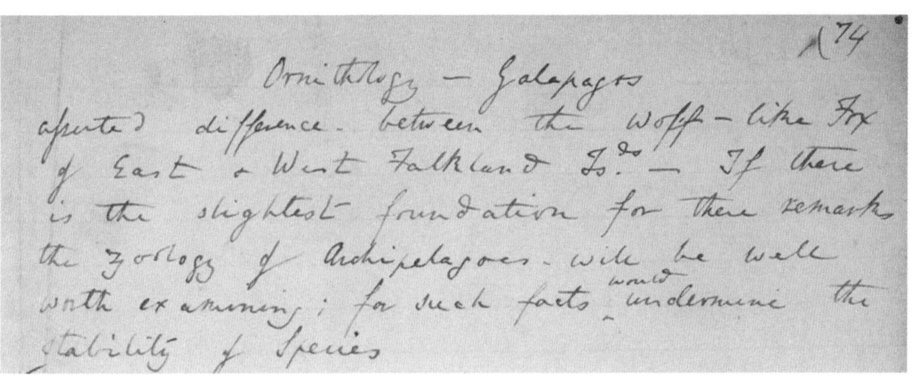

74

Ornithology — Galapagos

asserted difference between the wolf-like Fox of East & West Falkland Isds. — If there is the slightest foundation for these remarks the zoology of Archipelagoes — will be well worth examining; for such facts would undermine the stability of Species

“这样的事实将破坏物种的稳定性”：达尔文第一个关于进化的暗示，1836年夏写于“小猎犬号”。

句话他最初写得比较大胆，没有用“将”一词，“将”是后来出于谨慎才加上的。

将达尔文关于化石和现生物种标本的全部著述合起来看，他极可能在旅行期间就已经在认真考虑进化的观点了。很难说这些思想是何时开始的：有些人认为是在写下上述笔记的1836年，另一些人则认为早在1832年他开始挖掘哺乳动物化石时就开始了。当然，化石是他遇到的最重要证据，也为他接下来的工作做好了精神准备。回国后的几个月里，专家们对他的观察进行的证实（和细化）对于达尔文把进化推测变成信念依然是重要的，开启了他毕生的事业。1837年1月，理查德·欧文大体上证实了达尔文关于哺乳动物化石的假设，并增加了一个明显的地理序列的例子。欧文宣布达尔文在阿根廷圣胡利安港找到的后弓兽骨骸属于一个巨人的美洲驼，因此与达尔文在巴塔哥尼亚大草原上看到的成群的现生大羊驼相关。查尔斯·赖尔爵士于1837年2月在地质学协会的主席就职演讲中谈到了后弓兽，同时提到达尔文的其他化石和澳大利亚的发现，以证明物种的更替（当然不是进化）。

同时，约翰·古尔德告诉达尔文，他说的那两种美洲鸵确实是不同的物种，而加拉帕戈斯群岛的嘲鸫以及他识别为雀科的一系列其他鸟，不仅是属于不同岛屿的不同物种，而且与陆地亲属也不相同。对达尔文来说，唯一的解释就是，物种，而不仅仅是变体，实际上是在加拉帕戈斯群落中演化而来的。欧文和古尔德的观察证实了他在船上就有的怀疑，解决了关于这个问题的争论。如科学史家保罗·布林克曼所说：“达尔文对演化论的采用，与巴塔哥尼亚平原的隆起一样，都是逐渐发生的。”

闸门打开

此后不久，达尔文在笔记中做了一条非凡的记录，把他关于鸟与化石之进化观点整合成一句话。“普通鸵鸟与小美洲鸵之间……绝迹的大羊驼与最近的大羊驼之间存在同一种关系：前者的相关性在位置层面，后者的相关性在时间层面。”所谓“普通鸵鸟与矮鸵鸟”指的是美洲鸵的两个物种。所谓“绝迹的大羊驼与最近的大羊驼”指的是后弓兽与现生大羊驼。革命性的观点就是，两个物种之间在时间上的变化与今天在空间上观察到的变化是相同的。达尔文后来清楚地说明，对美洲鸵这些案例的进化论解释是，两个物种从同一个祖先繁衍下来，在这个过程中，其中一个或两个都经历了变化，经历变化的地点或许就在它们现在栖居的区域，经历变化的时间是过去的不知多长的一段时期。就哺乳动物来说，从化石到近代物种，我们在时间维度上目睹了那个过程。达尔文接着写下了引人入胜的一句话，问到“如果一个物种确实变成了另一个”，那么是突然地还是渐进地？在此初期阶段，他感到那一定是突然地，因为两种美洲鸵的栖居地是毗邻的，二者之间没有中间地带，他得出结论说：“变化不是循序渐进的，而是一下子就产生了”，并假设从化石到现生大羊驼的转变也一样。

1837年7月，达尔文开始了整理归纳、汇总题为“物种的演变”的一系列笔记。这些笔记完成于1837年夏至1839年年末，任何对进化生物学感兴趣的人读到这些笔记，都会激动。由于掌握了进化论的关键组织原理，当他看到这个理论既解释了自然史的不同事实，又反过来得到那些事实的支持时，各种想法便喷涌而出。

达尔文首先扼要地阐明了其关键的“小猎犬号”观察的意义。举加拉帕戈斯龟、嘲鸫和福克兰狐狸为例，进化解释了一切：“根据这一观点，动物如果在不同岛屿上生活得足够久，应该会变得不同。”对于更替法则也同样：“繁衍（即物种之演进）说明了现代动物何以与绝迹的物种是同一类动物，这是几乎证实了的法则。”他进而提出，这条法则在陆地动物中最明显，如哺乳动物：“哺乳动物的地理分布比其他任何动物都有价值，因为它们不容易迁徙”，对比之下，海洋动物或飞行动物，都能更快地从其出生地向全世界扩散。

达尔文接着超越更替法则，开始把进化视作生命之树。这显然是这一理论的下一步，即物种通过共有的后代相联结，但对达尔文来说，石化哺乳动物提出的问题显然在引导他的思考，他最初在笔记中勾画出物种的树状关系，亦即石化地懒和犰狳与其现生亲族之间的关系。他写道："我们可以把大地懒、犰狳和树懒都看作是某个更古老种类的后代。"从一开始，达尔文就谨慎地不把已知化石说成是某种相关的现生物种的祖先；我们所能做的就是展示它们拥有或早或晚的近代的共同祖先。就树懒的情况而言，德国解剖学家克里斯蒂安·潘德尔和爱德华·德·阿尔顿在1821年就提出大地懒是所有现生树懒的祖先。理查德·欧文表示反对，与现生树懒相似但体形较小的树懒化石是与大地懒同时代的，它们不过是对变化的环境更有抵抗力，而这种变化的环境恰好是大地懒得以绝迹的原因。达尔文把这两个视角卓越地综合起来：大地懒没有直系后代，但它与现生树懒（以及犰狳）都是"某一更古老的种类的后代"。用现代的话来说，它们由同一个祖先演化而来。

接着达尔文谈到据说是来自居维叶的意见：如果进化是事实，那么我们就将在化石物种与现生物种之间发现中间代。"现在照我看来，"达尔文写道，"在南美，所有犰狳的父亲可能是大地懒的兄弟，大地懒是已死的叔伯。"换句话说，还没有发现现生犰狳的祖先（"父亲"）的化石：我们只找到了一个"叔伯"——大地懒。他还在第一幅拼化树的素描中描画了现生物种何以没有形成循序渐进的分级链条，而是由已经绝迹的共同祖先联系在一起。

以树状框架思考化石和现生物种有助于达尔文面对化石与活动物之间的不确定关系。就树懒和犰狳的案例来说，仍然不清楚巨大的犰狳状甲壳是属于大地懒（进而属于树懒科），还是属于与犰狳更直接相关的物种（见第56—57页）。达尔文没有把这些形态看作直接的血亲延续，而是视它们为相互关联的物种，只是彼此间的顺序不明。当欧文的深入研究表明石化甲壳不属于大地懒而属于他命名的雕齿兽时，上述不清楚的关系即刻成为两个比较清楚的更替的例证：大地懒和其达尔文第一幅以分杈树来表示进化的素描。顶部是三个现生物种，其化石记录可以追溯到一定深度（实线），但以点表示的祖先都绝迹了。

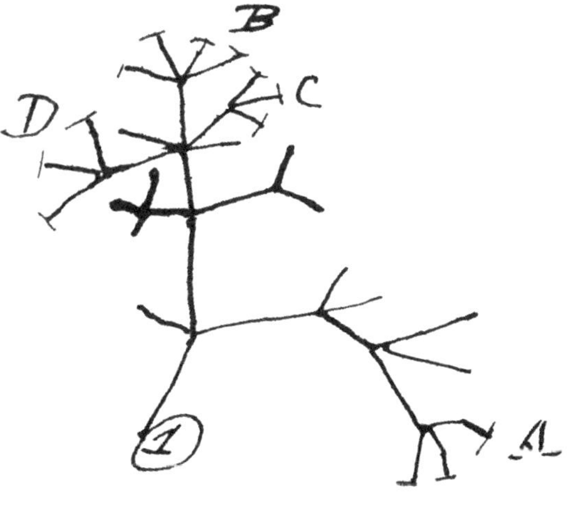

达尔文著名的进化树，在第一幅分杈树图（左图）后又画了几页。物种B和C是关系最密切的，D较远，A则更远。①是它们共同的祖先。

亲族与活树懒之间的延续，雕齿兽与犰狳之间的延续。

后弓兽的情况比较棘手。欧文将其视作巨型美洲驼的看法是短命的：在较为彻底的考察之后，他把后弓兽转入包括犀牛在内的一个群落（见第二章），但仍然肯定其与驼科（包括美洲驼和大羊驼）存在明显的"亲缘关系"。对于他的前进化思维而言，这构成了二者间的联系。巨型哺乳动物箭齿兽也属于类似情况，欧文开始时将其与啮齿动物联系起来，因此是延续的另一个例子，而后又与南美的水豚，即最大的现生啮齿动物联系起来。在1839年的《研究日记》中，达尔文依然宣称大地懒和箭齿兽分别与大羊驼和水豚有关，但是，到1845年第二版发表时，他就比较谨慎了：它们有关系，但是远亲。就后弓兽的案例而言，达尔文对欧文之关联说的阐释是，它的祖先可能与骆驼和犀牛的共同祖先有关。最终，后弓兽完全脱离了与大羊驼的所有关系，而箭齿兽也完全脱离了啮齿动物：这是一个颇有些讽刺意味的结果，但在开启达尔文早期进化探讨方面依然意义重大。

在《演进笔记》中，可以看到达尔文在寻找某种机制以便说明其进化树所暗示的物种趋异进化。他的最伟大发现，即自然选择，一般认为是他1838年9月读了托马斯·马尔萨斯的《人口学原理》后萌发的，但他在此前一年或更早些时候就表达了这一思想的萌芽。他问道："每一种动物在岁月的流逝中是否都要产生上万种变体（也许本身受环境的影响），而只有适应环境的动物才生存下来？"然而，这个想法在他阅读马尔萨斯之前始终蛰伏着，马尔萨斯让他彻底明白了子孙的过量繁衍与对幸存者数量的控制相结合，便是促使无数代人变化的动力。这一洞见并非直接受其化石研究的启发，尽管正是化石及其现代分布的证据使他彻底明白了进化的现实。

达尔文的地质学和化石发现在引导他萌发出进化观点方面造成的影响，超越了物种的更替。巨大的变化是由一系列漫长的各个递进的阶段造成的，南美的逐渐隆起，以及海洋环礁之下累积的珊瑚岩的深度，都证明了这一点。类比之下，无数小变化的累积也会产生重大的演进过渡。如果全部生命的多样性都是在这一过程中发生的，那么，地球极为古老——至少有数亿年的历史——这一事实也就成了必要条件。达尔文在南美亲眼看见的地质沉积和侵蚀的深度，以及安第斯山脉地壳隆起的幅度，都向他证明了这一点。

灭　绝

对达尔文来说，物种的灭绝与其进化密切相关。如果环境能够在物种内部促进变化，那么，它也会导致物种灭绝。更为重要的是，一个新的、更加适应环境的物种将打败其祖先，使其灭绝，如果特定栖居地需维持大致稳定的物种数量的话，那么，这就是必要的。

然而，对达尔文来说，灭绝是一个难题。甚至在《物种起源》中，他依然认为这个令他困惑20年之久的问题是“最无端的神秘”。令他困惑的根源是大型哺乳动物的灭绝，他在南美时曾经出土它们的遗骸。如他在《研究日记》中所写：“反思这片大陆变化了的状态，不能不产生最深切的惊愕。以前这里一定充满了巨大的怪物，就像非洲南部，但现在我们只看到貘、大羊驼、犰狳和水豚，与前辈相比它们不过是侏儒……那么是什么灭绝了如此多的生物呢?”

达尔文首先摒弃了当时流行的观点，即居维叶提出的、他的老师亨斯洛和塞奇威克所接受的观点：物种只是在使每一地质时期结束的大灾变发生时才集体灭绝。他最先注意到灭绝的哺乳动物的遗骸出现在充满软体动物的化石层内，而这些软体动物一直幸存到今天（见第129页）。因此，如赖尔在达尔文之前就指出的，并非所有物种都于同时灭绝。对此，他还可以以蒙特埃莫索的啮齿动物化石为例，他认为这些化石与灭绝巨兽属于同一时代；只不过后者没有留下后代，而啮齿动物却留下了稍有些改变的现代物种。

对于反灾变说同样重要的是，他的发现所涉及的地质环境说明这些化石是在正常、相对平静的条件下沉积的，而非在重大的环境动荡时期。在采集早期，即在布兰卡湾的蓬塔阿尔塔时，他就已经得出结论，这些与卵石、贝壳和骨骼水平排列的沉积层是“由海潮活动……悄悄地沉积的”。达尔文笔记的编辑者们曾将此描述为“划时代的一则”：这些沉积物不是突然灾变的遗物，而是在与今天环境变化相似的过程中在河流或河口中形成的。在后来的一篇文章中，达尔文拓宽了这个想法：如果曾经发生过大灾祸，那么就应该看到包括岩石和树木的混合沉积物，而“迄今为止我在南美没有看到这种情况”。沉积层都是正常沉积的结果，骨骼也是“普通自然规律之下死亡更迭”的遗留。对这些具有深刻赖尔意味的结论，达尔文还附上他发现的完整的化石骨骼，即后弓兽和伏地懒的骨骼，它们似乎就躺在死亡地点或附近，一定是巨大的动荡破坏了它们的身体，才使其骨骼七零八落。

这些结论也不会解决灭绝的问题，如果不是由于另一个因素的话：达尔文所展示的遗骸在地质上都是极其近代的，这被地质学以及这些遗骸与近代贝壳的相关性所证实。几乎没有时间，也没有证据证明这些骨骼沉积之后发生过巨大灾变。因此，它们的灭绝一定不是由那么戏剧性的原因引起的，但那又是什么原因呢？在赖尔看来，答案似乎就在眼前：由于个体物种已经适应某种环境，由于我们知道地球总是经历变化，那么这些变化就将周期性地引起物种的灭绝，而新的物种，更能适应变化后的环境的物种，就将取代以前的物种。达尔文的南美样本使他难以接受如此简单的结论。他相信含有骨骼的沉积物几乎没有说明过去的环境与今天的环境之间有任何区别。此外，巴塔哥尼亚沙砾遍地的平原似乎不可能供养比现在的稀疏灌木丛更繁茂的植被。即便发生过某种程度的气候变化，那也不会有根本性的改变：看看海洋动物未曾变化的构成吧。

达尔文的结论，即巴塔哥尼亚在过去与现在一样缺少植被，又提出了新的问题：大量的巨型哺乳动物何以生存？1836年6月，当“小猎犬号”在南非停泊18天后，答案显而易见。达尔文遇到两位当地的博物学家，他们说有大量巨型哺乳动物在这个地区相对贫瘠的环境下生存着。他在笔记中写道：“大象生活在几乎没有植被的贫困乡村。犀牛生活在沙漠。”“巨型动物需要茂盛的植被，这一直是一般性的假设，”达尔文写道，“但我果断地说那完全是假的。”

虽然这些结论解释了巨型哺乳动物在巴塔哥尼亚的生存，但它们由于变化的环境而灭绝这一说法却更难让人接受了。此外，还有他那些马齿化石的独特问题（见第60—62页）：既然重新引入的马如此悠然地在现在的栖居地繁衍生息，它们先前又为什么会灭绝呢？最后，到此时巨型动物已经灭绝是众所周知的事实，按近来的地质标准，灭绝在世界上许多地区都有发生：欧洲和西伯利亚的猛犸象、

巴塔哥尼亚上新世晚期的一个场景，其中有大地懒和马（中），巨型雕齿兽和剑齿虎（左），后弓兽（右）和南方乳齿象（后）。不久之后，这些物种就全部灭绝了。

澳大利亚的袋鼠，以及北美的乳齿象。达尔文在笔记中惊呼："这是多么惊人的事实啊！马、大象和乳齿象在如此不同的地方同时灭绝。赖尔先生还会说是从西班牙到南美的大片土地上的某种环境杀死了它们吗？绝不会了。"

唯一真正对足以灭绝世界范围内巨型动物的全球性事件构成严肃反对意见的，是路易斯·阿加西斯于1837年提出的冰河假想：全球冰蚀消灭了地球上的一切生物。这以灾变论者的思路被提出。这对赖尔来说当然是难以接受的，因此他用实例反驳：在所谓的冰川沉积层以上发现了巨型动物的骨骼。达尔文同意巨型哺乳动物从冰蚀时期幸存下来，并以他最新的南美化石为证。大概基于巨兽的坚韧，

现代巴塔哥尼亚大草原上的大羊驼。达尔文思忖道：灭绝的巨型哺乳动物是如何在如此“干燥荒凉的土地上”繁衍生息的呢？

他总结：“至少马没有由于太寒冷而灭亡。”

主要通过默认的方法，达尔文短暂地转向意大利地质学家乔瓦尼·布罗基提出的观点，即物种与个体一样具有有限的生命时间。如赖尔（基本上反对这个观点）所总结的，布罗基认为一个物种的寿命“取决于某种生命力，而在一段时间过后，这种生命力就越来越虚弱……”。在1835年2月发表的一篇文章中，由于看到南美巨兽的灭绝并不是环境造成的，达尔文对布罗基的概念产生了兴趣，甚至在1837年回国后，他还在笔记中写道：“尝试相信动物是为某一特定时间创造的，而不是由于环境变化而灭绝的。”

然而，达尔文不久就认识到这个观点在生物学上是站不住脚的，承认在普遍意义上灭绝一定是“不适应环境的……一种结果”，实际上，这几乎就是他的自然选择的进化论含义。因此，“灭绝……将在环境不适于动物生存时发生，如从暖到冷，从湿到干”。仅就南美巨兽而言，他只想到我们几乎不了解决定成功的确切的生态条件，或者换个角度说，我们几乎不了解今天仍然活着的物种，所以，我们“仍然毫无把握谈论任何绝迹物种的生或死”。

人类可能在巨兽灭绝的过程中起到某种作用，达尔文似乎没有考虑到这个问

气候和人类对灭绝的影响

今天，人们仍然用达尔文及其同代人所用的大致相同的术语来争论过去动物灭绝的原因。一般来说，通过化石记录，环境变化被视为主导因素，直接竞争则起到次要作用。就近代巨兽灭绝的特殊案例来说，主要的威胁是冰期的气候变化和人类的狩猎活动。我们现在知道气候变化是高度复杂的，不仅仅局限于实际的冰蚀期，因此，赖尔的观察是正确的，即许多绝迹巨兽熬过了冰期，幸存下来。在南美，约66个大型哺乳动物物种绝迹，大多在15 000—8000年以前。这个时期的气候变化使森林范围扩大，导致了草原栖居地的变化，这可能影响到大型食草动物。同时，人类在15 000年前来到南美，考古证据清楚地证明人类用树懒和乳齿象的肉、皮、骨和腱制作各种产品。然而，关于屠杀的证据，如骨头上的刻痕，却不能把猎杀活的动物与分食动物尸体区别开来。只有少数发现清楚地表明了实际猎杀，如最近在巴西东南部发现一个石制工具嵌在年轻乳齿象的头骨里。狩猎和气候变化对巨兽绝迹的相对作用，在达尔文的时代依然悬而未决，但二者的协同作用似乎逐渐为人所接受。

题。赖尔和欧文都曾驳斥人与巨兽共存的证据，认为人类是在巨兽灭绝后出现在地球上的。1863年，赖尔在《古代人类的地质学证据》中戏剧性地改变了看法，虽然仍然强调环境原因，但承认“人类发展中的力量已经成为许多后上新世物种被破坏的原因”。

至于物种竞争，达尔文的早期著述并不确定这是否是合理的解释：“能够假设犰狳吃掉了大地懒、大羊驼和骆驼吗?”然而，他在《物种起源》中表达了成熟的观点，认为物种竞争是灭绝的主要驱动力。由于自然选择常常导致更适应环境物种的出现，“作为其结果的不利形态的灭绝就几乎是必然的了”。环境变化也起到一定作用，比如，在哺乳动物中，巨兽的灭绝就可能是由于它们需要更大量的食物。

化石的起源

达尔文关于他发现的巨兽绝迹的结论明显受其亲眼观察的影响（如在第205页所讨论的），即这些化石“悄悄地”沉积，其条件与今天的沉积条件相同。为支持这个结论，他极为关注动物遗骸的命运。赖尔长篇讨论过已死的动物和植物，或已死动植物的残余部分，是如何被掩埋和保存的；这些思考是他用以阐释化石地层的“均变论”方法的基础。对达尔文，如同对赖尔而言，这也是反对灾变论的有力论证。在里约附近的海岸，他写到：“最令我震惊的是”，“海平面的些微变化就会把许多陆地动物淹没在淡水或咸水沉积物中”，产生像第三纪沉积物这样的地层。在蒙得维的亚，“令人好奇的是如此干燥的沙上竟然如此完好地保存着昆虫……这些昆虫在任何地层中都极容易保存下来”。在福克兰群岛，他总结说：“我相信泥煤是非常缓慢地由现在生长在地表的草和其他植物形成的——看到草地上零散骨头部分被包裹起来，我才这样想的。”最具戏剧性的，是达尔文在布宜诺斯艾利斯听说1827—1830年间的“大旱”中，大量动物死于缺食缺水，包括约一百万头牛。目击者告诉他数千动物跑进河里，“由于饥饿而无力离开泥泞的岸边”；河里“充满了腐烂的尸体”，许多尸体漂到下游的拉普拉塔海口。大旱之后是洪水，“因此，数千具尸骨就这样于次年被埋葬在沉积层中”。达尔文推测，一个地质学家要是遇到这样一个沉积层，可能会假设某一巨大灾祸使它们沉积在这里，但它们其实是依据“事物的正常秩序”累积于此的。

“小猎犬号”之后的古生物学

“小猎犬号”之旅后，达尔文虽然再没有去采集化石，但他余生都对化石怀有强烈的兴趣，并与古生物学家保持通信联系，追踪最新发现。第一个重要的新发现来自两位丹麦人，彼得·隆德和彼得·克劳森，他们自1835年开始从巴西洞穴里采集化石，其发现于1839年用英文发表。达尔文同年在《研究日记》中热烈讨论了这个问题，他们的采集包括“28个属的陆生四足动物的灭绝物种，总计32个属中的另外4个属仍栖居于发现洞穴的这些省份……有食蚁兽、犰狳、貘、野猪、大羊驼、负鼠和无数南美啮齿动物和猴子的化石”。这是对达尔文物种更替理论的惊人肯定，私下里则是对其物种进化理论的惊人肯定。达尔文还记载说非常满意于他所发现物种出土了比较完整的遗骸。两种地懒——磨齿兽和大地懒的骨骼，及其获奖发现——箭齿兽的其他遗骸于1845年经古文物收藏家佩德罗·德·安杰利斯之手卖给了大英博物馆，同时还有剑齿虎——“一种美妙的大型食肉动物”。

对达尔文更具个人意义的是，他在“小猎犬号”上的朋友巴塞洛缪·沙利文把在南美旅行的地质见闻详细记录下来寄给了他，甚至偶尔寄来一些化石。1844年，在南巴塔哥尼亚的加耶戈斯港，沙利文发现了一个布满哺乳动物遗骸的沉积层，包括“像一头小鹿那么大的一个动物的完整后背和肋骨”和“一个非常完美的犰狳壳”。“它们当然是你的，”沙利文写道，“但我认为你会更愿意让它们和你的

达尔文在“小猎犬号”上的朋友巴塞洛缪·沙利文于后来一次旅行中发现的哺乳动物化石的复原图像，箭齿兽的一个古代远亲，理查德·欧文将其命名为仙齿兽。

采集一起被放在外科医学院。”1846年，沙利文回到英国后不久，达尔文写信给欧文说，沙利文急于让欧文检查那些化石，“我将非常高兴地出席”。沙利文的化石构成了欧文的新属——仙齿兽（*Nesodon*）的基础，包括两个种，覆瓦状仙齿兽（*N. imbricatus*）和沙利文仙齿兽（*N. sulivani*），尽管现在二者已经合二为一了。这些动物约与美洲驼大小相同，与箭齿兽相关。欧文进而说：“箭齿兽与后弓兽之间的时间间隔显然由这个了不起的属所填充了。”沙利文从它们的地质位置出发，颇有预见地说。“我认为它们比任何布兰卡湾化石都古老得多”（那正是达尔文发现箭齿兽遗骸的地方）。沙利文发现的沉积层现在已知约有1600万—1800万年，与达尔文在圣胡利安港和加耶戈斯港附近的圣克鲁斯河采集的无脊椎动物化石差不多同龄（见第137—139页）。

达尔文对新化石发现的兴趣不局限于南美。在这方面，他主要的联系人是苏格兰古生物学家休·福尔克纳（1808—1865），二人友好通信往来长达20年之久。福尔克纳与普罗比·考特利一起在印度北部的西瓦利克山脉挖掘出大量化石，并将其赠送给大英博物馆，发表了研究巨著。在笔记本中，达尔文称赞了他们对“来自印度的美妙化石的记叙”。这些对达尔文并非没有意义，他曾记载说“福尔克纳的一些化石介于乳齿象与大象之间”，指的是被福尔克纳后来命名为剑齿象（*Stegodon*）的西瓦利克哺乳动物。福尔克纳写信报告来自巴西的名叫中黑格兽（*Mesotherium*）的中型哺乳动物化石时，将其描述为“所有哺乳动物都快活地混合在一起的共有的中间代”。达尔文高兴地回答说：“如此中间的一种形态无上光荣。”

隐蔽的进化论者

1842年5月到6月，在斯塔福德郡的马尔镇与家人共度暑假期间，达尔文写了16页的论进化思想的草稿，题名为《物种理论的首次勾画》。两年后，也即1844年，他写了较长的一稿，手稿达189页，实际上就是《物种起源》的草稿。手稿完成时，他写信给妻子解释了自己“最严肃和最后的请求”：万一他死了，她一定亲眼看到它的发表。

与此同时，达尔文已发表的著作都避免提及进化，尽管我们能够时不时看到他竭尽全力揭示其观察的真实解释。1845年版的《研究日记》中，在详尽介绍了支持其物种更替法则的新证据之后，他写道：“同一个大陆上的灭绝动物与现生动物之间的这种奇妙关系，我毫不怀疑，从此以后将比任何种类的事实都更加清楚

1849年的达尔文，40岁，开始研究藤壶化石。

地说明生物在地球上的出现，以及它们从地球上的消失。”用古生物学家奈尔斯·埃尔德雷奇的话说，更替法则已经成为进化论的“遮羞布”。在另一章中，达尔文用声名显赫的进化论拥护者拉马克为代言人。在描述潜穴的啮齿动物——栉鼠普遍遭受的眼伤时，达尔文说：“拉马克在推论……鼢鼠何以逐渐目盲时会为这一事实而高兴的。”（鼢鼠是另一种挖洞啮齿动物，）隐蔽的进化论暗示也可在同一本书中关于箭齿兽的论述中找到（见第81页）。

1846年，达尔文开始了为期八年的对藤壶的深入研究。他最初研究的是从智利采集的一些非同寻常的活藤壶，但他认识到他需要另一些物种为其发现建构研究语境，结果便是关于整个群落的一千页的专著。1849年，他转向藤壶化石，给英国和外国的全部有联系的古生物学家写信求得标本和信息。其结果是另一全面的研究和两卷本的专著。达尔文此项研究的较为宽泛的目的是深入了解一个群落的生物，以期发现支持进化思想的证据。他成功了，尤其是展示了一系列现生物种呈现出结构演化的不同阶段，反映了进化链中合理的环节。他还在许多物种内部发现了大量变异，这是自然选择机制的一个必要前提，而在这一点上，他的大部分证据来自家养动物。这也应用到了藤壶化石的研究上，达尔文记载说对许多物种而言，“考虑到特征的可变性，掌握若干个标本是必要的，这样才能正确识别物种”的典型特征。

藤壶化石，从侏罗纪到现在（按现在理解，大约有两亿年地质时间），展现了物种序列性的出现和消失。达尔文不时地发文揭示他这个秘密的进化研究，把一个比较古老的物种形容成“谱系树的枝干”，而物种在其形态发展中“几乎没有间断地”从一个走向另一个。他还记载说，对于在漫长的地层序列中发现的一种化石（白垩纪的有茎秆曲面铠茗荷儿〔*Scalpellum arcuatum*〕），“其较高阶段与较低阶段的标本之间有些微的差别，对此有些作者或许认为是特殊的”：这里间接暗示的是，这不是单一物种，而是一个物种“或许”转变成了另一个物种。

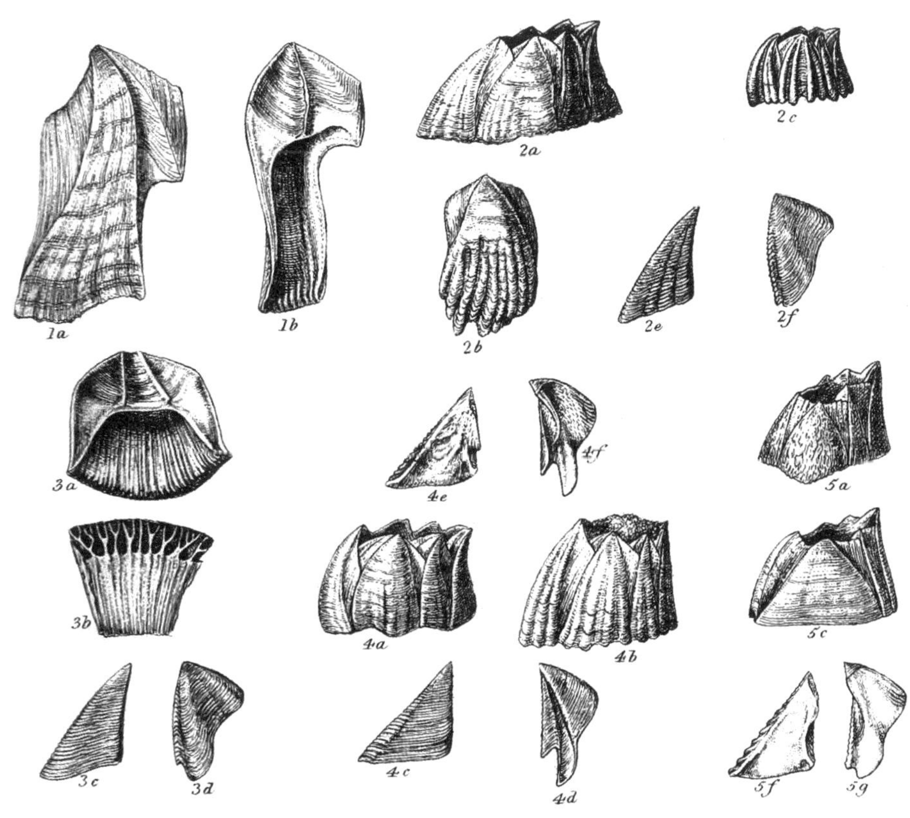

藤壶化石，摘自达尔文1854年的专著。贝壳由六片重叠板块构成，往往是孤立的（见底行）。达尔文用形态细节推演出物种间的关系。

化石与《物种起源》

1854年，有藤壶研究做后盾，达尔文真正开始了“大物种著作”，但在1858年又受到博物学家阿尔弗雷德·拉塞尔·华莱士的一封信的干扰，信中宣布了关于物种起源的一种新提法，该说法在本质上与达尔文的自然选择理论完全一致。达尔文和华莱士在1858年7月于伦敦林奈协会上共同宣读论文，但是，以20年积累的证据，最终是达尔文写出了将该理论公诸于世的著作。以1844年手稿为模板，将原计划的大书减缩为“摘要”，历时15个月写成《物种起源》，1859年11月出版。

《物种起源》的十四章中有两章写化石。达尔文关于地质学和化石的叙述有时被说成是为进化论缺乏化石证据而进行的辩解，但是，也可以从比较正面的角度来解读，尤其是考虑到后续每一版中随着新的化石发现而增加的例证。第一章《论地质记录的不完全》，达尔文承认他的进化论通过厚厚的岩石序列预言化石物种的变化，但展示的例子很少。他解释说，只有极小部分活的生物死后被埋葬，大多数将腐烂或消失。大多数岩石序列在形成期间都会被迫周期性地停顿，并且遭受随之而来的侵蚀，所以化石记录是高度不连续的。达尔文进而敏锐地指出，新的物种常常从祖先的一小部分中派生出来，而世界的许多地区都缺少化石标本，因此，过渡形态罕见也不足为怪。与赖尔一样，他把地质记录比作一本书，其许多章节都缺了，大多数书页都被撕掉了，每页上只有几行字残留着。

但达尔文继而表明，化石记录尽管有不完善的地方，却清楚地支持进化论。显示物种变形的等级细化序列也许罕见，表明物种变形的等级细化序列也许罕见，但如果对某一地质构造的连续阶段做一相对粗糙的比较研究的话，我们就发现“内嵌化石物种比起那些四处分散的构造要紧密得多”。在1872年《物种起源》的最后一版中，达尔文就能引用发表过的关于遵循岩柱物质内部的变化叙述了。包括俄罗斯的菊石和瑞士的淡水蜗牛。来自第三纪晚期的石化贝壳，以前被认为与现生的贝壳属于同一物种，现在则被证明稍有区别。

重要生物群落明显地突然出现或迟到也被用作反对进化论的证据。然而，甚至在1859年，达尔文就引用了已经被最新发现推翻的例子。比如，“居维叶力主第三纪的任何沉积层都没有猴子；但现在绝迹物种却在印度、南美和欧洲发现了，甚至可溯至始新世阶段”。达尔文本人曾经由于无茎秆藤壶“突然”出现在第三纪而烦恼，但是，他论藤壶的专著刚一发表，人们就在比利时发现了属于前一个阶段（白垩纪）的沉积物中有一个无茎秆藤壶。到1872年，他增加了多骨鱼，以前被认为突然出现在白垩纪，现在则在几乎古老两倍的侏罗纪和三叠纪的岩石中都有发现。这些事实不仅反驳了重要群落的突然出现或迟到，而且表明化石记录的证据将随着持续的勘察而增多。

在下一章《论生物在地质上的更替》中，他增加了多条证据线索。重要的是，绝迹和现生的物种“都落入一个大自然体系，而这个事实一下子就由血统原则说

改变了一切的那本书:《物种起源》第一版，1859年11月24日出版。其14章中有2章写地质学和化石。

清楚了”。他还观察到，“任何形态越是古老，就一般规律而言，就与现生的形态差别越大”。最后，物种更替法则开始展示其真实色彩了，这是每一个大陆早期栖居者遗传相同形态给后代物种的结果，尽管发生了“某种程度的变化”。此外，现生树懒和食蚁兽不可能直接从其巨大的亲属大地懒和雕齿兽繁衍而来，现在有巴西化石“与仍然生活在南美的物种在大小和其他特征上密切相关，而这些化石中有些也许是现生物种的实际祖先”。

1859年《物种起源》发表后的岁月见证了更关键的化石被发现，展示了重要生物群落起源的不同步骤，达尔文迫不及待地将其融入后来的版本中。所有化石中最著名的“过渡型”化石是始祖鸟（*Archaeopteryx*）化石，1861年在德国的索尔恩霍芬被发现。第一个标本卖给了大英博物馆，由理查德·欧文检验，1862年欧文在皇家协会上宣读了他的发现。始祖鸟有鸟一样的羽毛，但翼上有爪，有一条长而多骨的尾巴，像爬行动物一样。休·福尔克纳在现场听了欧文的报告，写信告诉达尔文：“……这儿有一个关于大始祖鸟的达尔文案例，这个案例够你我长谈的了。如果索尔恩霍芬矿场接到当局命令，那么，受命挖掘始祖鸟将是再好不过的了。”达尔文立刻回信说：“……我特别希望听到关于那只奇鸟的消息；这个案例令我高兴，因为鸟群落是最受忽视的。”第二天，他写信给美国地质学家詹姆斯·达纳，说始祖鸟“是近代迄今为止最伟大的奇观。对我来说是大案例……”在《物种起源》中，第一次提到“那只怪鸟，始祖鸟”是在1866年的第四版，但达尔文在这方面小心翼翼，主要将其作为一个例子，证明“我们对这个世界以前的栖居者知之甚少”。然而，在1869年的第五版中，由于征求了比较解剖学新权威——取代了欧文——托马斯·亨利·赫胥黎的意见，他又说：“赫胥黎教授表明，甚至是鸟与爬行动物之间遥远的距离也以最出乎意料的方式部分地连接上了，一边是鸵鸟和绝迹的始祖鸟，另一边是美颌龙，恐龙的一种。”美颌龙是兽脚亚目的一种小而善跑的恐龙，也是在索尔恩霍芬被发现的。赫胥黎提到它像鸟一样的特征。他认为始祖鸟是一种鸟，而不是中间代，但其原始特征说明鸟类从爬行动

托马斯·亨利·赫胥黎（上图），达尔文的铁杆支持者，在《物种起源》发表后不久，发现了早期的鸟类——始祖鸟（左图）和恐龙——美颌龙（*Compsognathus*，下图）的化石，为鸟的进化提供了线索。

物演化而来。美颌龙与始祖鸟是同时代的，存在时间太晚以至于不能是其实际祖先，而是演化为鸟类的那个群落的幸存者。这些结论本质上在今天依然合理，只不过有些专家认为美颌龙长着羽毛。

到1872年《物种起源》第六版发表时，已经有更加惊人的化石中间代需要展示。一头灭绝的海牛（牛海兽属〔*Halitherium*〕），展示出原始的后肢，与现生近亲不同，并表明它们是某一陆生祖先的后代。化石鲸也得以发现：原鲛鲸和械齿鲸（*Zeuglodon*）。它们的牙齿又尖又利，像其他哺乳动物的牙齿，而与现代齿鲸的钉子状牙齿有所不同。械齿鲸也有后肢基础，足以从身体里伸出来，与所有现生鲸形成对照。化石马（三趾马〔*Hipparion*〕）也被发现，以三趾代替今天的一趾（马蹄）。“没有人会否认，”达尔文写道，“三趾马是现生马与某种更古老的有蹄类物种之间的中间代。”

1859年，达尔文总结到，“依我看古生物学中的一些重要大事件，都伴随着有利变异通过自然选择完成了生物演化”的理论。到了1872年，达尔文就更加大胆了，他说古生物学中的一些重要大事件完美地支持了“通过变异和自然选择而完成物种起源”的理论。

在《物种起源》中，达尔文避而不谈人类进化，但在1871年的《人类起源》中谈到了这个问题。然而，与人类起源相关的化石记录在当时极其罕见，因此该书主要用来解释现代人类的变异以及自然选择，尤其是性选择。他认为人类起源可能在非洲，因为那是大猩猩和黑猩猩的家乡，但是，“对这个主题进行推测是毫无意义的”，因为当时唯一已知的化石猿类，即中新世的森林古猿（*Dryopithecus*），是在欧洲被发现的。

首先被确认为早期人类的一批化石中包含1848年在直布罗陀海峡出土的一颗头骨。1864年，头骨被带到英国。在给朋友植物学家约瑟夫·胡克的信中，达尔文记录道：“赖尔和福尔克纳都来看我，我非常高兴见到他们。福尔克纳给我带来了美妙的直布罗陀头骨。”只是在很久以后，这颗直布罗陀头骨才被确认为是尼

休·福尔克纳（上图），达尔文最亲密的古生物学家同行，他把从直布罗陀海峡带回来的人类头骨（右图）拿到唐屋给达尔文看。

安德特人的，该人种的确立依据是1856年在德国发现的部分骨骸。那副骨架展示的是一颗椭圆形头骨，有着低而凹陷的额头，以及眼睛上方独特的眉嵴。而其大脑容量似乎与现代人的同样大。赫胥黎在《人在自然界中地位的证据》（1863）中认为尼安德特人太接近现代人以至于不能提供人类与其他猿类之间的中间代。达尔文在《人类起源》中步其后尘，同时指出（结果证明是正确地）“最可能提供将人类与某些绝迹的类猿生物联系起来的遗骸的那些地区，地质学家们尚未勘察”。那些地区，尤其是非洲，现已提供了大量的这样的遗骸。

《物种起源》之后

科学家们对《物种起源》的最初反应各不相同，从兴高采烈到怒火中烧。在伦敦实用地质学博物馆，古生物学家约翰·索尔特在该书出版后的几个月里始终准备展出腕足类动物化石，达尔文满意地写道：“按我在《物种起源》中的图表排列（化石），令我大为震惊的是，他根据地质年代插入了变体和物种，使其形成一个美丽的枝杈层次。”此外，《物种起源》发表时，时任地质学协会会长的约翰·菲利普斯则反对达尔文的理论，理由是：化石记录中出现的大多数物种都在一个或更多的地层中持续存在，然后就消失了，没有明显的变化。尽管达尔文的确希望看到某些化石序列中的物种变化，但他不认为不变的例子对其理论是致命的。在早期笔记中，他曾写道：“我的理论要求每一种形态都维持它所应维持的时间。”在《物种起源》第四版（1866）中，他清楚地说明：“我并不假设这个过程……持续不断；更有可能的是，每个形态在相当长的时期内保持不变，然后改进。”

在达尔文的伙伴中，已经成为进化论者的为《物种起源》的发表兴高采烈。华莱士甚至高兴得过了头，声称达尔文的名字应该“高于古代和现代每一个哲学家之名”，并感到松了口气，因为向世界宣布这个理论的不止他自己。达尔文在爱丁堡的老师罗伯特·格兰特，虽然已经30年没有联系了，但把1861年出版的《近代动物学》“钦佩而赞赏”地题献给了以前的学生。胡克和赫胥黎先是怀疑进化，但被《物种起源》深深打动，成为达尔文最坦诚的拥护者。亨斯洛和赖尔，尽管不情愿摒弃自然界的神圣主宰，但钦佩达尔文卓越的论证，帮助推广了这种理论。尤其是赖尔，在1863年的《古代人类的地质学证据》中详尽说明了达尔文的论证，大体上接受了这些论证，尽管他认为人类较高的才能是“飞跃”了动物王国的其余动物，其原因也许不在“正常的自然过程中”。塞奇威克和亨斯洛一样，既是地质学家，也是神职人员，更具有批判性，他写信给达尔文说他已经怀着“更多的痛苦而非快乐”读过了那本书。罗伯特·菲茨罗伊，曾在“小猎犬号”上常常与达尔文讨论科学问题，现在则感到遗憾，因为他为达尔文提供了为得出“如此惊人之理论”而搜集事实的机会。

阿尔弗雷德·拉塞尔·华莱士，自然选择原理的共同发现者。他极为赞赏达尔文的《物种起源》。

最复杂和不幸的案例是理查德·欧文。他曾在描述达尔文的化石哺乳动物并为之命名方面起到关键作用，在整个19世纪30年代至40年代期间始终是达尔文的亲密朋友。开始时他反对进化论，从19世纪40年代中期开始，欧文表示相信物种的演化起源，也许是受地区性物种更替证据的启发。但欧文的观点并不是完全机械的。他相信有一个造物主，是这个造物主在整个地质时间中操纵和“主宰”物种的诞生。此外，欧文并不接受演化说，一个物种逐渐进化而变成另一个物种，这是达尔文进化论的基础。他相信新物种的出现是由于一次突然的飞跃，这是卵子、精子或种子的突变造成的。他因此强烈地反对自然选择论，认为这个理论缺乏证据，忽视了生物体的结构规划。更糟的是，《物种起源》中，达尔文把欧文的名字列入了“维护物种不变性”的古生物学家名单之中。欧文显然要让大家知道他的感受，因为在第二版中他的名字从名单中消失了。在该书的别处，达尔文表示出谦恭的态度，称他为“我们伟大的古生物学家——欧文”。但欧文写了一篇无情抨击《物种起源》的书评，他们的关系也从此结束。

结　论

作为“小猎犬号”上的博物学家，达尔文自己的化石发现对其思想的发展起到了重要作用。他本人发现这些化石这个事实，无论作为地质环境还是现代景观的基础，都对他产生了根本性的影响。化石与他在南美亲眼看到的活物种之间的明显关联，也是促使他转向进化论的关键因素。这些化石为他提供了地质时间中的变化的最早例证，也是他得出进化树观点的原始材料。这些化石也引导他识别出物种变体在时间和空间之间的类比，这是后来进化思维得以发展的关键因素。后来，达尔文能够引用不断增加的化石发现来证明他的理论。除了进化意义外，达尔文还利用他的化石发现阐释古代环境，它们为他关于陆地隆起和珊瑚礁的形成等洞见提供了关键证据。反过来，这些化石有力地支撑了赖尔关于地球过去的地质渐变论，这一理论在当时并未广泛为人所接受。

尽管还有人反对，但支持达尔文观点的人稳步增多。到1872年《物种起源》终版出版时，他报告说，以前的造物论者赖尔“现在把他的权威支持给了对立面，大多数地质学家和古生物学家以前的信仰也深为动摇”。达尔文的理论革新了古生物学，而化石成了所发生的进化的主要证据。生物间的关系不再仅仅是结构上的，而且也是谱系上的了，重构生命之树便成为一种主要追求。尽管如此，达尔文的洞见，即我们很难识别出一条直接的繁衍线索，而应该聚焦于现生物种与化石群落之间的紧密关系，在19世纪末和20世纪初寻找祖先形态的潮流中基本上被遗忘了。后来被重新发现，现在的重点在于把物种置于一棵分杈的树上，以便理解连续的变化何以累积起来促成重要的进化过渡。在这方面，古生物学逐渐与进化生物学的其他领域相结合，例如生态学、遗传学和胚胎学。现在通过化石追溯动物群落，如鸟类和哺乳动物类等主要群落或鲸等较小群落的起源的细节，将令达尔文及其同代人震惊。在罕见的情况下，如保存在海床下的极小生物，地质序列完全可以揭示渐进的变化，乃至一种物种演变为两种的分化。化石也广泛用于重构过往的环境，理解生物对环境的反应，无论是通过进化、范围的转移还是灭绝。这一革命开始于达尔文在停靠的第一个港口走下“小猎犬号”之时，并用他在一个悬崖上发现的化石得出结论，即圣亚戈岛是在近代从海洋中隆起的。

资　源

原书页码加粗，条目按主题顺序列出。除特别注明的外，均为初版印刷版。除特别注明的外，信件均是寄往或寄自达尔文。条目中信息可能会存在拼写或标点符号的偏差。以下是所有原始资源。日期用数字表示，如“1.32”表示“1832年1月”，“1.1.32”表示“1832年1月1日”。

缩　写

ACD *The Autobiography of Charles Darwin* (Barlow 1958); ***AN*** *'A' Notebook*; ***BBN*** *Bahia Blanca Notebook*; ***BD*** *Beagle Diary* (Keynes 1988); ***BN*** *'B' Notebook*; ***BON*** *Banda Oriental Notebook*; **CD** Charles Darwin; ***CN*** *'C' Notebook*; ***CPN*** *Copiapó Notebook*; ***CQN*** *Coquimbo Notebook*; **CSD** Caroline Sarah Darwin; **DAR** Darwin manuscript numbers at Cambridge University Library (CUL-DAR); **DCP** Darwin Correspondence Project (Burkhardt et al. 1985−; https://www.darwinproject.ac.uk); ***DN*** *'D' Notebook*; ***DPN*** *Despoblado Notebook*; **ECD** Emily Catherine Darwin (known as Catherine); ***EN*** *'E' Notebook*; ***GD*** *Geological Diary* (Darwin 1832−6); ***JR*** *Journal and Remarks* (Darwin 1839), ***JR45*** *Journal of Researches* (Darwin 1845); **JSH** John Stevens Henslow; ***OS*** *The Origin of Species* (Darwin 1859), ***OS2***− later editions; ***PDN*** *Port Desire Notebook*; **RCS** Royal College of Surgeons; ***RN*** *'Red' Notebook*; ***RON*** *Rio Notebook*; ***SA*** *Geological Observations on South America* (Darwin 1846), ***SA76*** 1876 edition; **SED** Susan Elizabeth Darwin; ***SFN*** *Santa Fe Notebook*; ***SN*** *Santiago Notebook*; ***VI*** Volcanic Islands (Darwin 1844); ***VN*** *Valparaiso Notebook*; ***ZB*** *Zoology of the Voyage of H.M.S. Beagle* (Owen 1838−40).

7 CD quote: *ACD*, 76. **8** The survey: FitzRoy 1839; Browne 2008, xviii. FitzRoy quotes: Keynes 1988, xii; Fitzroy 1839, 18. **8–9** Choice of Darwin: letter from L Jenyns to F Darwin 1.5.82; FitzRoy 1839, 18–19; letter from JSH 24.8.31. **9** CD childhood: *ACD*, 22; Browne 2003/1, 29–33. **10** Edinburgh: Browne 2003/1, Ch. 3; *ACD*, 52; Herbert 2005, 33; Stott 2012. Cambridge: *ACD*, 62–4; Herbert 2005, 32; Kohn et al 2005. **10–12** Tenerife: Browne 2003/1, 135; Herbert 2005, 30; letters to CSD 28.4.31, JSH 11.7.31, WD Fox 1.8.31, from JSH 24.8.31. **12** Shropshire geology: letters to JSH 11.7.31, C Whitley 19.7.31. Welsh trip: Barrett 1974; Roberts 2001; Browne 2003/1, 142; Herbert 2005, 39–46. Accepted for *Beagle*: *ACD*, 54 & 60; Browne 2008, xvii. **13** CD quotes: *BD*, 6.1.32 & 16.1.32; **14** CD's cabin: letters to JSH 30.10.31 & ECD 19.6.33; *BD*, 27.9.34; letter from Sulivan to Hooker, 4.82 (DAR107.42–7); Browne 2003/1, 170. **15–16** Shipmates: Keynes in *BD*, xxi–xxii & 61; *ACD*, 73–4; letter to R Fitzroy 20.2.40; Browne 2003/1, 202–210; Porter 1985, 985; *BD*, 29.8.33; FitzRoy 1839, 107. **17** CD & FitzRoy quotes: letter to ECD 29.7.34; FitzRoy 1839, 107. **18** Punta Alta: *BD*, 22.9.32 & footnote 1. Maldonado: Parodiz 1981, 53. **19** Map based on *BD*, 173, Winslow 1975 & Wesson 2017. **20** CD Santa Fe quote: *BD*, 6–11.10.33. Rosas & CD quote: *BD*, 10.20.33; *JR*, 87–89, 165; Parodiz 1981. Falklands: Armstrong 1992. Uruguay: *BD*, 3–4.10.33. CD quotes: letters to WD Fox 25.10.33 & CSD 20.9.33. **21** CD & FitzRoy quotes: *BD*, 2–4.10.32; FitzRoy 1839, 112, 126, 217; Cape Horn: Chancellor & van Whye 2009, 61. **22** Andes crossing: *JR*, 390–4. **23** British connection: *BD*, 20.9.33, 26–27.9.34 & 15.3.35; *JR*45, 148. **24** CD quotes: *ACD*, 56; letter to SED 4.8.36. **25** Correspondence: letters to ECD 10.3.35 & WD Fox 9–12.8.35; *BD*, 25–26.4.33. **25** Packages home: letter to JSH 18.10.31; Porter 1985. **25–6** *Toxodon* package: letters to E Lumb 30.2.34, from E Lumb to JSH 2.5.34, from E Lumb 8.5.34, from C Hughes to W Clift 18.8.34 (RCS archive) & from CSD 29.12.34; Browne 2003/1, 226. Lima: letters to CSD 10–13.3.35, SED 23.4.35 & ECD 12.8.35. **26** *Beagle* writings: Burkhardt 2008; Chancellor n.d.; Porter 1985. Clift: letters from JSH 31.8.33 & 22.7.34, from CSD 28.3.34, to JSH 3.34 & CSD 8.8.34, from Clift to J Wedgwood 6.1.35 (RCS archive). **27** The specimens: *JR*, 599; letter to CSD 9.8.34; Rosen & Darrell 2010. **27–8** Disposal of collections: letters to JSH 9.9.31 & 30.10.36, CSD 9–12.8.34, from J Wedgwood to Clift 22.12.34 (RCS Archive); Burkhardt 2008, 39 footnote 3; Browne 2008, xix. **28** Hunterian Museum: RCS Board of Curators minutes, 19.12.36 (DCP-LETT-330); https://www.rcseng.ac.uk/museums-and-archives/hunterian-museum/about-us/history/. **29** Specialists: Porter 1985;

Browne 2003/1, 451. CD quotes: letter to JSH 10–11.1832; *SA*, iv. **29–30** Rivalry: letters from d'Orbigny 14.2.45 & Sowerby 7.2.46; further letters at DAR43.1. **30** Early evolutionists: Stott 2012; Beccaloni & Smith 2015; Eldredge 2015, 75, 95; Browne 2003/1, 36–40, 83; Jameson 1827; *ACD*, 49. **31** Catastrophism and Lyell: Herbert 2005, 64, 156, 182–6; Pearson & Nicholas 2007; *ACD*, 77.

第二章

35 Quotes: W Clift diary 8.1.33 (RCS Archive); letters from FW Hope 15.1.34, to CSD 6.4.34, to JSH 24.7.34. Evidence for evolution: *OS*, 1. **36** Map: based on Winslow 1975, Fig.3. Punta Alta: *JR*, 96. **37** *Megatherium* discovery: *BD*, 23.9.32. **38** *Megatherium* identification: letter to JSH 10–11.32. Further *Megatherium* skulls: *ZB*, 100–106. Luján skeleton: Simpson 1984; Argot 2008; Cuvier 1796 & 1812. **40** Parish's *Megatherium*: Parish 1839, 171–8; W Clift diaries 1832–1837 (RCS Archive). Cambridge meeting: letters from JSH 31.8.33, FW Hope 15.1.34, CSD 28.3.34 & J FitzRoy 24.8.33. **42** CD quotes: letters to JSH 3.34 & CSD 9–12.8.34. **42–3** Public interest: Rupke 2009; Toledano 2011; Dawson 2016; *GD*, 9–10.32. **43** Scientific accounts: Clift 1835; Buckland 1837; *ZB*, 100–106; Owen 1851–59; Dawson 2016, 79; Owen 1851–9, 823–8. Locomotion: Fariña et al. 2013; Pant et al. 2014; Blanco & Czerowonogora 2003. **44** Diet: Bargo & Vizcaíno 2008; Saarinen & Karme 2017; Bocherens et al. 2017. **45** CD quotes on *Mylodon*: letters to JSH 10–11.32 & 12.11.33; *BD*, 8.10.32. **46–7** '*Megalonx*' jaw: *ZB*, 99–100; Simpson 1984, 4–6. **47** Identification as *Mylodon*: R McAfee pers. comm., 2016. Parish's *Mylodon*: Owen 1842. **48–9** *Mylodon* biology: Moore 1978; Fariña et al. 2013; Barnett & Sylvester 2010. **49** Discovery of *Scelidotherium*: *GD*, 1833 (DAR32.74); *SA*, 84; *BBN*, 10a; letters to CSD 13.11.33 & JSH 3.34; *ZB*, 73. **50–1** Discovery of *Glossotherium*: *ZB*, 57–63; *SA*, 92; *JR*, 181; letter to T Reeks (DCP-LETT-823). *Glossotherium* & *Scelidotherium* biology: Bargo & Vizcaíno 2008; Fariña et al. 2013. **52** Sloth distributions: Fariña et al 2013, 213–6; Varela & Fariña 2016. **52–3** Sloth evolution: Pant et al. 2014; Buckley et al. 2015; Slater et al. 2016. **53** Punta Alta glyptodonts: *RON*, 64b; *BD*, 15.9.32; *GD*, 9–10.1832 (DAR32.65–6); *ZB*, 107. **54–5** Further Glyptodont finds: *GD*, 1833 (DAR32.74); letter to CSD 20.9.33; *JR*, 153 & 181; *JR45*, 130; *SFN*, 33a; *BON*, 36; *GD* 1833 (DAR33.258 verso). **55–8** Identity of carapace: letter to JSH 26.10–24.11.32; Falkner 1774; Owen 1841 (citing Laurillard, Pentland & d'Alton); Clift 1832–7 & 1835; letter to CSD 20.9.33; *GD*, 1833 (DAR33.252–259, 270); Brinkman 2010; Darwin 1844 (in F. Darwin 1909); Herbert 2005, 303–8; DAR205.9;

SA, 78 & 84. **58** Glyptodont biology: Delsuc et al. 2016; *BON*, 36; *GD*, 1833 (DAR33.258 verso); Alexander et al 1999; Bocherens et al. 2017. **58−60** Glyptodont taxonomy: Delsuc et al. 2016; *SFN*, 30a; *JR*, 181. Identification of *Neosclerocalyptus*: Alfredo Zurita & Fredy Carlini, pers. comms., 2016. **59−60** Biology of *Neosclerocalyptus* & *Glyptodon*: Zurita et al. 2008, 2010, 2011; Vizcaíno et al 2010, 2011; Fariña et al 2013, 231−2; Saarinen & Karma 2017; França et al 2015. **60−1** Horse teeth: *GD*, 1833 (DAR33.252−3); *JR*, 96 (footnote) & 149−151; *ZB*, 108−109; Simpson 1984, 28; Winslow, 1975; *OS*, 318−9. **62−3** *Equus neogeus*: Alberdi et al. 1995; Fariña et al. 2013; Prado et al. 2011; Prado & Alberdi 2014; Orlando et al. 2008. **63** Rio Negro flint: *BBN*, 27a ('Churichol' was probably Choele Choel); *BD*, 4−7.9.33. **63−4** Discovery of mastodons: *BD*, 1.10.33; *JR*, 147 (the Carcarañá is termed the Tercero), *SA*, 87−8; *GD*, DAR33.255; letter to JSH 12.11.33. **65−7** Identification of mastodon: Griffith 1827−35; Cuvier 1806; Simpson 1984; Owen 1845; map modified from Mothé et al. 2016. **66−8** Gomphothere evolution: Osborn 1936; Ferretti 2011; Lucas 2013; Dantas et al 2013. **68** Gomphothere biology: Larramendi 2016; Mothé et al. 2012; Asevedo et al. 2012. **68−9** Monte Hermoso: Deschamps et al. 2012; Fitzroy 1839, 112; *BD*, 19.10.32. **69−70** Fossils & geology: Zárate & Folguera 2009; Quattrocchio et al. 2009; *GD*, 10.32 (DAR32.69−72); *SA*, 81−4. **70−1** Foot bones: *GD*, 9−10.32 (DAR32.70−71 verso; following Cuvier, CD erroneously considered the mara a form of agouti); *ZB*, 109−110; Eldredge 2015; letter to JSH 3.34. **71−2** *Ctenomys* & capybara: Owen 1845, 36; *JR*, 59−60, 97. **73** Identification of *Phugatherium*: D. Verzi, pers. comm. 2017. **73−4** Biology of *Phugatherium*: Deschamps et al. 2012; Fernicola et al. 2009; Vucetich et al. 2013; *SA*, 82. **74** *Actenomys*: Morgan & Verzi 2011; Fernández et al. 2000, 74; *Paedotherium*: identification by Marcos Ercoli, pers. comm. 2017; Elissamburu 2004. **76** *Toxodon* skull: Winslow 1975; *JR*, 180−1; *BON*, 33; letter to JSH 3.34. **77−8** 'Giant rodent' teeth: *GD*, 9−10.32 (DAR32.64); letters to JSH 26.10−24.11.32 & 12.11.33, to C Lyell 30.7.37; Owen 1845, 133; *JR*, 96, 146; *SA*, 84, 88, 90; *SFN*, 32−33a; Owen *ZB*, 16−35. **78−82** Interpretation of *Toxodon*: *ZB*, 16−35; *JR45*, 82; Owen 1837; Minutes, 19.4.37 (Geological Society archive); *JR*, 180−1; Brinkman 2010; letter to CSD 9.11.36. **81−2** Biology of *Toxodon*: Ameghino 1889; Bond 1999; França et al 2015; Fariña et al 2013, 203 & 281; Shockey 2001. Notoungulata: Owen 1853; *SA*, 89; Bond 1999. **83** Discovery of *Macrauchenia*: *GD*, 10−18.1.34; *SA*, 95; letters to JSH 3.34 & ECD 6.4.34; *JR*, 208. **83−84** The 'gigantic llama': Wilson 1972, 437; letter from C Lyell 13.2.37; Minutes, 17.2.37 (Geological Society archive);

Lyell 1833–38b; *RN*, 130; Rachootin 1985. **84–88** *Macrauchenia* bones & name: *ZB*, 35–56; letter to R Owen 28.12.37; Owen 1840–45, 602–3; letter from G Waterhouse 30.3.46 (DCP-LETT-968 & footnote 2). *Macrauchenia* biology: Fariña et al. 2005 & 2013; Bond 1999. **90–1** *Macrauchenia* & *Toxodon* relationships: *OS*6, 125, 151 & 386; Welker et al 2015; Owen 1853; Cope 1891; Agnolin & Chimento 2011.

第三章

93 Paraná wood: *GD*, 3–11.33 (DAR33.251); *SA*, 89; Iriondo & Kröhling 2009. **93–4** Petrification: Anderson 2009; Kenrick & Davis 2004; *PDN*, 88–90. **95** Wood identification & microscopy: Kenrick & Davis 2004; Falcon-Lang 2012; Falcon-Lang & Digrius 2014. CD identifications & dating: *SA*, Ch. 5. **96–7** Santa Cruz & Chile: *SA*, 115; *VN* 82a; *GD*, 1.35 & 11.34 (DAR35.310 & 292); *PDN*, 88. **97–8** Discovery at Agua de la Zorra: *JR*, 405–7; *SFN*, 178a–180a; *GD* , 4.35 (DAR36.517–523); letter to JSH 18.4.35. **99** R Brown: Porter 1985; letter to L Jenyns 10.4.37; *JR*, 406. Modern reconstruction: Rößler et al. 2014; Brea et al. 2009; Brea 1997. **100** CD's interpretation: *JR*, 406; *GD*, 4.35; *SA*, 202–3. Modern interpretation: Poma et al. 2009. **101** Age & landscape: *SA*, 201–3; *BD*, 4–5.4.35. **102** Chilean logs: *CQN*, 36; *SA*, 208; *CPN*, 76–81; *GD*, 6.35 (DAR37.618); *JR45*, 353; Chancellor & van Whye 2009, 488. **103** Illawara: Thomas 2009. **104** Tasmania: Thomas 2009; Philippe et al. 1998. Bald Head: *VI*, 144–7; *GD*, 3.36 (DAR38.858–863); *JR*, 537. **105** Chilean lignite: *GD*, 11.34 (DAR35.291); *PDN*, 81–2; *BD*, 6.3.35; Mishra n.d. **106** Coal from NZ & Australia: *GD*, 12.35 & 1.36 (DAR37.805–6 & 38.822); Hutton 2009. **107–8** Beech leaves: *GD*, 2–3.34 (DAR34.166); *SA*, 117–8; Heads 2006. **108–111** *Glossopteris*: *VI*, 130. **109** Drifting continents: Kious & Tilling 1996; Knapp et al. 2005. **111** Tasmanian travertine: Thomas 2009; *JR*, 535; *SA76*, 157–8; Jordan & Hill 2002.

第四章

本章中物种名称为现行名称，通常与达尔文及其同行当时所使用的不同。名称基于引用的出版物，www.malacalog.org, http://fossilworks.org，www.marinespecies.org, http://www.bryozoa.net/famsys.html和博物馆标本专家的最新鉴定。

113 St Jago & rhodoliths: Pearson & Nicholas 2007; Johnson et al. 2012; *VI*, 4 & 153–8. **115** Uplift vs subsidence: Herbert 2005, 154–5; *GD*, 1–2.32 & 5.34 (DAR32.23 verso & 34.40 verso); *SA*, 15. **115–6** St Joseph's, Port Desire & Port St Julian: *GD*, 1833–4 (DAR33.224 & 238; 34.40–60). **116** Santa Cruz: *GD*, 4–5.34 (DAR34.105–6 & 144–5); *SA*, 8–9. **117** CD's interpretation: *GD*, 1833–4 (DAR33.224 & 238; 34.40–60); Chancellor, n.d. **117–8** Chile: *VI*, 233–5; *GD*, 7.34 & 3.35 (DAR35.222 verso

& 369–70); *CQN*, 8 & 15. **118** Shells as food: *SA*, 29; *GD*, 11.34, 2.35 & 7.35 (DAR35.296–7, 36.420 & 37.711–5); *SA*, 32. **120** Terrace formation: *GD*, 1833, 3.34, 7.34 & 7.35 (DAR34.21, 36.419, 35.213 & 37.693); FitzRoy 1839, 412–4. 120–1 Gradual uplift: *JR*, 203–8; *SA*, 14–18; letter to JSH 28.10.34; Herbert 2005, 160–6. **121–2** St Helena: *GD*, 7.36 (DAR38.920–935); *JR*, 582; *VI*, 88–90 & 153–8; Groombridge 1992; IUCN 2017. **123–5** Punta Alta: *GD*, 9.32 & 1833 (DAR32.64 & 74); *SA*, 83–4; Keynes 2000, xi–xvii. Identification of bryozoan: C. Sendino & P. Taylor, pers. comm. 2017. *Macrauchenia*: *SA*, 95–6. **126** Extinction: *SA*, 86 & 95; *JR*, 97. **126–7** Microfossils: Ehrenberg 1845, 143–8; *SA*, 85 & 88; Dumitrica 2007. **127–9** Patagonian terraces: Rostami et al. 2000; Schellman & Radtke 2010; Pedoja et al. 2011. **129–130** Pampean Fm & Punta Alta fossils: Zárate & Folguera 2009; *SA*, 82–86; Farinati 1985; *BD*, 24.12.34; Williams 2017. **130–1** Tertiary shells: *JR*, 201; *SA*, 118–9; *GD*, 4.33 & 1.34 (DAR33.223–226, 245–248, & 34.7–9); Lambert & Jeannet 1928; Pick 2004; Parras & Griffin 2009. **132** Tertiary microfossils: *SA*, 111; Ehrenberg 1845; figure from Ehrenberg 1854, Pl. XXII. **133–4** Bajada shells: *SFN*, 26a; *SA*, 89. **134–5** Summary of Tertiary shells: Griffin & Nielsen 2008; Casadío & Griffin 2009. From CD's collections, Sowerby & d'Orbigny identified 36 species (mostly molluscs) from Patagonia & 59 from Chile, including 55 new species of which 45 remain valid. Map based on Gross et al. 2015. Age of shells: letter to JSH 28.10.34; Lyell 1830–33, vol. 3; Herbert 2005, 63; Darwin 1834, 95a verso & 148b verso. **135** Navidad: *BD*, 262. **136–7** Sharks: *JR*, 423; *GD*, 1833 & 1.34 (DAR33.247 & 250); *SN*, 64. **138** Age of Tertiary deposits: Parras & Griffin 2009; Griffin & Nielsen 2008; Casadío & Griffin 2009; Iriondo & Krohling 2009; Encinas et al. 2014 & refs therein. **139** Subsidence: SA, 137. 139–141 Mt Tarn & Port Famine: *BD*, 2–6.2.34; *GD*, 3–6.2.34 & 1–7.6.34 (DAR34.125–8 & 153–6); **141–2** Ammonites: *SA*, 151–2 & 265; letter from E Forbes 7.8.46; Viens 2014; Kennedy & Henderson 1992; Olivero et al. 2009. **142** Osorno eruption: *BD*, 26.11.34; *JR*, 336, 356. **142–4** Concepción earthquake: *BD*, 20.2.35 & 5.3.35; FitzRoy 1839, 415; letter to JSH 10.3.35; Darwin 1840; Herbert 2005, 217–232. **144** Piuquenes Pass: *JR*, 300 [illegible] 415; *BD*, 20.2.35. **144–5** Piuquenes fossils: *GD*, 3–4.35 (DAR36.479); letters to JSH 18.4.35 & SED 23.4.35; *SA*, 181; Aguirre-Urreta & Vennari 2009. **146–7** Tomé nautiloid & ammonite: FitzRoy 1839, Ch. 19; *GD*, 3.35 (DAR35.358 verso); *SA*, 126–7; letters from E Forbes 7.8.46 & A d'Orbigny 14.2.45 (DCP-LETT-829 & editors' notes); Nielsen & Salazar 2011. **147–8** Arqueros rudists: *SA*, 212; D'Orbigny 1842, 107; Masse et al. 2015 (identification as *Jerjesia chilensis*); P. Skelton pers. comm. 2017 (identification as Monopleuridae indet.). Engraving (p. 147) *Hippurites toucasianus*; map (p. 148) based on Masse et al. 2015 (cf. *SA*, 61). **148–150** R. Claro to Despoblado: *GD*, 5–7.35 (DAR36.587 & 37.615); *SA*, 215–7, 223–4 & 265–8; *CPN*, 50; *DPN*, 3b & 15b; *JR*, 435. **151** Peru: *GD*, 13–14.7.35 (DAR37.678-9). **151–2** Uplift of the Andes: *CPN*, 71–2; *SA*, 242; Charrier et al. 2006; Darwin 1840; Herbert 2005, 218–228; Pedoja et al. 2011. **152–5** Discovery of Falkland fossils: Chancellor & van Whye 2009, 94; *BD*, 3.3.33 & 10-17.3.33; *GD*, 1833–4 (DAR32.125–7, 33.165–7 & 217–222); letter to JSH 4.11.33; Stone & Rushton 2012. **155–6** Murchison & Sowerby: *RN*, 142–144; *JR*, 253; Herbert 2005, 425. **156** Brachiopods & crinoids: Morris & Sharpe 1846; Stone & Rushton 2013. Trilobite: Stone & Rushton 2013; *JR*, 253; Aldiss & Edwards 1999. Identification as *Bainella*: G. Edgecombe, pers. comm. 2017. **156–9** 'Corals': *GD*, 1834 (DAR33.165–7); Stone et al. 2015. **158–9** Interpretation of Falkland fossils: letter to CSD 30.3.33; Murchison 1839; Darwin 1846; Morris & Sharpe 1846; *GD*, 1834 (DAR33.167); *JR*, 253; Armstrong 1992; Stone & Rushton 2012. **159** Tasmanian fossils: *VI*, 138–9 & 158–169; *GD*, 2.36 (DAR38.845). **159–161** Interpretation: Banks 1971 & Z. Hughes, pers. comm. 2017 (brachiopods *Spirifer, Fusispirifer, Neospirifer, Strophalosia, Sulciplica* & *Ingelarella*; gastropod *Peruvispira*); Wyse Jackson et al. 2011 & C. Sendino, pers. comm. 2017 (bryozoans *Fenestella, Protoretepora, Hemitrypa* & *Stenopora*); Morris 1845.

第五章

163–4 Questions about atolls: Stoddart 1976. **164–5** Darwin's critique & theory: letter to CSD 29.4.36; Darwin 1835a & 1842, 88–118; *ACD*, 98; *SN*, 95–7. **165** Diagrams: modified from Darwin 1842; Galápagos: *VI*, 114–5; *GD*, 792; Herbert 2005, 170; Glynn et al. 2015. **166–7** Pacific islands: *BD*, 13.11.35, 23.11.35 & 3.12.35; *JR45*, 402–3; Darwin 1835a; **167–8** Work on Cocos (Keeling): FitzRoy 1839, 33 & 38; Armstrong 1991. **168–171** Keeling corals: Darwin 1836, 1842; Rosen 1982; Rosen & Darrell 2010, 2011, who rediscovered Darwin's coral specimens at the NHM and have related them to his hand-written account of their positions on the atoll. **172** Origin of material: *BD*, 4.4.36; Darwin 1836; Perry et al. 2015. **173** Building the atoll: Darwin 1836, 9 verso; Stoddart 1995. **174** Subsidence: *JR*, 560; Li & Han 2015; Armstrong 1991. **174–5** Soundings: Darwin 1836, 20–27; Darwin 1842, 7–9, 72; Quoy & Gaimard 1824; Sponsel 2016. **175–6** Mauritius: *GD*, 5.36 (DAR38.885–897; specimen 3622 survives at the Sedgwick Museum, Cambridge); *BD*, 5.6.36; *VI*, 28; Herbert 2005, 239–240. **176–7** The global picture: Darwin

1842, 18 & Ch. 6; Darwin 1836, 6 verso. **177–9** Theory put to the test: Judd 1890, 5; Rosen & Darrell 2010; Stoddart 1976; Daly 1915; Dobbs 2005; letter to A Agassiz 5.5.81; Bonney 1904; Steers & Stoddart 1977; plaque and photo by B. Rosen. **179–180** Ice-age effects: Woodroffe 2005; Grigg 2011; Woodroffe et al. 1990, 1991; Woodroffe & MacLean 1994. **180–81** Plate tectonics: Rosen 1982; Scott & Rotondo 1983; map based on Hoernle et al. 2011 & Hall 2012.

第六章

183 Plans to be a scientist: letters to CSD 29.4.36 & JSH 9.7.36. **183–4** BAAS display: letter from JSH 31.8.33. Henslow's & Sedgwick's readings: Browne 2003/1, 335–6; see also Lyell 1833–38a, 367–8. *The Athenaeum:* Anon. 1835. The pamphlet: Darwin 1835b; see also Burkhardt 2008, 362, note 1. Letters: to ECD 3.6.36, from SED 22.11.35 & CSD 29.12.35; *ACD*, 81–2. **184** Owen: Browne 2003/1, 348–9; Desmond & Moore 1991, 201–2 & 235. **184–5** Learned societies: Herbert 2005, 89; Browne 2003/1, 428; Desmond & Moore 1991, 279; https://royalsociety.org/grants-schemes-awards/awards/premier-awards/. 185–6 Books: Darwin 1839, 1842, 1844, 1846; Browne 2003/1, 414–7; letter to John Washington 14.10.39 & editor's note 4 (DCP-LETT-537). **186** 'Conversion' to evolution I: Sulloway 1982; Browne 2008, xxiv; Brinkman 2010; Eldredge 2015. **186–7** *Glyptodon*: *ACD*, 118; letter to E Haeckel 8–10.64; *OS*, 339. **188** Law of succession of types: *JR*, 210; *GD*, 10.32 (DAR32.71); Darwin 1835c, 2 recto; Lyell 1830–33, vol. 3, 33 & 143–4; Eldredge 2015. **188–9** Foxes, mockingbirds & rheas: Darwin 1832–3, 20; Darwin 1836–7, 262; Keynes 1988, 212; Keynes 2000, 189 & 298. **190–1** 'Conversion' to evolution II: Judd 1911; Barlow 1963, 207; Eldredge 2015; Herbert 2005, 311; Chancellor n.d.; Lyell 1833–38b, 510–511; Browne 2003/1, 359–361; Brinkman 2010, 394. **191** Guanacos & rheas: *RN*, 127 & 130; Herbert 2005, 320–1; *BN*, 16: 'I look at two ostriches as strong argument for such change – as we see them in space, so might they in time'; Rachootin 1985. **191–2** Transmutation notebooks: Barrett et al. 1987, 6; *BN*, 7, 14 & 81; *OS*, 323–6. **192** Evolutionary trees: *BN*, 19–20 & 53–4; tree diagrams from *BN*, 26 & 36; Pander & D'Alton 1821; Owen 1851–9, 823–8. **193–4** Fossil & living fauna: *JR*, 180–1 & 209; *JR45*, 172–3; *CN*, 201: 'My theory drives me to say that there can be no animal at present time having an intermediate affinity between two classes – there may be some descendent of some intermediate link'; *OS6*, 302 & 378–9. **194** Natural selection: Kohn in Barrett et al. 1987, 167–8; *BN*, 80; *DN*, 153. **194–5** Geology & evolution: Wesson 2017, 260–1; *OS*, 282. **195** The puzzle of extinction: *EN*, 43; *OS*, 318–320; *JR*, 201–212. **195–6**

Against catastrophism: *GD*, 9.32 (DAR32.71 verso); *RON*, 64b–65b; Chancellor & van Whye 2009, 36; Darwin 1835c. **197–8** Extinction of megafauna: Lyell 1830–33, vol. 2; Darwin 1835c; *RN*, 63, 129 & 134e; *JR*, 98–102 & 208–212. **198** Glacial hypothesis: Grayson 1984; Lyell 1844; *SA*, 96–7; *RN*, 113e. **199** Expiry date or adaptation: Lyell 1830–33, vol. 2, 128; *RN*, 129; *BN*, 46; *DN*, 37; *JR*, 211. Human impact & competition: Grayson 1984; Lyell, 1863; *AN*, 9; *OS*, 317; *OS*3, 346. **200** Climatic & human influence: Ezard et al. 2011 Barnosky & Lindsey 2010; Prado et al. 2015; Barnosky et al. 2016; Metcalf et al. 2016; Mothé et al. 2017. **200–1** The origin of fossils: Lyell 1830–33, vol. 2; *GD*, 4–6.32, 9–10.32 & 3.33 (DAR32.53, DAR32.67 verso, DAR32.132 verso & DAR33.260–1); Iriondo & Krohling 2009. **201–2** New fossils from S America: Simpson 1984; *SA*, 106 & 117; letter from G Waterhouse 30.3.46. *Nesodon*: letters from B Sulivan 13.1–12.2.45 & 4.7.45; Brinkman 2003; letter to R Owen, 21.6.46; Owen 1846 & 1853, 309. **202–3** Falconer: *BN*, 126e; DAR205.9.188; Falconer 1857, 314; Lyell 1863, 437; letters from H Falconer 20.4.63 & to H Falconer 22.4.63; *OS*6, 302 (*Mesotherium* appears under the name *Typotherium*). **203** The covert evolutionist: F Darwin 1909; Eldredge, 2015; *JR45*, 52 & 173. **203–5** Barnacles: Stott 2004; Richmond 2007; Browne 2003/1, 484; Darwin 1851, 7 & 1854, 3; Herbert 2005, 332. **206–208** Fossils & the *Origin*: Desmond & Moore 1991, 471–6; *OS*, 301, 305 & 310; *EN*, 135; Eldredge 2015, 173; *OS*6, 275 & 278; *OS* 303, 329 & 339. **208–10** *Archaeopteryx*: Owen 1863; letters from H Falconer 3.1.63 & to H Falconer 5–6.1.63, to J Dana 7.1.63; *OS*4, 367; *OS*5, 402–3; Switek 2010; Xu 2006. **210** Fossil intermediates: *OS*6, 302 (*Zeuglodon* is now named *Basilosaurus*), 313; *OS*, 343. **210–12** Human fossils: Darwin 1871, 199–201 & 146; Wood 2011; letter to J Hooker 1.9.64; Huxley 1863, 181–4. **212** Responses to the *Origin*: letter to A Murray 28.4.60; Herbert 2005, 333; Phillips 1860; Allmon 2016; *EN*, 6e; *OS*4, 132. **213** Darwin's associates: Browne 2003/2, 50, 90–4, 117, 122, 131 & 140; Grant 1861; Lyell 1863, 504–6; letter from JV Carus, 15.11.66. **213–4** Owen: Herbert 2005, 325; *BN*, 19 & 161; Rupke 2009, Ch. 5; letter from R Owen, 12.11.59; Owen 1858, 1860; Browne 2003/2, 98 & 110; *OS*, 310 & 329. **214–5** Conclusion: *OS*6, 289; Sepkoski 2013; Gee 2008; Prothero 2017; Asher 2012; Pearson & Ezard 2014.

参考文献

Agnolin, F.L. & Chimento, N.R. 2011. Afrotherian affinities for endemic South American "ungulates". *Mamm. Biol.* 76: 101−108.

Aguirre-Urreta, B. & Vennari, V. 2009. On Darwin's footsteps across the Andes: Tithonian-Neocomian fossil invertebrates from the Piuquenes Pass. *Rev. Asoc. Geol. Argentina* 64: 32−42.

Alberdi, M.T. et al. 1995. Patterns of body size changes in fossil and living Equini (Perissodactyla). *Biol. J. Linn. Soc.* 54: 349−370.

Aldiss, D. T. & Edwards, E. J. 1999. The geology of the Falkland Islands. *Br. Geol. Surv. Tech. Rep.* WC/99/10. 135 pp.

Alexander, R. et al.1999. Tail blow energy and carapace fractures in a large glyptodont (Mammalia, Edentata). *Zool. J. Linn. Soc.* 125: 41−49.

Allmon, W.D. 2016. Darwin and palaeontology: a re-evaluation of his interpretation of the fossil record. *Hist. Biol.* 28: 680−706.

Ameghino, F. 1889. Contribución al conocimiento de los mamíferos fósiles de la República Argentina. *Actas Acad. Nac. Cienc. Córdoba* 6: 1−98.

Anderson, L. 2009. Fossil trees: Darwin's observations on geographical distribution on either side of the Cordillera. In: Pearn, A. (ed.), 84−5.

Anonymous. 1835. Geological Society. *The Athaneum* 421 (21st November 1835): 876.

Argot, C. 2008. Changing Views in Paleontology: the story of a giant (*Megatherium*, Xenarthra). In: Sargis, E.J. & Dagosto, M. (eds.)

Mammalian Evolutionary Morphology: a Tribute to Frederick S. Szalay, 37–50. Springer.

Armstrong. P. 1991. *Under the Blue Vault of Heaven: A Study of Charles Darwin's Sojourn in the Cocos (Keeling) Islands*. Nedlands, W.A.: Indian Ocean Centre for Peace Studies.

Armstrong, P. 1992. *Darwin's Desolate Islands: A Naturalist in the Falklands, 1833 and 1834*. Chippenham: Picton.

Asevedo, L. et al. 2012. Ancient diet of the Pleistocene gomphothere *Notiomastodon platensis* from lowland mid-latitudes of South America: Stereomicrowear and tooth calculus analyses combined. *Quat. Int.* 255: 42–52.

Asher, R. 2012. *Evolution and Belief*. CUP.

Banks, M. 1971. A Darwin manuscript on Hobart Town. *Pap. Proc. R. Soc. Tasmania* 105: 5–19.

Bargo, M.S. & Vizcaíno, S.F. 2008. Paleobiology of Pleistocene ground sloths (Xenarthra, Tardigrada). Biomechanics, morphogeometry and ecomorphology applied to the masticatory apparatus. *Ameghiniana* 45: 175–196.

Barlow, N. 1958. *The autobiography of Charles Darwin 1809–1882*. London: Collins. [Darwin 1876]

Barlow, N. (ed.) 1963. Darwin's ornithological notes. *Bull. Brit. Mus. (Nat. Hist.) Hist. Ser.* 2: 201–278. [Darwin 1836–7]

Barnosky, A.D. & Lindsey, E.L. 2010. Timing of Quaternary megafaunal extinction in South America in relation to human arrival and climate change. *Quat. Int.* 217: 10–29.

Barnosky, A.D. et al. 2016. Variable impact of late-Quaternary megafaunal extinction in causing ecological state shifts in North and South America. *PNAS* 113: 856–861.

Barnett, R. and Sylvester, S. 2010. Does the ground sloth, *Mylodon darwinii*, still survive in South America? *Deposits* 23: 8–11.

Barrett, P. H. 1974. The Sedgwick-Darwin geologic tour of North Wales. *Proc. Am. Phil. Soc.* 118: 146–161.

Barrett, P.H. et al. 1987. *Charles Darwin's Notebooks, 1836–1844*. London: British Museum (Natural History).

Beccaloni, G. & Smith, C. 2015. Biography of Wallace. http://wallacefund.info/content/biography-wallace.

Blanco, R.E. & Czerowonogora, A. 2003. The gait of *Megatherium* Cuvier 1796. *Senckenbergiana Biol.* 83: 61–8.

Bocherens, H. et al. 2017. Isotopic insight on paleodiet of extinct Pleistocene megafaunal Xenarthrans from Argentina. *Gondwana Res.* 48: 7–14.

Bond, M. 1999. Quaternary native ungulates of Southern South America: a synthesis. *Quaternary of South America and Antarctic Peninsula* 20: 177–205.

Bonney, T.G. 1904. *The Atoll of Funafuti. Borings into a Coral Reef and the Results.*

London: Royal Society.

Brea, M. 1997. Una nueva especie del género *Araucarioxylon* Kraus 1870, emend. Maheshwari 1972 del Triásico de Agua de la Zorra, Uspallata. Mendoza. Argentina. *Ameghiniana* 34: 485–496.

Brea, M. et al. 2009. Darwin Forest at Agua de la Zorra: the first *in situ* forest discovered in South America by Darwin in 1835. *Rev. Asoc. Geol. Argentina* 64: 21–31.

Brinkman, P.D. 2003. Bartholomew James Sulivan's discovery of fossil vertebrates in the Tertiary beds of Patagonia. *Arch. Nat. Hist.* 30: 56–74.

Brinkman, P.D. 2010. Charles Darwin's Beagle Voyage, Fossil Vertebrate Succession, and "The Gradual Birth & Death of Species" *J. Hist. Biol.* 43: 363–399.

Browne, J. 2003/1. *Charles Darwin: Voyaging*. London: Pimlico.

Browne, J. 2003/2. *Charles Darwin: The Power of Place*. London: Pimlico.

Browne, J. 2008. Introduction. In: Burkhardt (ed.) 2008, ix–xxv.

Buckland, W. 1837. On the adaptation of the structure of the sloths to their peculiar mode of life. *Trans. Linn. Soc.* 17: 17–27.

Buckley, M. et al. 2015. Collagen sequence analysis of the extinct giant ground sloths *Lestodon* and *Megatherium*. *PLoS ONE* 10(11): e0139611. doi:10.1371/journal.pone.0139611.

Burkhardt, F. 2008. *Charles Darwin: The Beagle Letters*. CUP.

Burkhardt, F. et al. 1985– *The Correspondence of Charles Darwin*. CUP.

Casadío, S. & Griffin, M. 2009. Sedimentology and paleontology of a Miocene marine succession first noticed by Darwin at Puerto Deseado (Port Desire). *Rev. Asoc. Geol. Argentina* 64: 83–89.

Chancellor, G.n.d. Darwin's *Geological diary* from the voyage of the *Beagle*. http://darwin-online.org.uk/EditorialIntroductions/Chancellor_GeologicalDiary.html

Chancellor, G. & van Whye, J. 2009. *Charles Darwin's Notebooks from the Voyage of the* Beagle. CUP.

Charrier, R. et al. 2006. *Tectonostratigraphic evolution of the Andean Orogen* in Chile. In: Moreno, T. & *Gibbons, W. (eds). Geology of Chile, 21–114.* London: Geological Society.

Clift, W. 1832–1837. *Diaries*. Manuscripts, Royal College of Surgeons, London.

Clift, W. 1835. Notice on the Megatherium brought from Buenos Ayres by Woodbine Parish. Trans. Geol. Soc. Lond. (2nd ser.) 3: 437–450.

Cope, E.D. 1891. The Litopterna. *Am. Nat.* 25: 685–693.

Cuvier, G. 1796. Notice sur le squelette... *Magasin Encyclopédique* 1: 303–310.

Cuvier, G. 1806. Sur le grand mastodonte. *Ann.*

Mus. d'Hist. Nat. 8: 270–312.

Cuvier. G. 1812. Sur le *Megatherium*.... In: *Recherches sur les Ossemens Fossiles*, vol IV, part IV, 19–43.

Daly, R. A. 1915. The glacial-control theory of coral reefs. *Proc. Am. Acad. Arts Sci.* 51: 155–251.

Dantas, M.A.T. et al. 2013. A review of the time scale and potential geographic distribution of *Notiomastodon platensis* (Ameghino, 1888) in the late Pleistocene of South America. *Quat. Int.* 317: 73–79.

Darwin, C. 1832–33. *Beagle animal notes* (ed. R.D. Keynes). CUL-DAR29.1.A1-A49.

Darwin, C. 1832-36. *Geological Diary*. CUL-DAR.32–38.

Darwin, C. 1834. *Reflection on reading my geological notes*. CUL-DAR42.93–6 & 42.148.

Darwin, C. 1835a. *Coral Islands*. CUL-DAR41.1–12.

Darwin, C. 1835b. *Extracts from letters addressed to Professor Henslow*. Privately printed, Cambridge Philosophical Society, Dec. 1835.

Darwin, C. 1835c. *The position of the bones of Mastodon (?) at Port St Julian is of interest...* CUL-DAR42.97–99.

Darwin, C. 1836. *Notes on the Geology and Corals of the Keeling Islands*. CUL-DAR41.40–57.

Darwin, C. 1836–7. *Ornithological Notes* (ed. N. Barlow). *Bull. Brit. Mus. (Nat. Hist.) Hist. Ser.* 2: 201–278 (1963).

Darwin, C. 1839. *Journal and Remarks*. London: Henry Colburn.

Darwin, C. 1840. On the connexion of certain volcanic phenomena in South America; and on the formation of mountain chains and volcanos, as the effect of the same powers by which continents are elevated. Trans. *Geol. Soc. Lond.* (Ser. 2) 5: 601–631.

Darwin, C. 1842. *The Structure and Distribution of Coral Reefs*. London: Smith, Elder.

Darwin, C. 1844. *Geological Observations on the Volcanic Islands Visited During the Voyage of H.M.S. Beagle*. London: Smith, Elder.

Darwin, C. 1845. *Journal of Researches* (2nd edition of Darwin 1839). London: John Murray.

Darwin. C. 1846. *Geological Observations on South America*. London: Smith, Elder.

Darwin, C. 1851. *Fossil Cirripedia of Great Britain. A monograph on the fossil Lepadidae, or pedunculated cirripedes of Great Britain*. London: Palaeontographical Society.

Darwin, C. 1854. *A monograph on the fossil Balanidæ and Verrucidæ of Great Britain*. London: Palaeontographical Society.

Darwin, C. 1859. *On the origin of species by means of natural selection, or the preservation of favoured races in the struggle for life* [1st edition]. 2nd edn, 1860; 3rd edn, 1861; 4th edn,

1866; 5th edn, 1869; 6th edn, 1872. London: John Murray.

Darwin, C. 1871. *The Descent of Man, and Selection in Relation to Sex*. London: John Murray.

Darwin, C. 1876. *The Autobiography of Charles Darwin 1809–1882*. (Ed. N. Barlow, 1958). London: Collins.

Darwin, F, ed. 1909. *The foundations of The origin of species. Two essays written in 1842 and 1844*. Cambridge: CUP.

Dawson, G. 2016. *Show Me The Bone*. Chicago UP.

Delsuc, F. et al. 2016. The phylogenetic affinities of the extinct glyptodonts. *Curr. Biol.* 26: R155–R156.

Deschamps, C.M. et al. 2012. Biostratigraphy and correlation of the Monte Hermoso Formation (early Pliocene, Argentina): The evidence from caviomorph rodents. *J. South Am. Earth Sci.* 35: 1–9.

Desmond, A. & Moore, J. 1991. *Darwin*. London: Michael Joseph.

Dobbs, D. 2005. *Reef Madness*. NY: Pantheon.

D'Orbigny, A. 1842. *Voyage dans l'Amérique Méridionale*, Vol. 3, Part 4 (Paléontologie). Paris.

Dumitrica, P. 2007. Phytolitharia. *DSDP* 13: 940–943. http://www.deepseadrilling.org/13/volume/dsdp13pt2_34_4.pdf.

Ehrenberg, C.G. 1845. Vorlaüfige zweite Mittheilungen über die weiterer Erkenntnis der Beziehungen des kleinsten organischen Lebens zu den vulkanischen Massen der Erde. *Bericht Bekannt. Verhand. Konigl. Preuss. Akad. Wiss. Berlin*, April 1845, 133–158.

Ehrenberg, C.G. 1854. *Mikrogeologie*. 2 vols. Leipzig.

Eldredge, N. 2015. *Eternal Ephemera*. NY: Columbia UP.

Elissamburu, A. 2004. Análisis morfométrico y morfofuncional del esqueleto apendicular de *Paedotherium* (Mammalia, Notoungulata). *Ameghiniana* 41: 363–380.

Encinas, A. et al. 2014. Comment on Reply to Comment of Finger *et al.* (2013) on: 'Evidence for an Early-Middle Miocene age of the Navidad Formation (central Chile)...'. *Andean Geology 41: 639–656.*

Ezard, T. H. G. et al. 2011. Interplay Between Changing Climate and Species' Ecology Drives Macroevdutionary Dynamics. *Science* 332:349–351.

Falcon-Lang, H. 2012. Fossil 'treasure trove' found in British Geological Survey vaults. *Geology Today* 28: 26–30.

Falcon-Lang, H. J. & Digrius, D.M. 2014. Palaeobotany under the microscope: history of the invention and widespread adoption of the petrographic thin section technique. *Quekett J. Microsc.* 42: 253–280.

Falconer, H. 1857. On the species of mastodon

and elephant occurring in the fossil state in Great Britain. Part I. Mastodon. *Quart. J. Geol. Soc.* 13: 314.

Falkner, T. 1774. *A description of Patagonia, and the adjoining parts of South America*. Hereford: C. Pugh.

Fariña, R.A., Blanco R.E. & Christiansen, P. 2005. Swerving as the escape strategy of *Macrauchenia patachonica* (Mammalia; Litopterna). *Ameghiniana* 42: 751–760.

Fariña, R.A., Vizcaíno, S.F., de Iuliis, G. 2013. *Megafauna: Giant Beasts of Pleistocene South America*. Bloomington: Indiana UP.

Farinati, E.A., 1985. Radiocarbon dating of Holocene marine deposits, Bahía Blanca area, Buenos Aires Province, Argentina. *Quaternary of South America and Antarctic Peninsula* 3: 197–206.

Fernández, M.E. et al 2000. Functional morphology and palaeobiology of the Pliocene rodent *Actenomys* (Caviomorpha: Octodontidae): the evolution to a subterranean mode of life. *Biol. J. Linn. Soc*, 71: 71–90.

Fernicola, J.C. et al. 2009. The fossil mammals collected by Charles Darwin in South America during his travels on board the H. M. S. Beagle. *Rev. Asoc. Geol. Argentina* 64: 147 – 159.

Ferretti, M.P. 2011. Anatomy of *Haplomastodon chimborazi* (Mammalia, Proboscidea) from the late Pleistocene of Ecuador and its bearing on the phylogeny and systematics of South American gomphotheres. *Geodiversitas* 32: 663–721.

Fitzroy, R. 1839. *Narrative of the surveying voyages of His Majesty's Ships Adventure and Beagle between the years 1826 and 1836... Proceedings of the second expedition, 1831–36*... London: Henry Colburn.

França, L.M. et al. 2015. Review of feeding ecology data of Late Pleistocene mammalian herbivores from South America and discussions on niche differentiation. *Earth-Science Rev.* 140: 158–165.

Gee, H. 2008. *Deep Time: Cladistics, the Revolution in Evolution*. London: HarperCollins.

Glynn, P.W. et al. 2015. Coral reef recovery in the Galápagos Islands: the northernmost islands (Darwin and Wenman). *Coral Reefs* 34: 421–436.

Grant, R.E. 1861. *Tabular view of the primary divisions of the animal kingdom*. London: Royal College of Surgeons.

Grayson, D.K. 1984. Nineteenth-century explanations of Pleistocene extinctions: a review and analysis. In: Martin, P.S. & Klein, R.G. (eds.) *Quaternary Extinctions: A Prehistoric Revolution*, 5–39. Tucson: University of Arizona Press.

Griffin, M. & Nielsen, S.N. 2008. A revision of the type specimens of Tertiary molluscs from Chile and Argentina described by d'Orbigny

(1842), Sowerby (1846) and Hupé (1854). *J. Syst. Pal.* 6: 251−316.

Griffith, E. 1827−35. *The Animal Kingdom* [English translation, with additions, of Cuvier's *Règne Animal*]. London: Whittaker.

Grigg, R.W. 2011. Darwin Point. In: Hopley, D. (ed.) *Encyclopedia of Modern Coral Reefs*, 298−299. Dordrecht: Springer.

Groombridge, M. (ed.) 1992. *Global Biodiversity: Status of the Earth's Living Resources*. London: Chapman & Hall.

Gross, M. et al. 2015. A minute ostracod (Crustacea: Cytheromatidae) from the Miocene Solimões Formation (western Amazonia, Brazil): evidence for marine incursions? *J. Syst. Pal.* 14: 581−602.

Hall, R. 2012. Late Jurassic−Cenozoic reconstructions of the Indonesian region and the Indian Ocean. *Tectonophysics* 570−1: 1−41.

Heads, M. 2006. Panbiogeography of *Nothofagus* (Nothofagaceae): analysis of the main species massings. *J. Biogeogr.* 33: 1066−1075.

Herbert, S. 2005. *Charles Darwin, Geologist*. Ithaca: Cornell UP.

Hoernle, K. et al. 2011. Origin of Indian Ocean Seamount Province by shallow recycling of continental lithosphere. *Nat. Geosc.* 4: 883−7.

Hutton, A.C. 2009. Geological setting of Australasian coal deposits. In R. Kininmonth & E. Baafi (eds.), *Australasian Coal Mining Practice*, 40−84. The Australasian Institute of Mining and Metallurgy.

Huxley, T.H. 1863. *Evidence as to Man's Place in Nature*. NY: Appleton.

Iriondo, M. & Krohling, D. 2009. From Buenos Aires to Santa Fe: Darwin's observations and modern knowledge. *Rev. Asoc. Geol. Argentina* 64: 109−123.

IUCN, 2017. *Chilonopsis nonpareil*. http://www.iucnredlist.org/details/4639/0.

Jameson, R. 1827. Of the changes which life has experienced on the globe. *Edinb. New Philos. J.* 3: 298−301. [published anonymously]

Johnson, M.E. et al. 2012. Rhodoliths, uniformitarianism, and Darwin: Pleistocene and Recent carbonate deposits in the Cape Verde and Canary archipelagos. *Palaeo-3* 329−330: 83−100.

Jordan, G.J. & Hill, R.S. 2002. Cenozoic plant macrofossil sites of Tasmania. *Pap. Proc. R. Soc. Tasmania* 136: 127−139.

Judd, J.W. 1890. Critical Introduction. In: Darwin, C. *On the structure and distribution of coral reefs*, 3−10. London: Ward, Lock.

Judd, J.W. 1911. Charles Darwin's earliest doubts concerning the immutability of species. *Nature* 88: 8−12.

Kennedy, W.J. & Henderson, R.A. 1992. Heteromorph ammonites from the Upper Maastrichtian of Pondicherry, south India. *Palaeontology* 35: 693−731.

Kenrick, P. & Davis, P. 2004. *Fossil Plants*.

London: Natural History Museum.

Keynes, R.D. (ed.) 1988, *Charles Darwin's Beagle Diary*. CUP.

Keynes, R.D. (ed.) 2000. *Charles Darwin's zoology notes & specimen lists from H. M. S.* Beagle. CUP.

Kious, W.J. & Tilling, R.I. 1996. *This Dynamic Earth: The Story of Plate Tectonics*. Diane Publishing.

Knapp, M. et al. 2005. Relaxed molecular clock provides evidence for long-distance dispersal of *Nothofagus* (southern beech). *PLoS Biol.* 3(1): e14.

Kohn, D. et al. 2005. What Henslow taught Darwin. *Nature* 465: 643–5.

Lambert, J. & Jeannet, A. 1928. Nouveau catalogue des moules d'échinides fossiles du MHN. Exécutés sous la direction de L. Agassiz et E. Desor. *Mem. Soc. Helv. Sc. Nat.* 64/2: 1–233.

Larramendi, A. 2016. Shoulder height, body mass, and shape of proboscideans. *Acta Pal. Pol.* 61: 537–574.

Li, Y. & Han, W. 2015. Decadal sea level variations in the Indian Ocean investigated with HYCOM: Roles of climate modes, ocean internal variability, and stochastic wind forcing. *J. Climate* 28: 9143–65.

Lucas, S.G. 2013. The palaeobiogeography of South American gomphotheres. *J. Palaeogeog.* 2: 19–40.

Lyell, C. 1830–33. *Principles of Geology*, vols. 1–3. London: John Murray.

Lyell, C. 1833–38a. Address to the Geological Society, 19th February 1836. *Proc. Geol. Soc. Lond.* 2: 357–390.

Lyell, C. 1833–38b. Address to the Geological Society, 17th February 1837. *Proc. Geol. Soc. Lond.* 2: 479–523.

Lyell, C. 1844. On the geological position of the *Mastodon giganteum* and associated fossil remains at Bigbone Lick, Ky., and other localities in the United States and Canada. *Am. J. Sci.* 46: 320–323.

Lyell, C. 1863. *Geological Evidences of the Antiquity of Man* (3rd edn). London: John Murray.

Masse, J.-P. et al. 2015. Aptian-Albian rudist bivalves (Hippuritida) from the Chilean Central Andes: their palaeoceanographic significance. *Cret. Res.* 54: 243–254.

Metcalf, J.L. et al. 2016. Synergistic roles of climate warming and human occupation in Patagonian megafaunal extinctions during the Last Deglaciation. *Sci. Adv.* 2: e1501682.

Mishra, D.P. n.d. *Spontaneous Combustion*. http://www.slideshare.net/mj2611/spontaneous-combustion-of-coal.

Moore, D. M. 1978. Post-glacial vegetation in the South Patagonian territory of the giant ground sloth, *Mylodon*. *Bot. J. Linn. Soc.* 77: 177–202.

Morgan, C.C. & Verzi, D.H. 2011. Carpal-metacarpal specializations for burrowing in South American octodontoid rodents. *J. Anat.* 219: 167–75.

Morris, J. 1845. Descriptions of fossils, Mollusca. In P.E. de Strzelecki (ed.) *Physical Descriptions of New South Wales and van Diemen's Land*, 270–290. London: Longman.

Morris, J. & Sharpe, D. 1846. Description of eight species of brachiopodous shells from the Palaeozoic rocks of the Falkland Islands. *Proc. Geol. Soc. Lond.* 2: 274–8.

Mothé, D. et al. 2012. Taxonomic revision of the Quaternary gomphotheres (Mammalia: Proboscidea: Gomphotheriidae) from the South American Lowlands. *Quat. Int.* 276–277: 2–7.

Mothé, D. et al. 2016. Sixty years after 'The mastodonts of Brazil': The state of the art of South American proboscideans (Proboscidea, Gomphotheriidae). *Quat. Int.* 443A: 52–64.

Mothé, D. et al. 2017. Early humans and South American proboscideans: What do the paleoarchaeological sites reveal? Abstracts, VII ICMR, Taichung 17–23 Sept 2017, HI1–5.

Murchison, R.I. 1839. *The Silurian System*. London: John Murray.

Nielsen, S.N. & Salazar, C. 2011. *Eutrephoceras subplicatum* (Steinmann, 1895) is a junior synonym of *Eutrephoceras dorbignyanum* (Forbes in Darwin, 1846) (Cephalopoda, Nautiloidea) from the Maastrichtian Quiriquina Formation of Chile. *Cretac. Res.* 32: 833–840.

Olivero, E.B. et al. 2009. The stratigraphy of Cretaceous mudstones in the eastern Fuegian Andes: new data from body and trace fossils. *Rev. Asoc. Geol. Argentina* 64: 60–69.

Orlando, L. et al. 2008. Ancient DNA clarifies the evolutionary history of American Late Pleistocene equids. *J. Mol. Evol.* 66: 533–8.

Osborn, H.F. 1936. *Proboscidea*, vol. 1. New York: AMNH.

Owen, R. 1837. A description of the Cranium of the Toxodon Platensis, a gigantic extinct mammiferous species, referrible by its dentition to the Rodentia, but with affinities to the Pachydermata and the Herbivorous Cetacea. *Proc. Geol. Soc. Lond.* 2: 541–2.

Owen, R. 1838–1840. *Zoology of the Voyage of H.M.S. Beagle* (in four parts). London: Smith, Elder.

Owen, R. 1840–45. *Odontography*. London: Hippolyte Bailliere.

Owen, R. 1841. Description of a tooth and part of the skeleton of the *Glyptodon clavipes... Trans. Geol. Soc. Lond.*, Ser. 2, 6: 81–106.

Owen, R. 1842. *Description of the skeleton of an extinct gigantic sloth, Mylodon robustus Owen, with observations on the osteology, natural affinities, and probable habits of the megatherioid quadrupeds in general*. London: Taylor.

Owen, R. 1845. *Descriptive and Illustrated*

Catalogue of the Fossil Organic Remains of Mammalia and Aves Contained in the Museum of the Royal College of Surgeons of England. London: Taylor.

Owen, R. 1846. Notices of some fossil Mammalia of South America. *Report of the 16th meeting of the British Association for the Advancement of Science, Notices and Abstracts:* 65–67.

Owen R. 1851–9. On the *Megatherium* (*Megatherium americanum*, Blumenbach), Parts I–V. *Transactions of the Royal Society of London* 141: 719–764, 145: 359–388, 146: 571–589, 148: 261–278, 149: 809–829.

Owen, R. 1853. Description of some species of the extinct genus *Nesodon*, with remarks on the primary group (Toxodontia) of hoofed quadrupeds, to which that genus is referable. *Phil. Trans. R. Soc. Lond.* 143: 291–310.

Owen, R. 1858. Address. *Br. Ass. Adv. Sci., Rep.*, xlix–cx.

Owen, R. 1860. Darwin on the Origin of Species. *Edinburgh Review* 3: 487–532.

Owen, R. 1863. On the *Archaeopteryx* of von Meyer. *Phil. Trans. R. Soc. Lond.* 153: 33–46.

Pander, C.H. & d'Alton, E.J. 1821. Das Riesen-Faulthier, *Bradypus giganteus*... In: Pander, C.H. & d'Alton, E.J (eds.) *Vergleichende Osteologie*, vol. 1 part 1, 5–13. Bonn: Weber.

Pant, S.R. et al. 2014. Complex body size trends in the evolution of sloths (Xenarthra: Pilosa). *BMC Evol. Biol.* 14: 184.

Parish, W. 1839. *Buenos Ayres, and the Provinces of the Rio de la Plata.* London: John Murray.

Parodiz, J.J. 1981. *Darwin in the New World.* Leiden: Brill.

Parras, A. & Griffin, M. 2009. Darwin's great Patagonian Tertiary Formation at the mouth of the Rio Santa Cruz: a reappraisal. *Rev. Asoc. Geol. Argentina* 64: 70–82.

Pearn, A.E. (Ed.). 2009. *A Voyage Around the World.* CUP.

Pearson, P.N. & Ezard, T.H.G. 2014. Evolution and speciation in the Eocene planktonic foraminifer *Turborotalia. Paleobiology* 40: 130–143.

Pearson, P.N. & Nicholas, C.J. 2007. 'Marks of extreme violence': Charles Darwin's geological observations at St. Jago (São Tiago), Cape Verde islands *Spec. Publ. Geol. Soc. Lond.* 287: 239–253.

Pedoja, K. et al. 2011. Uplift of Quaternary shorelines in eastern Patagonia: Darwin revisited. *Geomorphology* 127: 121–142.

Perry, C.T. et al. 2015. Linking reef ecology to island building: Parrotfish identified as major producers of island-building sediment in the Maldives. *Geology* 43: 503–6.

Philippe, M. et al. 1998. Tertiary and Quaternary fossil wood from Kerguelen (southern Indian Ocean). *C. R. Acad. Sci., Sci. terre planètes* 326: 901–906.

Phillips, J. 1860. *Life on the Earth: its Origin*

and Succession. Cambridge: Macmillan.

Pick, N. 2004. *The rarest of the rare. Stories behind the treasures at the Harvard Museum of Natural History.* NY: HarperCollins.

Poma, S. et al. 2009. Darwin's observation in South America: what did he find at Agua de la Zorra, Mendoza Province? *Rev. Asoc. Geol. Argentina* 64: 13–20.

Porter, D.M. 1985. The *Beagle* collector and his collections. In: Kohn, D. ed. *The Darwinian Heritage,* 973–1019. Princeton UP.

Prado, J.L. et al. 2011. Ancient feeding ecology inferred from stable isotopic evidence from fossil horses in South America over the past 3 Ma. *BMC Ecology* 2011, 11:15.

Prado, J.L. & Alberdi, M.T. 2014. Global evolution of Equidae and Gomphotheriidae from South America. *Integr. Zool.* 9: 434–44

Prado, J.L. et al. 2015. Megafauna extinction in South America: A new chronology for the Argentine Pampas. *Palaeo–3* 425: 41–49.

Prothero, D. 2007. *Evolution: What the fossils say and why it matters*. NY: Columbia UP.

Quattrocchio, M.E. et al. 2009. Geology of the area of Bahía Blanca, Darwin's view and the present knowledge: a story of 10 million years. *Rev. Asoc. Geol. Argentina* 64: 137–146.

Quoy, J. R. C. & Gaimard, J. P. 1824. Histoire Naturelle: Zoologie. In: Freycinet, L. de. *Voyage autour du monde*. Paris: Imprimerie Royale.

Rachootin, S. 1985. Owen and Darwin reading a fossil: Macrauchenia in a boney light. In: Kohn, D. (ed.) *The Darwinian Heritage*, 155–183. Princeton UP.

Richmond, M. 2007. Darwin's Study of the Cirripedia. http://darwin-online.org.uk/EditorialIntroductions/Richmond_cirripedia.html.

Roberts, M.B. 2001. Just before the Beagle: Charles Darwin's geological fieldwork in Wales, summer 1831. *Endeavour* 25: 33–7.

Rößler, R. et al. 2014. Which name(s) should be used for *Araucaria*-like fossil wood? Results of a poll. *Taxon* 63: 177–184.

Rosen, B.R. 1982. Darwin, coral reefs, and global geology. *Bioscience* 32: 519–525.

Rosen, B.R. & Darrell, J. 2010. A generalised historical trajectory for Charles Darwin's specimen collections, with a case study of his coral reef specimen list in the Natural History Museum, London. In: Stoppa, F. & Veraldi, R. (eds.) *Darwin tra Storia e Scienza,* 133–194. Edizioni Universitarie Romane.

Rosen, B.R. & Darrell, J. 2011. Darwin, pioneer of reef transects, reef ecology and ancient reef modelling: significance of his specimens in the Natural History Museum, London. *Kölner Forum Geol. Paläont.* 19: 151–3.

Rostami, K. et al. 2000. Quaternary marine terraces, sea-level changes and uplift history of Patagonia, Argentina: comparisons with predictions of the ICE-4G (VM2) model of the global process of glacial isostatic adjustment. *Quat. Sci. Rev.* 19: 1495–1525.

Rupke, N. 2009. *Richard Owen*. Chicago UP.

Saarinen, J. & Karme, A. 2017. Tooth wear and diets of extant and fossil xenarthrans (Mammalia, Xenarthra) – applying a new mesowear approach. *Palaeo3* 476: 42–54.

Schellman, G. & Radtke, U. 2010. Timing and magnitude of Holocene sea-level changes along the middle and south Patagonian Atlantic coast derived from beach ridge systems, littoral terraces and valley-mouth terraces. *Earth-Science Rev.* 103: 1–30.

Scott, G.A.J. & Rotondo, G.M. 1983. A model to explain the differences between Pacific plate island atoll types. *Coral Reefs* 1: 139–150.

Sepkoski, D. 2013. Evolutionary paleontology. In: Ruse, M. (ed.) *The Cambridge Encyclopedia of Darwin and Evolutionary Thought*, 353–360. CUP.

Shockey, B.J. 2001. Specialized knee joints in some extinct, endemic, South American herbivores. *Acta Pal. Pol.* 46: 277–288.

Simpson, G. G. 1984. *Discoverers of the Lost World*. New Haven: Yale UP.

Slater, G. et al. 2016. Evolutionary relationships among extinct and extant sloths: the evidence of mitogenomes and retroviruses. *Genome Biol. Evol.* 8: 607–621.

Sponsel, A. 2016. An amphibious being: how maritime surveying reshaped Darwin's approach to natural history. *Isis* 107: 254–281.

Steers, J.A. & Stoddart, D.R. 1977. The origin of fringing reefs, barrier reefs, and atolls. In: Jones, O.A. & Endean, R. (eds.) *Biology and Geology of Coral Reefs* vol. IV: Geology 2, 21–57. New York: Academic Press.

Stoddart, D.R. 1976. Darwin, Lyell, and the geological significance of coral reefs. *Br. J. Hist. Sci.* 9: 199–218.

Stoddart, D.R. 1995. Darwin and the seeing eye. *Earth Sci. Hist.* 14: 3–22.

Stone, P. & Rushton, A.W.A. 2012. The pedigree and influence of fossil collections from the Falkland Islands: From Charles Darwin to continental drift. *PGA* 123: 520–532.

Stone, P. & Rushton, A.W.A. 2013. Charles Darwin, Bartholomew Sulivan, and the geology of the Falkland Islands: unfinished business from an asymmetric partnership. *Earth Sci. Hist.* 32: 156–185.

Stone, P. et al. 2015. Charles Darwin's '*Gorgonia*' – a palaeontological mystery from the Falkland Islands resolved. *Falkland Is. J.* 10: 6–15.

Stott, R. 2004. *Darwin and the Barnacle*. NY: Norton.

Stott, R. 2012. *Darwin's Ghost: In Search of the First Evolutionists*. London: Bloomsbury.

Sulloway, F. J. 1982. Darwin's conversion: The *Beagle* voyage and its aftermath. *J. Hist. Biol.*

15: 325–396.

Switek, B. 2010. Thomas Henry Huxley and the reptile to bird transition. *Geol. Soc. Spec. Pubs.* 343: 251–263.

Thomas, B.A. 2009. Darwin and plant fossils. *The Linnean* 25/2: 24–42.

Toledano, A.M. 2011. *The Posthumous Lives of the Giant Sloth: The Megatherium's Path from Artifact to Idea.* Thesis, Princeton, NJ, http://arks.princeton.edu/ark:/88435/dsp01cf95jc75j.

Varela, L. & Fariña, R.A. 2016. Co-occurrence of mylodontid sloths and insights on their potential distributions during the late Pleistocene. *Quat. Res.* 85: 66–74.

Viens, R. 2014. Ammonites on top of Mount Tarn. https://beagleproject.wordpress.com/2014/02/16/ammonites-on-top-of-mount-tarn/.

Vizcaíno, S.F. et al. 2010. Proportions and function of the limbs of glyptodonts. *Lethaia* 44: 93–101.

Vizcaíno, S.F. et al. 2011. Evaluating habitats and feeding habits through ecomorphological features in Glyptodonts (Mammalia, Xenarthra). *Ameghiniana* 48: 305–319.

Vucetich, M.G. et al. 2013. Paleontology, evolution and systematics of capybara. In (Moreira, J.R. et al., eds.) *Capybara.* NY: Springer.

Welker, F. et al. 2015. Ancient proteins resolve the evolutionary history of Darwin's South American ungulates. *Nature* 522: 81–4.

Wesson, R. 2017. *Darwin's First Theory.* NY: Pegasus.

Williams, S. 2017. Molluscan shell colour. *Biol. Rev.* 92: 1039–1058.

Wilson, L.G. 1972. *Charles Lyell. The Years to 1841: The Revolution in Geology.* New Haven: Yale UP.

Winslow, J.H. 1975. Mr. Lumb and Masters Megatherium: an unpublished letter by Charles Darwin from the Falklands. *J. Hist. Geog.* 1: 347–360.

Wood, B. (ed.) 2011. *Wiley-Blackwell Encyclopedia of Human Evolution.* Wiley-Blackwell.

Woodroffe, C.D. 2005. Late Quaternary sea-level highstands in the central and eastern Indian Ocean: a review. *Global & Planetary Change* 49: 121–138.

Woodroffe, C.D. et al. 1990. Sea level and coral atolls: Late Holocene emergence in the Indian Ocean. *Geology* 18: 62–66.

Woodroffe, C.D. et al. 1991. Last interglacial reef and subsidence of the Cocos (Keeling) Islands, Indian Ocean. *Marine Geol.* 96: 137–143.

Woodroffe, C.D. & MacLean, R.F. 1994. Reef islands of the Cocos (Keeling) Islands. *Atoll Res. Bull.* 402: 1–36.

Wyse Jackson, P.N. et al. 2011. The status of *Protoretepora* de Koninck, 1878 (Fenestrata:

Bryozoa), and description of *P. crockfordae* sp. nov. and *P. wassi* sp. nov. from the Permian of Australia. *Alcheringa* 35: 539–552.

Xu, X. 2006. Scales, feathers and dinosaurs. *Nature* 440: 287–8.

Zárate, M. & Folguera, A. 2009. On the formations of the Pampas in the footsteps of Darwin: south of the Salado. *Rev. Asoc. Geol. Argentina* 64: 124–136.

Zurita, A. E. et al. 2008. A new species of *Neosclerocalyptus* Paula Couto, 1957 (Xenarthra, Glyptodontidae, Hoplophorinae) from the middle Pleistocene of the Pampean region, Argentina. *Geodiversitas* 30: 779–791.

Zurita, A. E. et al. 2010. Accessory protection structures in *Glyptodon* Owen (Xenarthra, Cingulata, Glyptodontidae). *Ann. Pal.* 96: 1–11.

Zurita, A. E. et al. 2011. *Neosclerocalyptus* spp. (Cingulata: Glyptodontidae: Hoplophorini): cranial morphology and palaeoenvironments along the changing Quaternary. *J. Nat. Hist.* 45:15–16.

拓展信息

网络资源

John van Wyhe (Ed.). 2002. *The Complete Work of Charles Darwin Online* (http://darwin-online.org.uk/). All of Darwin's published works and most of his manuscripts, including his field notebooks, geological diary, *Beagle* diary, transmutation notebooks, *Autobiography*, *Journal of Researches* and all editions of the *Origin of Species*.

Darwin Correspondence Project (https://www.darwinproject.ac.uk/). A large selection of the letters sent and received by Darwin.

Aguirre-Urreta, B. et al. (eds.) 2009. Darwin's Geological Research in Argentina. *Revista de la Asociación Geológica Argentina*, vol. 64, part 1 (http://darwin-online.org.uk/converted/pdf/2009_Revista_A194.pdf).

书

第一章和总论

Browne, J. 2003. *Charles Darwin: Voyaging*, and *Charles Darwin: The Power of Place. Volumes 1 and 2 of a Biography*. London: Pimlico.

Burkhardt, F. (Ed.). 2008. *Charles Darwin: The Beagle Letters*. Cambridge University Press.

Darwin, C. 1845. *The Voyage of the Beagle* (multiple editions).

Keynes, R. 2002. *Fossils, Finches and Fuegians: Charles Darwin's Adventures and Discoveries on the Beagle, 1832-1836*. London: HarperCollins.

Maddox, B. 2017. *Reading the Rocks: How Victorian Geologists Discovered the Secret of Life*. Lodon:

Bloomsbury.

Pearn, A.M. (Ed.). 2009. *A Voyage Round the World*. Cambridge University Press.

第二章

Fariña, R., Vizcaíno, S.F., Iuliis, G. 2013. *Megafauna: Giant Beasts of Pleistocene South America*. Bloomington: Indiana University Press.

Dawson, G. 2016. *Show Me the Bone: Reconstructing Prehistoric Monsters in Nineteenth-Century Britain and America*. London: University of Chicago Press.

第三章

Kenrick, P. & Davis, P. 2004. *Fossil Plants*. London: Natural History Museum.

第四章

Herbert, S. 2005. *Charles Darwin, Geologist*. New York: Cornell University Press.

Wesson, R. 2017. *Darwin's First Theory: Exploring Darwin's Quest to Find a Theory of the Earth*. London: Pegasus.

第五章

Dobbs, D. 2005. *Reef Madness: Charles Darwin, Alexander Agassiz, and the Meaning of Coral*. New York: Pantheon.

第六章

Eldredge, N. 2015. *Eternal Ephemera: Adaptation and the Origin of Species from the Nineteenth Century through Punctuated Equilibria and Beyond*. New York: Columbia University Press.

Prothero, D.R. 2017. *Evolution: What the Fossils Say and Why it Matters (2nd edition)*. New York: Columbia University Press.

译名对照表

A

Acropora 鹿角珊瑚

Actenomys priscus 普里斯库斯栉鼠

Adelomelon alta 高体涡螺

Admiralty （英国旧时）海军部

Adventure, H. M. S. H. M. S 的冒险之旅

Aequipecten 女王扇贝

Aetostreon 鹰蛎

affinity, concept of 类同的概念

Africa 非洲

Agassiz, Alexander 亚历山大·阿加西斯

Agassiz, Louis 路易斯·阿加西斯

Agathoxylon 阿加托木

Agua de la Zorra 阿瓜德拉索拉

algae, red 红藻

alpacas 羊驼

Alton, Eduard d' 爱德华·德·阿尔顿

Amazon 亚马孙

Ameghino, Florentino 弗洛伦蒂诺·阿梅吉诺

Ameghinomya 帘蛤

Amiantis 光滑蛤

ammonites 菊石

Amolanas, Chile 阿莫拉那斯，智利

Amusium darwinianum 达尔文日月贝

Ancyloceras simplex 简单钩菊石

Andes 安第斯山脉

Angelis, Pedro de 佩德罗·德·安杰利斯

Antarctica 南极洲

anteaters 食蚁兽

apes 猿

Archaeopteryx 始祖鸟

Argentina 阿根廷

Bahia Blanca 布兰卡湾

Bajada de Santa Fe 圣菲平原

Buenos Aires 布宜诺斯艾利斯

Bikini atoll　比基尼环礁
birds, evolution of　鸟类的进化
bivalves　双壳动物
Blume, Karl Ludwig von　卡尔·路德维希·冯·布卢姆
brachiopods　腕足动物
fossil　～化石
living　现生～
Bradypus variegatus　褐喉树懒
Brazil　巴西
Rio de Janeiro　里约热内卢
Brinkman, Paul　保罗·布林克曼
British Association for the Advancement of Science　英国科学发展协会
British expatriates　英国侨民
British Geological Survey　英国地质调查局
British Museum　大英博物馆
Brocchi, Giovanni　乔瓦尼·布罗基
Brown, Robert　罗伯特·布朗
Browne, Janet　珍妮特·布朗
bryozoans　苔藓虫
fossil　～化石
living　现生～
Buckland, William　威廉·巴克兰
Buenos Aires, Argentina　布宜诺斯艾利斯，阿根廷
Bulimus　锥形螺
burrowing　潜穴

C

Caldcleugh, Alexander　亚历山大·考尔德克拉夫
Cambridge Philosophical Society　剑桥哲学协会
Cambridge, University of　剑桥大学
Canary Islands　加纳利群岛
Cape of Good Hope　好望角
Cape Horn　合恩角
Cape Verde islands　佛得角群岛
capybaras　水豚
Caradoc Sandstone　卡拉多克砂岩
Carcarañá River　卡卡拉尼亚河
Carpenter, William　威廉·卡朋特
catastrophism　灾变论
Cautley, Proby　普罗比·考特利
Cavia patagonica　巴塔哥尼亚豚鼠
caviomorphs　南美豪猪
Chancellor, Gordon　戈登·钱塞勒
Chile　智利
Amolanas　阿莫拉那斯
Arqueros　阿克罗斯
Concepción　康塞普西翁
Copiapó　科皮亚波
Coquimbo　科金博
Guantajaya　古安塔耶亚
Guasco　瓜斯科
Iquique　伊基克
Navidad　纳维达
Port Famine　法明港
Santiago　圣地亚哥
Tomé　托梅
Valdivia　瓦尔迪维亚

life on H. M. S. *Beagle* ～在“小猎犬号”上的生活
passion for geology ～对地质研究的激情
portraits ～肖像
preparation for *Beagle* voyage ～准备“小猎犬号”之旅
scientific reception after *Beagle* voyage “小猎犬号”之旅后科学界的接受
species named for 以～命名的物种
Darwin, Emma 艾玛・达尔文
Darwin, Erasmus (brother) 伊拉斯谟・达尔文（哥哥）
Darwin, Erasmus (grandfather) 伊拉斯谟・达尔文（祖父）
Darwin, Robert 罗伯特・达尔文
Darwin, Susan 苏珊・达尔文
Darwin Island 达尔文岛
Darwin Point, the 达尔文点
Darwin Sound 达尔文海峡
Darwin's observations and theories 达尔文的观察和理论
on atoll formation 论环礁的形成
on evolution by natural selection 论自然选择之进化
on extinction of species 论物种之灭绝
on geological uplift 论地质隆起
law of succession of types 类群更替定律
Darwin's writings 达尔文的著述
Autobiography 《自传》
on barnacles 论藤壶
The Descent of Man 《人类起源》
The Elevation of Patagonia 《巴塔哥尼亚的隆起》
essays 文章
Geological Diary 《地质学日记》
Geological Observations on South America 《南美地质勘察》
Journal of Researches 《研究日记》
notebooks 笔记
The Origin of Species 《物种起源》
The Structure and Distribution of Coral Reefs 《珊瑚礁的结构与分布》
Volcanic Islands 《火山岛》
for letters 见各通信者词条
Dasypus 犰狳
The Descent of Man 《人类的起源》
Despoblado valley, Chile 德斯坡布拉多山谷，智利
Devil's toenails 魔鬼的趾甲
diatoms 硅藻
diet of extinct animals 绝迹动物的食物
Dinotoxodon paranensis 帕兰巨型箭齿兽
Diplomoceras cylindraceum 柱形双菊石
divergence of species 物种趋异进化
DNA studies DNA （脱氧核糖核酸）研究
Dolichotis patagonum 巴塔哥尼亚长耳豚鼠
Down House 唐屋
droughts 旱灾
Dryopithecus 森林古猿

E

Earle, Augustus 奥古斯塔斯・厄尔

knee joints　膝关节
skeletons　骨架
skulls　头骨
teeth　牙齿
thigh bones　股骨
vertebrae　椎骨
fossils, marine　海洋生物化石
fossils, plant　植物化石
Fox, William Darwin　威廉·达尔文·福克斯
foxes, Falkland　福克兰狐
Frankland, George　乔治·弗兰克兰
Funafuti atoll　富纳富提环礁
Fusus　纺锤蛤

G

Gaimard, Joseph　约瑟夫·盖马尔
Galápagos Islands　加拉帕戈斯群岛
Galaxea　盔形珊瑚
gastropods　腹足动物
Geilston Bay, Tasmania　盖尔斯顿湾，塔斯曼尼亚
Geological Diary《地质学日记》
Geological Evidences of the Antiquity of Man《古代人类的地质学证据》
geological formations　地层
Fox Bay　福克斯湾
Monte León　莱昂山
Navidad　纳维达
Pampean　南美大草原
Paraná　巴拉那
Quriquina　丘里丘纳岛
San Julian　圣胡利安
Geological Observations on South America《南美地质勘察》
geological record　见 fossil record
Geological Society of London　伦敦地质学协会
geological time　地质时间
scenes of　～场景
geology, Darwin's passion for　达尔文对地质学的热情
Germany　德国
giant fossils　巨型化石
mammals　哺乳动物
oysters　牡蛎
Gibraltar　直布罗陀
Gidley, Philip　菲利普·吉德利
glacial hypothesis　冰河假想
Glossopteris　舌羊齿
Glossotherium　舌懒兽
Glyptodon　雕齿兽
glyptodonts　巨型雕齿兽
gomphotheres　嵌齿象
Gondwana　冈瓦纳
Gonzales, Mariano　马里亚诺·冈萨雷斯
Gorgonia　柳珊瑚
Gould, John　约翰·古尔德
Grant, Robert Edmond　罗伯特·埃德蒙·格兰特
growth rings　生长年轮
Gryphaea　卷嘴蛎
guanacos　大羊驼
Guantajaya, Chile　古安塔耶亚，智利

Guardia del Monte, Argentina　瓜尔迪亚山，阿根廷
Guasco, Chile　瓦斯科，智利

H
Haeckel, Ernst　恩斯特·黑克尔
Halitherium　牛海兽
Hemitrypa sexangula　海果莲半苔藓虫
Henslow, John Stevens　约翰·史蒂文斯·亨斯洛
Herbert, Sandra　桑德拉·赫伯特
Hesperibulunus varians　变体黄昏藤壶
Hipparion　三趾马
Hippurites chilensis　智利马尾蛤
Hooker, Joseph　约瑟夫·胡克
Hope, Frederick William　弗雷德里克·威廉·霍普
horses　马
Huafo Island　华佛岛
humans　人类
　evolution　进化
　fossils　化石
　humerus　肱骨
　hunting methods　狩猎方法
　indigenous　土著
　megafauna extinctions　巨型植物群落的灭绝
Humboldt, Alexander von　亚历山大·冯·洪堡
Hunterian Museum　皇家外科医学院的亨特博物馆
Huon River　休恩河
Huxley, Thomas Henry　托马斯·亨利·赫胥黎
Hydrochoerus　水豚
　H. hydrochaeris　水豚

I
I-A transform line　I-A变换曲线
ice ages　冰河时代
Iheringiana patagonensis　巴塔哥尼亚伊赫灵海胆
Illawara, Australia　伊拉瓦拉，澳大利亚
Incatella chilensis　智利卷曲螺
India　印度
indigenous peoples　土著
Ingelarella　英格拉石燕
intermediate fossils　过渡型化石
Iquique, Chile　伊基克，智利
Irish elk　爱尔兰大角鹿

J
Jameson, Robert　罗伯特·詹姆森
Jefferson, Thomas　托马斯·杰斐逊
Jenyns, Leonard　莱纳德·杰宁斯
Journal of Researches　《研究日记》

K
kangaroos, fossi　袋鼠化石
Keen, Mr.　基恩先生
Kent, William　威廉·肯特
Keynes, Richard Darwin　理查德·达尔文·凯恩斯
King George Sound, Australia　乔治王湾，澳大利亚

L

La Plata River　拉普拉塔河
Lama guanicoe　原驼
Lamarck, Jean Baptiste　让·巴普蒂斯特·拉马克
law of succession of types　物种更替法则
leaves　叶子
Lester, James　詹姆斯·莱斯特
Licharewia　里哈列夫贝
Liesk, Mr.　利斯克先生
lignite　褐煤
Lima, Peru　利马，秘鲁
Limpets　帽贝
Linnean Society of London　伦敦林奈协会
litopterns　滑距骨目
llamas　美洲驼
Lloyd, John　约翰·劳埃德
longitude measurements　经度测量
Lonsdale, William　威廉·朗斯代尔
Luján River　卢汉河
Lumb, Edward　爱德华·卢姆
Lund, Peter Wilhelm　彼得·威廉·隆德
Lyell, Charles　查尔斯·赖尔

M

Machairodus　剑齿虎
Macrauchenia　后弓兽
Madagascar　马达加斯加
Madrepora　石珊瑚
Madrid, Spain　马德里，西班牙
Magellan, Strait of　麦哲伦海峡
Maldonado, Uruguay　马尔多纳多，乌拉圭
Malthus,Thomas　托马斯·马尔萨斯
mammals, fossil　哺乳动物化石
mammoths　猛犸象
Mammut americanum　美洲猛犸象
Maorites　毛利菊石
maps　地图
　Andean foothills　安第斯山脉山脚
　Cocos (Keeling) Islands　科科斯（基灵）群岛
　distribution　分布
　fossil localities　化石位置
　Gondwana　冈瓦纳
　overland excursions　陆路考察
　voyage of H. M. S. *Beagle*　“小猎犬号”之旅
maras　长耳豚鼠
Maria Island　玛利亚岛
marine terraces　海洋台地
Martens, Conrad　康拉德·马滕斯
mastodons　乳齿象
Mauritius　毛里求斯
May, Jonathan　乔纳森·梅
McCormick, Robert　罗伯特·麦考密克
megafauna　巨型动物（群落）
　extinction　～的灭绝
　late existence　～的晚期存在
Megalodon　巨齿鲨
Megalonyx　巨爪地懒
Megatherium　大地懒
Mendoza, Argentina　门多萨，阿根廷

on Ascension 在阿森松岛的～
in Australia 在澳大利亚的～
on Cape Verde islands 在佛得角群岛的～
on Falkland Islands 在福克兰群岛的～
on Mauritius 在毛里求斯的～
in South America 在南美的～
on St Helena 在圣赫勒拿岛的～
on Tahiti 在塔希提岛的～
on Tasmania 在塔斯马尼亚的～
Owen, Richard 理查德·欧文
Oxford, University of 牛津大学
oysters 牡蛎

P
Paedotherium 幼体兽
palaeontology 古生物学
after *Beagle* voyage “小猎犬号”之旅后的～
after publication of *The Origin of Species* 《物种起源》发表后的～
micropalaeontology 微体古生物学
Palaeotherium 古马
Panama, isthmus of 巴拿马，地峡
Pander, Christian 克里斯蒂安·潘德尔
Pangaea 泛大陆
Paraná River 巴拉纳河
Paranaense Sea 巴拉纳海
Parapolypora ampla 宽管龙胆多管苔藓虫
Parish, Woodbine 伍德拜恩·帕里什
Parkinson, Sydney 西德尼·帕金森
Patagonia 巴塔哥尼亚
Peacock, George 乔治·皮科克
peccaries 野猪
Pehuén-Có, Argentina 佩温科，阿根廷
Pentacrinites 五角海百合
perissodactyls 奇蹄动物
permineralization 矿化
Peru 秘鲁
petrified forests 石化森林
Phillips, John 约翰·菲利普斯
Philomel, H. M. S. H. M. S.“夜莺号”
Phugatherium cataclisticum 灾变辅伽兽
phytoliths 矿化植物
Piuquenes Pass 皮乌肯尼斯山口
plants, fossil 植物化石
plaques commemorating Darwin 纪念达尔文的牌匾
plate tectonics 板块构造
porcupines 豪猪
Porites 微孔珊瑚
Port Desire, Argentina 希望港，阿根廷
Port Famine, Chile 法明港，智利
Port Gallegos, Argentina 加耶戈斯港，阿根廷
Port St Julian, Argentina 圣胡利安港，阿根廷
postage stamps 邮票
Principles of Geology 《地质学原理》
Pristis 锯鳐
P. pectinata 现生栉齿锯鳐
Producta 长身贝
Przewalski's horse 普氏野马
Punta Alta, Argentina 蓬塔阿尔塔，阿根廷

Q
Quail Island 鹌鹑岛
Quiriquina 丘里丘纳

living　现生～

Smilodon　刃齿虎

snails　蜗牛

freshwater　淡水～

land　陆地～

marine　海洋～

snow　雪

Solnhofen, Germany　索尔恩霍芬，德国

South Africa　南非

South America　南美

Geological Observations on South America　《南美地质勘察》

uplift of　～的隆起

Sowerby, George Brettingham, I　乔治·布雷廷厄姆·索尔比一世

Sowerby, James de Carle　詹姆斯·德卡尔·索尔比

Spain　西班牙

specimens　标本

donations of　～捐赠

labelling　～标签

on H. M. S. *Beagle*　小猎犬号上的～

sent back to England　运回英国的～

spindle shells　纺锤壳

Spirifer　石燕

S. darwinii　达尔文石燕

S. vespertilio　蝙蝠石燕

Spiriferina rostrate　具喙准石燕贝

spontaneous combustion　自燃

Squalodon　原鲛鲸

St Helena　圣赫勒拿岛

St. Jago，Cape Verde　圣亚戈，佛得角群岛

St Joseph's Bay　圣约瑟夫湾

St Sebastian Bay, Tierra del Fuego　圣塞巴斯蒂安湾，火地岛

Stegodon　剑齿象

Stokes, John Lort　约翰·洛特·斯托克斯

storms　暴风雨

The Structure and Distribution of Coral Reefs　《珊瑚礁的结构与分布》

Strzelecki, Paul Edmund de　保罗·埃德蒙·德·斯切莱茨基

subduction　潜沉

subsidence　下沉

Sulivan, Bartholomew　巴塞洛缪·沙利文

Sumatra　苏门答腊

surveying, hydrographic　水路勘察

Switzerland　瑞士

Sydney, Australia　悉尼，澳大利亚

T

Tahiti　塔希提岛

Tapas stream　塔帕斯溪

tapirs　貘

Tasmania　塔斯马尼亚

Tegula　瓦螺

T. patagonica　巴塔哥尼亚瓦螺

Tenerife, Canary Islands　特纳利夫岛，加纳利群岛

Terebratula　穿孔贝

T. inca 印加穿孔贝
Terrakea 泰拉贝
Tertiary shell-beds 第三纪贝壳层
Thyasira 无齿蛤
Tierra del Fuego 火地岛
Tomé, Chile 托梅，智利
Torres, Manuel 托雷斯·曼努埃尔
tortoises, Galápagos 加拉帕戈斯龟
Toxodon 箭齿兽
transects 横切面
transmutationism 生物演化论
travertine 石灰华
trees, fossil 石化树
trilobites 三叶虫
Trochus 马蹄螺
Trophon sowerbyi 索尔比滋养螺
tsunamis 海啸
Tuamotu Islands 土阿莫土群岛
tuco-tucos 塔克-塔克
tusk shells 象牙贝（掘足类）
Tuvalu 图瓦卢

U
uniformitarianism 均变论
uplift, geological 地质隆起
of mountain ranges 山脉的～
of Sumatra 苏门答腊的～
of South America 南美的～
Uruguay 乌拉圭
Maldonado 马尔多纳多
Montevideo 蒙得维的亚
Uspallata Pass 乌斯帕亚塔山口

V
Valdivia, Chile 瓦尔迪维亚，智利
Vallenar, Chile 巴耶纳尔，智利
Valparaíso, Chile 瓦尔帕莱索，智利
van Whye, John 约翰·范维尔
variation, species 物种变异
venus clams 金星蛤蜊
Victoria, Queen 维多利亚女王
vicuñas 小羊驼
volcanic activity 火山活动
Volcanic Islands 火山岛
volcanoes 火山

W
Wales 威尔士
Wallace, Alfred Russel 阿尔弗雷德·拉塞尔·华莱士
Walliserops 海神虫
Wedgwood, Josiah, II 乔赛雅·韦奇伍德二世
whales 鲸
whelks 蛾螺
Wickham, John 约翰·威克姆
Williams, Mr 威廉姆斯先生
Wolgan, Australia 沃尔根山谷，澳大利亚
Wollaston Medal 沃拉斯顿奖章
wombats 袋熊
wood, fossil 石化木
woolly rhinoceros 披毛犀
worms, marine 海虫

Z

Zaedyus pichiy　小犰狳

Zeuglodon　械齿鲸

Zidona dufresnei　尖头涡螺

Zoology of H. M. S. Beagle　《小猎犬号的动物学》

Zygochlamys actinodes　阳光轭齿贝

图片来源

p.6 George Richmond [Public domain], via Wikimedia Commons; p.11 (top, middle), p.28(right), 29, 177, 204, 209 (top right), 211 (top) ©Wellcome Library, London; p.15 ©Natural History Museum Vienna; p.16 ©Science Photo Library; p.17 © Photograph courtesy of Sotheby's Picture Library; p.21 © By Conrad Martens (1801 - 21 August 1878) [Public domain], via Wikimedia Commons; p.23, 182, 190, 193 (right) ©Reproduced by kind permission of the Syndics of Cambridge University Library; p.34, 45, 49, 52, 62, 67 (bottom), 81, 90, 196 ©Mauricio Anton; p.37 ©Royal College of Surgeons/English Heritage; p.38 ©Roland Seitre/naturepl.com; p.44 ©Teresa Manera, pp.46, 78 and 130 photographed by Robbie Phillips, ©The Trustees of the Natural History Museum, London; p.54 ©Paul Bahn; p.59 ©Carl Buell; p.65 ©Lucas, Spencer G. 2013 Journal of Palaeogeography, Volume 2, Issue 1, 19-40; p.69 © Simona Cerrato, Sissa Medialab, Mini Darwin in Argentina expedition (2012); p.72 (top, bottom left) ©Gabriel Rojo/naturepl.com; (bottom right)©Pete Oxford/naturepl.com; p.75© Darin Croft. Illustration by Velizar Simeonovski from Horned Armadillos and Rafting Monkeys; The Fascinating Fossil Mammals of South America; p.85 ©Oriol Alamany/naturepl.com; p.95 ©British Geological Survey; p.97 ©elnavegante/123rf.com; p.98©Poma S. et al, 2009 Revista de la Asociación Geológica Argentina, Volume 64, Issue 1, 13-20; p.100 ©Mariana Brea; p.101, 136, 157(top) ©Richard Bizley/ Science Photo Library; p. 102 ©Edgardo Moine; p. 105, 114, 116, 123, 125 (bottom), 159 Sedgwick Museum; p.121, 126 ©Marina Aguirre; p.125 (top) ©Mick Otten - Nieuwe Wending Producties; p.131 (bottom) © Marcelo Beccaceci; p.132 (bottom), 137 (bottom) Museum of Comparative Zoology,

Harvard University ©President and Fellows of Harvard College; p.137 (top) ©Doug Perrine/Naturepl.com; p.139 © Victon Vega; p.139 (top)© James McKay; p.146 bottom ©Eric Thorsen; p.147 (top right) ©By Manuae (Own work) [CC BY-SA 3.0 (https://creativecommons.org/licenses/by-sa/3.0)], via Wikimedia Commons; 147 (bottom) ©Morphart Creation/Shutterstock.com; p.150 ©Visuals Unlimited/naturepl.com; p.154 NOAA Photo Library; p.163 ©Andrew J. Martinez/Science Photo Librray; p.163 ©Geoeye/Science Photo Library; p.166 ©Dany13/Flickr; p.172 ©Patrick Armstrong; p.173 Designer: Bruce Weatherhead; © Australian Postal Corporation 1981; p.174 ©George Bernard/Science Photo Library; p.179 ©Brian Rosen; p. 185 ©Stephen Dalton/naturepl.com; p189 (top)© By Rufus46 (Own work) [CC BY-SA 3.0 (https://creativecommons.org/licenses/by-sa/3.0)], via Wikimedia Commons; (bottom)© By Guérin Nicolas (Own work) CC BY-SA 3.0 (https://creativecommons.org/licenses/by-sa/3.0)], via Wikimedia Commons; p.198©Rudimencial/Thinkstock; p.202 Charles R. Knight [Public domain], via Wikimedia Commons; p.209 (bottom) ©Joe Tucciarone/Science Photo Library

Unless otherwise stated images copyright of The Trustees of the Natural History Museum, London.

Every effort has been made to contact and accurately credit all copyright holders. If we have been unsuccessful, we apologise and welcome correction for future editions and reprints.

标本插图清单

除括号内所标注外，其余均为达尔文所做标本。BGS为英国地质调查局，BMNH为伦敦自然历史博物馆，CAMSM为剑桥大学塞奇威克地质学博物馆，DH为肯特郡唐屋，MCZ为哈佛大学比较动物学博物馆，RCSHM为伦敦皇家外科医学院。所有其他标本均收藏于伦敦自然历史博物馆，编号前缀为NHMUK。

27 wood PB V 5668. 37 Megatherium top & bottom: RCSHM/CO 3443; middle: DH. 41 Megatherium PV M 16585. 46 Mylodon PV M 16562a. 10 Scelidotherium PV M 82206. 50 Glossotherium PV M 16586. (57 Glyptodon PV M 4473). 60 Equus PV M 16558. 76 & 79 Toxodon PV M 16560. 77 Toxodon PV M 16566. 78 Toxodon PV M 16567. 86 & 89 Macrauchenia PV M 43402j-o; (tapir 1948.12.20.3; llama GERM 674a). (92 Glossopteris PB V 7350). 94 wood PB V 5141. 95 wood section BGS PF 7455. 96 wood PB V 5136 & 4788. 99 wood PB V 4790. 103 wood PB V 5284 & 5592. 104 wood PB V 5236. 105 lignite CAMSM 112391-2. 107 Nothofagus PB V 21578. (108 Glossopteris PB V 7292). (110 travertine PB V 156). 112 Crassostrea PI. 114 rhodoliths CAMSM 111928. 116 Erodona CAMSM X.50292. 119 Balanus PI OR 38436. 123 Tegula CAMSM D.17160-7; Zidona CAMSM D.17150; Astraea CAMSM D.17205-6. 125 electrid bryozoan CAMSM D.17207-9. 130

Scelidotherium PV M 82206d&h. 131 Zygochlamys PI L 27960. 132 Iheringiana MCZ 2496. 133 Trophon PI G 26415; Hesperibalanus PI OR 38435; Adelomelon PI G 25287. 135 Fissidentalium PI G 26395. 137 Pristis MCZ 8591. 138 Incatella PI G 26418. 140 Maorites PI C 2612. 146 Eubaculites PI C 2611. 147 Eutrephoceras PI C 2613. 149 Rhynchonella PI B 14675-6. 151 Terebratula PI B 18314 & PI OR 30518. 152 Gryphaea PI LL 27655. 155 Falkland brachiopods PI OR 17794. 157 Bainella PI B 17790. 159 Falkland crinoids CAMSM 112303. 161 Terrakea PI B 19298; Spirifer PI B 10858. 169 Porites BMNH 1842.12.14.24; Acropora BMNH 1842.12.14.3; Millepora BMNH 1842.12.14.29; coralline alga BMNH 1842.12.14.30. 170 Acropora BMNH 1842.12.14.37 & 1842.12.14.39. 171 reef rock BMNH 1842.12.14.47-50 & 1842.12.14.44; coral pebbles BMNH 1842.12.14.52-65. 187 Zaedyus 1855.12.24.288. (211 Homo PA EM 3811).

图书在版编目（CIP）数据

达尔文的化石：构成进化论的诸发现 /（英）阿德里安·李斯特著；陈永国译. — 北京：商务印书馆，2023

ISBN 978 - 7 - 100 - 21670 - 8

Ⅰ. ①达…　Ⅱ. ①阿…　②陈…　Ⅲ. ①进化论 — 研究　Ⅳ. ①Q111

中国版本图书馆 CIP 数据核字（2023）第167545号

达 尔 文 的 化 石

构成进化论的诸发现

〔英〕阿德里安·李斯特　著

陈永国　译

商 务 印 书 馆 出 版

（北京王府井大街36号　邮政编码 100710）

商 务 印 书 馆 发 行

山西人民印刷有限责任公司印刷

ISBN　978 - 7 - 100 - 21670 - 8

2024年1月第1版　　　开本 787×1092　1/16

2024年1月第1次印刷　　印张 17¼

定价：89.00元